建筑结构抗火设计原理及工程应用

王广勇　李严　钟金如　著

中国建筑工业出版社

图书在版编目（CIP）数据

建筑结构抗火设计原理及工程应用 / 王广勇，李严，

钟金如著. —北京：中国建筑工业出版社，2025. 5.

ISBN 978-7-112-31138-5

Ⅰ．TU318

中国国家版本馆CIP数据核字第2025F8D985号

大跨钢结构是大跨度结构的主要形式之一，型钢混凝土结构在高层建筑结构中应用较多，大跨钢结构和型钢混凝土结构是两类主要的较大型建筑结构形式。大跨钢结构钢材耐火能力差，而且整体结构组成复杂，火灾下大跨钢结构受力机理复杂。作为典型的高层建筑结构形式之一，火灾下型钢混凝土结构的耐火性能和抗倒塌性能十分重要。本书主要内容包括：大跨网架结构和预应力网架结构的耐火性能计算模型和抗火设计方法、大跨索结构的耐火性能计算模型和抗火设计方法、新型密封索高温材料本构关系、火灾下型钢混凝土框架结构力学性能和倒塌性能试验研究、火灾后型钢混凝土柱抗震性能试验研究及其计算模型。此外，还介绍了上述成果的工程应用。本书可供从事土木工程结构、防灾减灾、工程防火领域的研究与设计人员以及高等院校土木建筑类专业的师生参考。

责任编辑：杨　允　梁瀛元

责任校对：张　颖

建筑结构抗火设计
原理及工程应用

王广勇　李严　钟金如　著

＊

中国建筑工业出版社出版、发行（北京海淀三里河路9号）

各地新华书店、建筑书店经销

北京鸿文瀚海文化传媒有限公司制版

廊坊市海涛印刷有限公司印刷

＊

开本：787毫米×1092毫米　1/16　印张：13　字数：313千字

2025年7月第一版　2025年7月第一次印刷

定价：**68.00**元

ISBN 978-7-112-31138-5

（44670）

前　言

防灾减灾可为国家的经济发展和人民安居乐业提供基本保障,防灾减灾是我国的基本国策之一。火灾是发生最频繁的灾害,火灾严重威胁着国民经济发展和人民生命财产安全。建筑火灾约占火灾总数的80%,火灾严重威胁着建筑结构的安全,给人们生命和财产造成较大威胁。

火灾引起建筑结构破坏甚至倒塌的案例十分普遍。例如,2001年9月11日,美国世界贸易中心双塔发生飞机撞击,引起大火导致整体建筑结构发生倒塌破坏,导致2830人死亡,引起了人们对火灾下建筑结构安全的重视。2003年11月3日,湖南省衡阳市商住楼衡州大厦的底层仓库发生大火,导致结构整体坍塌,造成20名消防员牺牲。2015年1月2日,哈尔滨北方南勋陶瓷市场仓库发生大火,造成3栋居民楼整体倒塌。2006年土耳其伊斯坦布尔机场航站楼大跨钢结构发生火灾,引起航站楼整体结构发生倒塌破坏。2017年伊朗40层的钢结构Plasco Building大厦在火灾下发生整体倒塌。2009年2月9日,央视电视文化中心高层型钢混凝土结构发生大火,该建筑结构面临着火灾后抗震性能评估和修复加固。

火灾严重威胁着建筑结构的安全。火灾下建筑结构的安全可以为人员疏散、消防灭火提供安全保障,也可为建筑本身及财产提供安全保障。火灾下建筑结构安全是生命和财产安全的最后一道防线,火灾下建筑结构的安全十分重要。此外,建筑结构遭遇火灾后,需要对其火灾后的力学性能和抗震性能开展评价,为火灾后修复加固提供依据。针对上述迫切需要,对建筑结构的耐火机理和抗火设计方法、火灾后的力学性能和抗震性能开展研究,提出抗火设计方法和火灾后抗震性能评价方法,为工程实际需求服务,十分重要。

大型建筑结构包括大跨钢结构和高层建筑结构等。大跨钢结构包括大跨网架结构、大跨网壳结构和大跨索结构等,大跨度钢结构具有梦幻般的造型,给人以较强的视觉冲击力。大跨钢结构广泛应用于展览馆、体育场(馆)、机场航站楼、机库、工业厂房等公用建筑和工业建筑等。由于钢材耐火能力差,大跨钢结构的耐火能力不足。另外,大跨钢结构构成复杂,受力性能表现出较强的几何非线性和材料非线性,导致火灾下和火灾后大跨钢结构整体的力学性能更为复杂,采用单一构件的耐火设计方法进行大跨钢结构抗火设计显然不合适,急需揭示大跨钢结构整体结构的抗火设计原理,提出其抗火设计方法和火灾后性能评价方法。

高层建筑可燃物多且分布复杂,高层建筑面临较大的火灾风险,火灾下高层建筑结构的倒塌性能和火灾后抗震性能十分重要。由于承载能力高、抗震性能好,型钢混凝土结构在高层及超高层建筑结构中获得广泛应用,北京中信大厦、央视电视文化中心和国贸三期均为典型的型钢混凝土结构。急需对型钢混凝土结构的耐火性能和火灾下的倒塌性能、火灾后的抗震性能开展研究，提出型钢混凝土结构抗火设计方法和火灾后抗震性能的评价方法。

本书介绍大跨钢结构（包括大跨网架结构、预应力网架结构和大跨索结构等）的耐火性能计算模型的建立方法、抗火设计原理和抗火设计方法，以及大跨网格结构火灾后力学性能的评价方法。同时，本书还介绍了型钢混凝土框架结构火灾下的耐火性能和倒塌性能最新的试验研究成果、火灾后型钢混凝土柱抗震性能的试验研究和理论研究成果。

理论研究工作的目的是应用，作者进行理论研究的同时，积极将理论研究成果应用于工程实践。本书成果已应用于石家庄国际会展中心大跨索结构、北京大兴国际机场大跨网架结构、浙江佛学院二期工程大跨网壳结构等多项大中型工程项目的抗火设计和防火保护设计。同时，采用本书成果完成央视电视文化中心大跨网壳结构火灾后性能评价及修复加固。

在本书科研工作中，研究生王娜、史本龙、李政、崔兴晨、仇长龙、朱瑞堂等从事部分试验研究和理论研究工作。作者现为烟台大学教授，在进行央视电视文化中心网架结构火灾后的性能评价及修复加固工作中，得到了中国建筑科学院刘枫、李磊等原同事和苏州科技大学毛小勇教授等人的大力支持。在作者进行网架结构抗火设计方法的工程应用研究过程中，中交建筑集团徐峰总工给予了技术支持。在此，一并表示诚挚的感谢。本书相关研究内容得到了山东省自然科学基金（项目编号：ZR2023ME126）、国家自然科学基金（项目编号：51778595)、中交建筑集团科技研发项目"大型综合交通枢纽关键建造技术创新与应用"(RD2024029560)和烟台大学博士启动基金（项目编号：TM20B73）等科研项目的资助，特此致谢。最后，感谢烟台大学对本书出版的资助。

由于作者水平和视野所限，书中难免存在错误和疏漏之处，真诚希望读者提出批评和建议。

作　者

2025 年 7 月

目　录

第1章　大跨度网格结构抗火设计方法及工程应用

第2章 大跨索结构抗火设计原理及工程应用

第3章 密封索耐火性能试验研究

第4章 型钢混凝土框架结构耐火性能试验研究

第5章 型钢混凝土框架柱火灾后抗震性能研究

第1章

大跨度网格结构抗火设计方法及工程应用

1.1 引言

作为现代结构工程理论与实践的杰出代表，大跨度网格结构（网架和网壳）以其跨度大、用料省、造型美观等优点广泛应用于机场航站楼、机库、展览馆、影剧院、体育场等各类公用建筑，成为城市的亮丽风景线之一。网格结构的建筑材料是钢材，而钢材的主要缺点是耐火能力差。而且，大跨度网格结构主要应用于各类公用建筑，一旦发生火灾，更容易造成生命财产损失和严重的社会影响。因此，大跨度网格结构的抗火性能研究十分重要。传统的钢结构防火方法是基于构件试验的方法，不考虑结构的整体作用和实际火灾作用，缺乏科学性，往往造成很大的浪费或安全度不够。因此，考虑结构的整体作用和实际火灾作用，研究火灾下网格结构力学性能，为网格结构提供科学、合理、经济的抗火设计方法和防火保护方法十分重要。另外，经历火灾的大跨度网格结构存在较大的残余内力和残余变形，结构的承载能力和变形性能受到不同程度的损伤，对经历火灾的网格结构的变形性能和承载能力进行评估是火灾后网格结构修复加固的重要依据，提出火灾后网格结构性能评估的有效方法对工程修复加固具有重要的理论意义和实用价值。

1.2 网架结构温度场计算模型及其温度场分布规律

传统的网架结构温度场分析方法是通过网架杆件截面的二维温度场分布确定网架结构温度场分布。这种方法不考虑发生在整体结构各构件之间的热传导。实际火灾升温作用下，网架周围的空间温度场和网架本身温度场分布不均匀，网架内部存在明显的热传导作用，因此，网架结构耐火性能分析时需要考虑网架整体热传导作用对网架温度场的影响。本章建立了可考虑网架结构整体热传导的网架温度场分析有限元计算模型，并对典型网架结构的温度场分布规律进行了分析，本方法比传统方法精确。

1.2.1 温度场分析有限元模型

1.2.1.1 大空间建筑火灾升温曲线

当网架建筑面积较大时，发生在网架结构内部的火灾通常为大空间火灾，可用文献[1，2]提供的大空间火灾升温曲线作为网架结构的升温曲线，即

$$T(x,z,t) - T_g(0) = T_z[1 - 0.8\exp(-\beta t) - 0.2\exp(-0.1\beta t)] \times [\eta + (-\eta)\exp(-\frac{x-b}{\mu})] \quad (1.1)$$

式中　$T(x,z,t)$ 为 t 时刻距火源中心距离 x、距地面垂直距离 z 处的空气温度（℃）；T_z

为从火源中心距地面垂直距离 z（m）处的最高空气升温（℃）；t 为时间（s）；b 为火源中心距火源最外边的距离（m）；$T_g(0)$ 为升温前的温度（℃），这里取20℃；β、η、μ 为参数，具体取值可参考文献［1］。

例如，假设网架建筑高度 z 为6m，假定火灾为大功率火灾，火灾热释放率为25MW，火灾模型为平面圆形火源，单位面积火源功率为250kW/m²。根据文献［1］，当 z=6m时，火源各参数可确定如下：T_z=672℃，b=5.64m，β=0.0008、η=0.44、μ=6.6。

1.2.1.2　网架温度场分析有限元模型

文献［2］定义了截面形状系数，钢构件截面形状系数为 F/V，其中，F 为钢构件单位长度表面积，不计保护层的影响，V 为构件单位长度体积。文献［2］指出，当 F/V 大于10时，构件截面温度近似均匀分布。网架结构杆件 F/V 一般大于200，可认为网架杆件截面温度分布均匀。由于杆件截面温度均匀分布，因此，整体网架结构温度场分析时可采用一维热传导单元模拟网架杆件，并在网架节点上定义集中热流模拟空气向网架杆件传递热量。

火灾中，热量通过对流和辐射两种传热方式由空气向构件及保护层传递热量，保护层通过热传导方式向构件传热，无论有没有防火保护层，对于网架杆件，这些热量传输均可等效为

$$q = KF(T_g - T_s) \tag{1.2}$$

式中　T_g 和 T_s 分别为火灾空气温度和构件截面温度；K 为考虑对流和辐射传热的综合传热系数，当有防火保护层时，应考虑保护层的影响。

对于无保护层的构件，K 可表示为

$$K = \alpha_c + \alpha_r \tag{1.3}$$

式中　α_c 为对流传热系数，依据 Eurocode 1[3]，取35W/（m²·℃）；α_r 为辐射传热系数，由下式计算

$$\alpha_r = \frac{\varepsilon_r \sigma}{T_g - T_s} \left[(T_g + 273)^4 - (T_s + 273)^4 \right] \tag{1.4}$$

式中　ε_r 为综合辐射系数；σ 为斯蒂芬–玻尔兹曼常数，为 5.67×10^{-8} W/（m²·K⁴）。

对于有轻质保护层的构件，K 可表示为[1]

$$K = \frac{1}{\dfrac{1}{\alpha_r + \alpha_c} + \dfrac{d_i}{\lambda_i}} \tag{1.5}$$

式中　d_i 为防火保护层厚度；λ_i 为保护层的导热系数。

对于非轻质保护层的构件，当空气升温按照 ISO 834 标准升温曲线升温时，K 可表示为

$$K = \frac{\lambda_i}{d_i(1 + \mu / 2)} \tag{1.6}$$

其中

$$\mu = \frac{c_i \rho_i d_i F}{c_s \rho_s V} \qquad (1.7)$$

式中 c_i 和 c_s 分别为保护层和钢构件的比热容；ρ_i 和 ρ_s 分别为保护层和钢构件的材料密度。

从式（1.2）可看出，通过引进综合传热系数，钢构件的传热可表示为类似对流传热的形式，而与对流传热不同，综合传热系数包含了空气与构件的辐射、对流传热和防火保护层的传热。

在ABAQUS软件中设置集中对流传热边界条件，集中辐射传热在对流传热边界条件中综合考虑，对流传热系数采用式（1.3）、式（1.5）、式（1.6），这样就包含了空气与构件的辐射传热及热量通过保护层的传递。通过对ABAQUS进行二次开发，编制用户对流传热系数子程序FILM，实现了上述计算。

在FILM中首先需要定义空气温度，空气温度可表示成空间位置和时间的函数。然后，FILM还需要定义综合传热系数K，根据杆件有无保护层，可分别通过式（1.3）~式（1.7）定义。最后，还需在FILM中定义K对温度的导数。

在FILM中将火灾空气温度定义为式（1.1）表示的大空间升温或ISO 834标准升温曲线，可实现空间温度场随位置的变化，省去了给每个节点定义空气温度的繁琐过程。另外，通过在FILM中定义综合换热系数K，实现了空气向保护层传热和保护层向构件传热的模拟。

传热分析中钢材的热工参数可根据Eurocode 3[4]取值，采用DC1D2单元划分网架结构传热分析模型的有限元网格。

1.2.2 典型网架结构温度场示例分析

1.2.2.1 典型网架

参考某一大型商场，网架平面长60m，宽30m。网架采用两向正交正放四角锥网架，网格平面尺寸3m×3m，厚度2m。网架杆件采用圆钢管，上下弦杆直径89mm，壁厚4mm，腹杆直径45mm，壁厚3.5mm。

利用有限元软件ABAQUS建立网架有限元计算模型，建立的网架模型如图1.1所示。

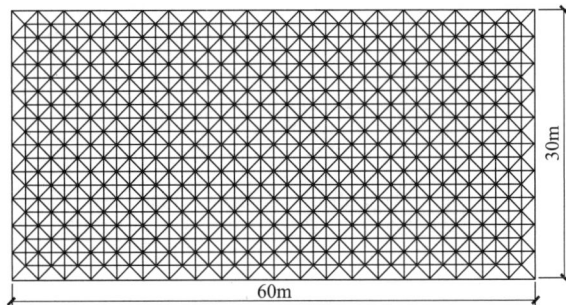

图1.1 网架模型

1.2.2.2 火灾场景设计

选择火源中心位于网架平面几何中心的火灾场景，选择两种防火保护方式，第一种无防火保护层，第二种有厚度为3cm的轻质保护层，对其温度场进行分析，火灾场景布置如图1.2所示。

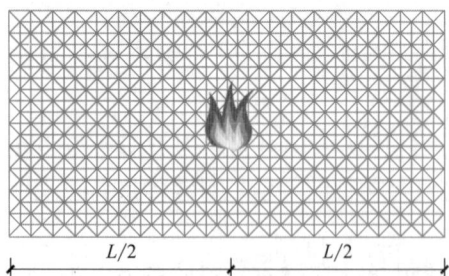

图1.2 网架火灾场景布置

1.2.2.3 网架结构温度场

利用上述方法计算得到了受火200min时无防火保护层和轻质保护层网架结构的温度场分布，如图1.3所示。图中NT11表示温度，单位℃。可见，网架结构构件在火源中心上部的温度明显高于火源中心周围构件的温度。

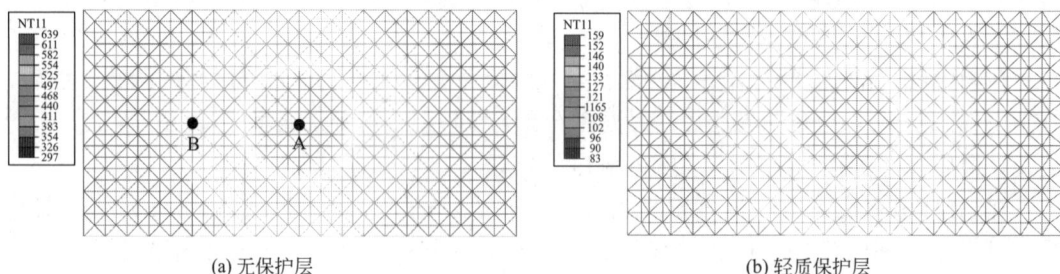

(a) 无保护层

(b) 轻质保护层

图1.3 网架结构温度场（单位：℃）

两种防火保护情况下网架上弦平面中间节点A、上弦平面短跨中间与长跨四分之一相交处节点B的温度（T）–时间（t）关系曲线与其周围的空气温度（T）–时间（t）关系曲线如图1.4所示。可见，网架节点升温比空气升温滞后，大约100min之后，空气温度与杆件温度才基本一致，有轻质防火保护层的网架杆件温度场明显比空气温度低。由此可见，上述网架温度场计算方法是合理的。

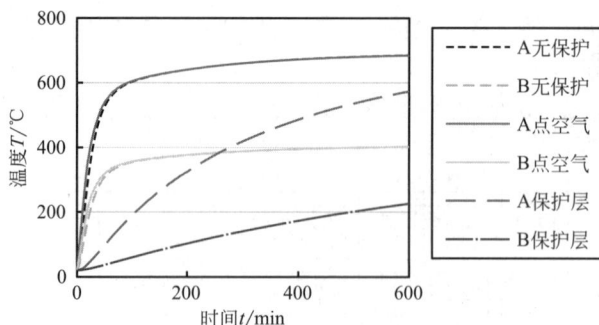

图1.4 节点与周围空气温度–时间关系

1.2.3 结论

提出了考虑网架钢构件热传导作用的网架结构温度场计算方法，并在ABAQUS的基础上编制计算程序，实现了网架结构温度场的计算分析。可采用上述方法，对火灾下网架结构温度场进行计算分析，发现网架结构温度场规律。

1.3　网架结构耐火性能计算模型及耐火性能分析

1.3.1　网架结构耐火性能有限元计算模型

1.3.1.1　典型网架的选择

参考某一大型商场，网架平面长60m，宽30m。网架采用正放四角锥结构，网格平面尺寸3m×3m，厚度2m。网架杆件采用圆钢管，上下弦杆外径89mm，壁厚4mm，腹杆外径48mm，壁厚3.3mm。利用有限元软件ABAQUS建立网架有限元计算模型，如图1.5所示。

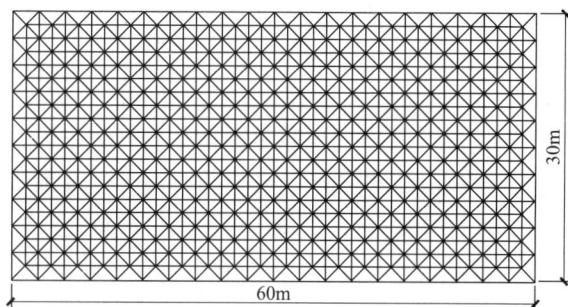

图 1.5　网架模型

1.3.1.2　温度场分析有限元模型

（1）火灾升温曲线

通常，网架结构屋盖覆盖的建筑面积通常较大，发生在网架结构内部的火灾通常为大空间火灾，这里采用式（1.1）表示随空间位置和时间变化的大空间火灾升温曲线分析网架结构的温度场。

假设网架下弦平面高度为6m，上弦平面高度为8m，通过这两个尺寸可以确定火灾温度场。假定发生大功率火灾，火灾热释放率为25MW，火灾模型为平面圆形火源，单位面积火源功率为250kW/m²。根据文献［1］，各参数可确定如下：取z为7m，T_z=672℃，b=5.64m，β=0.0008、η=0.44、μ=6.6。

（2）火灾场景设计

选择两种典型的火灾场景：一种火源中心位于网架平面几何中心，称为中部火灾场景；另一种火源中心位于网架平面短向中间和长向的四分点交叉处，称为边部火灾场景。这两种火灾场景基本上能够代表火源分布的典型情况，如图1.6所示，图中L为长边跨度。

（3）网架温度场分析有限元模型

这里采用前一节提出的网架结构温度场计算模型计算网架结构温度场分布。传热分析中钢材的热工参数根据Eurocode 3［4］取值，采用DC1D2单元划分传热分析模型有限元网格。

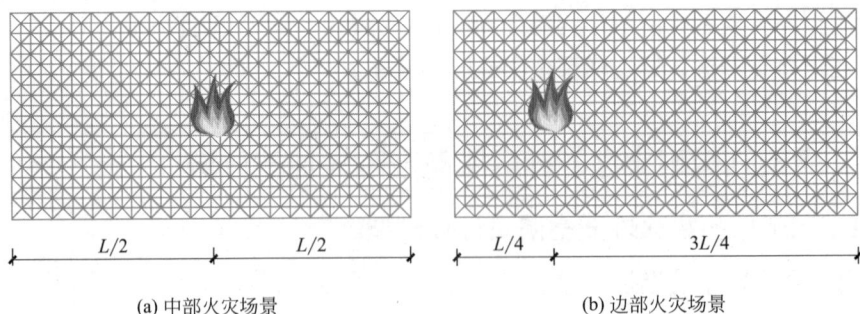

(a) 中部火灾场景   (b) 边部火灾场景

图1.6　网架火灾场景布置

1.3.1.3　热力耦合有限元模型

利用软件的顺序热力耦合计算功能计算火灾下网架结构的反应，即首先进行网架结构的传热分析，然后读取温度场计算结果，进行火灾高温下结构的力学性能分析。假设网架采用螺栓球节点，杆件之间近似铰接，采用桁架单元T3D2划分网架力学性能有限元模型网格。

参考实际工程支座布置情况，在网架上弦平面四个角节点上施加三个方向的平动位移约束，即为空间铰接约束，在网架上弦平面的其他边节点上仅施加竖向位移约束。

火灾时按照文献［1］进行荷载组合，并将组合后的均布荷载简化为施加在上弦节点的竖向集中荷载，每个集中荷载大小为10kN。

分析中钢材采用弹塑性等向强化模型，钢材采用Q235钢。高温下钢材单轴受拉应力–应变关系采用Eurocode 3[4]提出的考虑强化和颈缩阶段的应力（σ）–应变（ε）关系，如图1.7所示。从图中可见，钢材到达颈缩阶段后开始破坏。

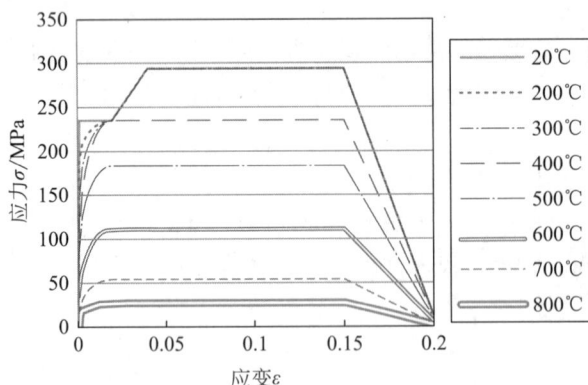

图1.7　高温下钢材应力（σ）–应变（ε）关系

1.3.2　网架结构温度场

利用上述方法计算得到了中部火灾场景和边部火灾场景下网架结构受火200min时的温度场分布，如图1.8所示。可见，网架结构在火源中心上部构件的温度明显高于火源中心周围构件的温度。中部火灾场景的最低温度与边部火灾场景基本一致。由于本章分析的网架杆件较薄，两种火灾场景下网架的温度场自火源中心到距火源较远处温度场分布规律基本一致。

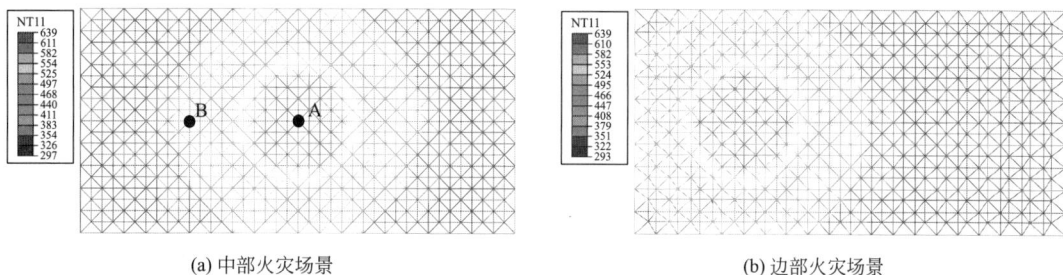

(a) 中部火灾场景　　　　　　　　　　　　　　　　(b) 边部火灾场景

图1.8　网架结构温度场（单位：℃）

中部火灾场景时网架上弦平面中间节点A、上弦平面短跨中间与长跨四分之一交点处节点B与其周围的空气温度（T）–时间（t）关系曲线如图1.9所示。可见，网架节点升温比空气升温滞后，大约100min之后，空气温度与杆件温度才基本一致。因此，网架高温力学性能分析时应适当考虑这种由于结构热传导致构件温升的滞后性。

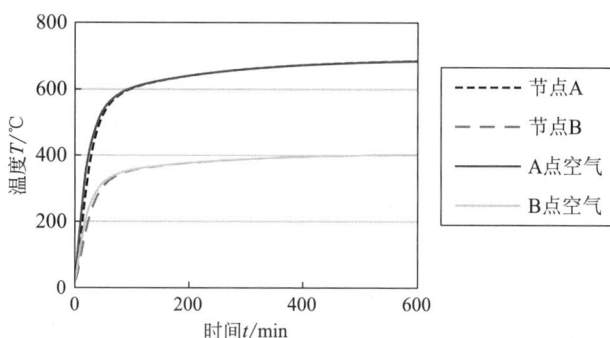

图1.9　节点与周围空气温度（T）–时间（t）关系

1.3.3　网架结构耐火性能分析

1.3.3.1　变形

计算得到的中部火灾场景和边部火灾场景下网架的不同受火时刻t的竖向位移U_3的云图分别如图1.10、图1.11所示。可见，中部火灾场景下网架的变形呈现沿两个方向对称的变形模式，而边部火灾场景下，火源中部的变形较大。另外，从图中还可看出，边部火灾场景下网架结构的总体变形量比中部火灾场景下小得多。可见，火灾场景不同，网架结构的变形模式、变形大小也有明显的差别，对于本节分析的网架，中部火灾场景下结构变形较大，为不利火灾场景。

两种火灾场景下火源中心上弦节点的竖向位移（U_3）与时间（t）关系曲线如图1.12

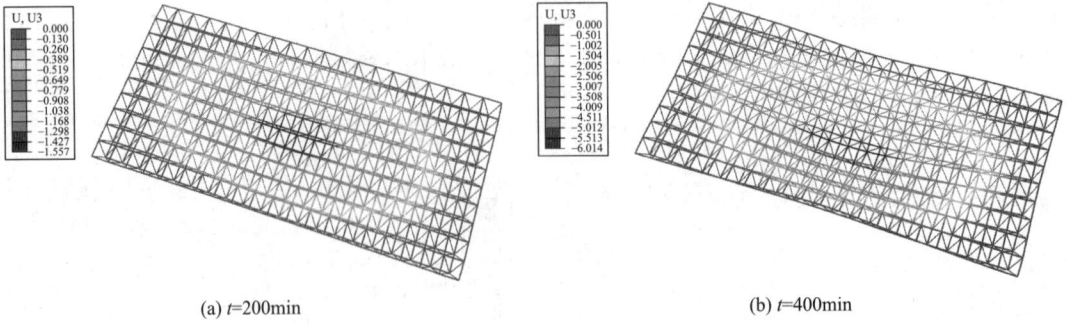

(a) t=200min   (b) t=400min

图 1.10　中部火灾场景下网架的竖向位移（单位：m）

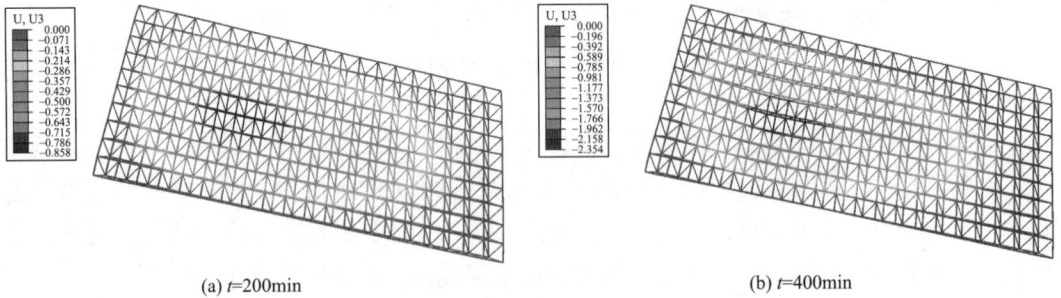

(a) t=200min   (b) t=400min

图 1.11　边部火灾场景下网架的竖向位移（单位：m）

所示。如前所述，边部火灾场景的火源中心节点的挠度比中部火灾场景小很多。边部火灾场景下，网架火源中部节点的挠度随受火时间增加而持续增加，而中部火灾场景下，网架跨中的挠度–时间关系曲线则出现了明显的转折。图 1.12 中，中部火灾场景下网架竖向位移（U_3）–时间（t）关系曲线可分为 OA、AB、BC 三个阶段。OA 阶段网架跨中挠度持续增加。AB 阶段，在受火时间为 297min 时，即使温度不上升，网架挠度也会自 2.55m 快速增大到 6.01m，此时网架挠度等于短向跨度的 20%。从图 1.10（a）可见，网架受火 200min 时，网架跨中挠度为短向跨度的 8.5%，相对变形不大，网架整体变形基本上为板的受弯小挠度变形模式。B 点时，网架的变形与图 1.10（b）十分相似。这时，网架上弦的滑动支座节点出现了明显的内移，网架的变形如一块大挠度板的变形，板出现了明显的受拉膜效应。因此，BC 阶段网架的变形模式和受力模式均发生较大变化。BC 阶段，在网架温度持续上升

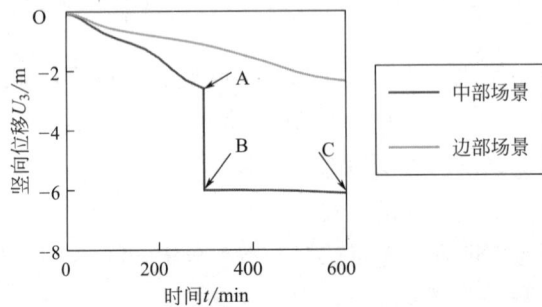

图 1.12　网架火源中心竖向位移（U_3）–时间（t）曲线

条件下，网架的挠度持续增大，但温度上升幅度和挠度增大幅度均较小。

1.3.3.2　应力应变

中部火灾场景下网架结构杆件的轴向力学应变LE11如图1.13所示（拉应变为正，压应变为负），图1.12中的BC段网架的力学应变分布与图1.13（b）相似。可见，当受火时间为200min时，网架跨中上弦的力学应变为压应变，下弦的力学应变为拉应变，网架主要表现为类似小挠度板的变形方式。从图1.13（b）可看出，AB段之后，网架中部的力学应变均为受拉应变，可见，这时网架出现了明显的拉力膜效应。根据图1.7，当杆件应变超过0.15后，杆件应变进入颈缩阶段，可以认为该杆件出现了破坏。在图1.12的AB段，网架中间短向跨度的6个下弦杆的轴向力学应变均出现了大于0.15的现象，即云图中颜色为黑色的杆件，这6根杆件出现了破坏，这些杆件的破坏导致了网架挠度的快速增大，从而改变了网架的变形和受力模式。另外，尽管AB阶段出现了6个杆件的破坏，但网架结构在BC阶段仍能够承载，没有破坏。因此，网架结构中，一个甚至几个构件的破坏并不代表整体结构的破坏。

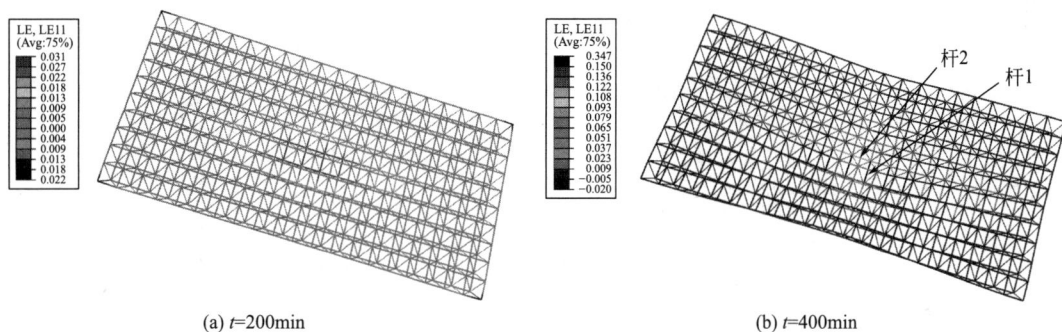

(a) t=200min　　　　　　　　　　　　　　(b) t=400min

图1.13　中部火灾场景下网架的杆件力学应变

中部火灾场景下网架结构的应力云图如图1.14所示，图1.14（a）代表OA阶段的应力状态，图1.14（b）代表AB后期及BC阶段的网架的应力状态，图中S_{11}表示网架杆件的轴向应力，单位为Pa。可见，受火的OA阶段，网架上弦受压，下弦受拉，这是典型的小挠度板的受力状态。而在AB后期及BC阶段，板中部的上下弦杆均受拉，而板的周边杆件多数受压，这表明板出现了明显的受拉膜效应。受火过程中，图1.13中网架下弦杆1、上弦杆2的应力变化如图1.15所示。可见，受火初期，下弦杆1的拉应力减小较快，由受火前的197MPa减小到受火8min时的181MPa，减小8%，这是杆件受热膨胀导致的。受火后期，拉应力减小变慢，BC阶段杆件到达破坏阶段，其应力为3MPa，接近0。这是因为受火后期，钢材温度较高，抗拉强度降低，导致钢材应变较大，杆件受拉破坏。图1.12中受拉破坏的网架下弦杆的破坏机理相同。受火初期，上弦杆2的压应力增大，由受火前的193MPa增大到受火8min时的210MPa，增大9%，这是由杆件受热膨胀所致。受火后期，杆件2压应力逐渐减小，并在BC阶段转变为拉应力，最后阶段维持在54MPa。可见，随着网架挠度的增大，网架中部上弦杆的应力逐步转变为拉应力，这也进一步说明受火后期板表现出了较强的受拉膜效应。

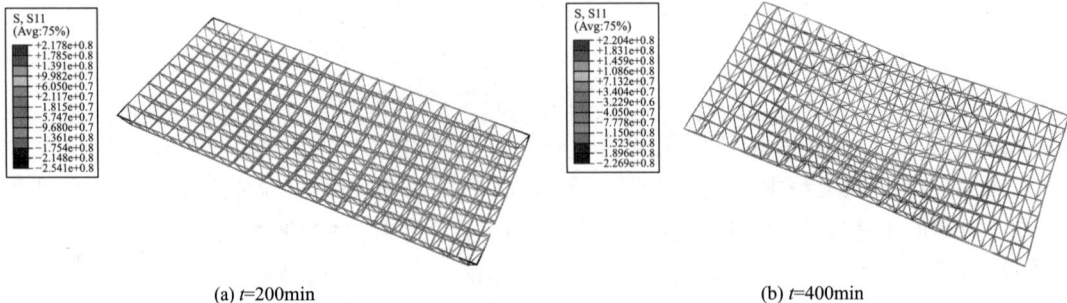

(a) t=200min   (b) t=400min

图1.14 中部火灾场景下网架杆件的轴向应力（单位：Pa）

当受火时间t=600min时边部火灾场景下网架杆件的轴向应力分布如图1.15所示，图中黑色杆件为承受拉应力的杆件，其余杆件均承受压应力。可见，这时网架下弦杆均承受拉应力，网架的受力状态仍然为传统的小挠度板的受力状态，膜效应尚不明显。

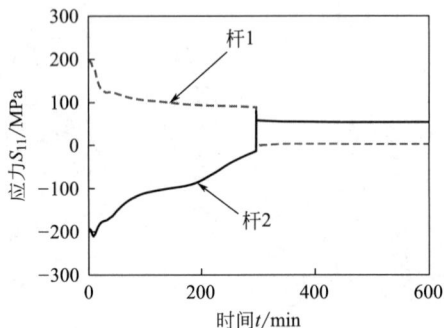

图1.15 网架中心杆件轴向应力（S_{11}）–时间（t）关系

选取边部火灾场景下火源中心对应的上弦节点O（图1.16）附近的上下弦杆件，分析其轴向应力随受火时间的变化情况。各杆件的应力随时间的变化如图1.17所示，其中杆1、杆3为交于上弦节点O的短跨和长跨方向的上弦杆，杆2和杆4分别为交于下弦节点A的长跨和短跨方向下弦杆。可见，受火后上弦杆1和杆3压应力增大，下弦杆2和杆4拉应力减小。这时，杆件温度不高，材料性能衰减较小，结构主要因为构件的热膨胀产生内力重分

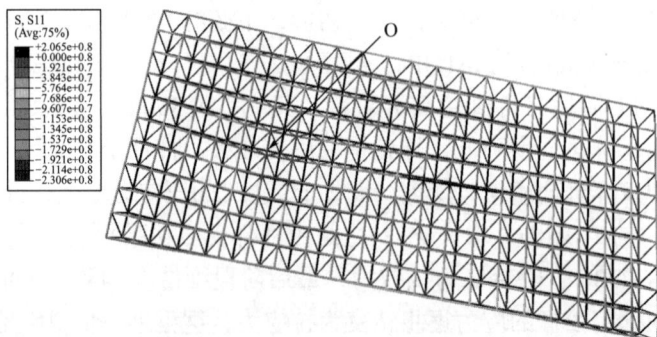

图1.16 时间t=600min时边部火灾场景下网架杆件的轴向应力（单位：Pa）

布。随受火时间的延长，网架整体挠度增大，上弦杆的压应力减小，短跨方向下弦杆4的拉应力减小，长跨方向下弦杆2拉应力增大，网架整体结构的二阶效应增大，膜效应逐渐明显。

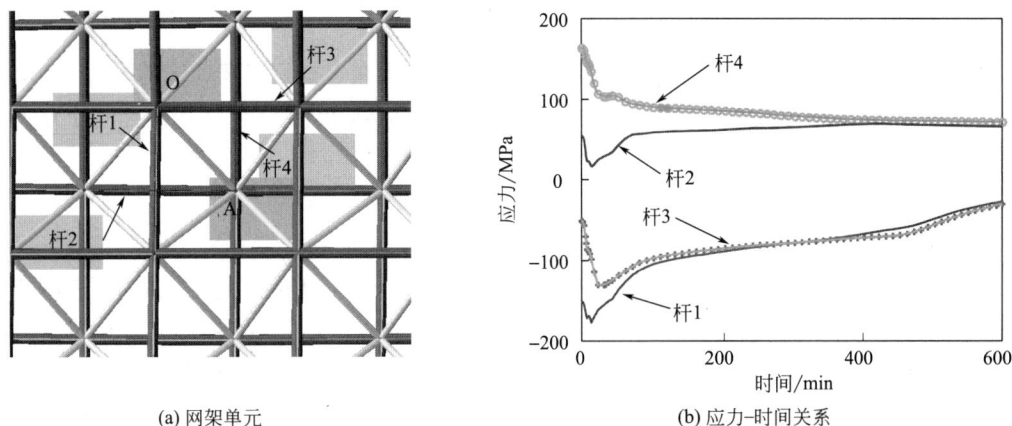

(a) 网架单元

(b) 应力-时间关系

图 1.17　边部火灾场景下网架杆件的轴向应力-时间关系

1.3.3.3　网架耐火极限状态

根据 ISO 834 关于受弯构件耐火极限的判断标准[5]，当受弯构件最大挠度达到 $L^2/(400h)$，同时当挠度超过 $L/30$ 后变形速率超过 $L^2/(9000h)$，受弯构件达到耐火极限，其中 L 为受弯构件计算跨度，h 为构件截面高度。按此标准，网架的挠度为 1.125m 时达到耐火极限状态。而从图 1.12 中可见，当挠度为 1.125m 时网架尚未达到耐火极限状态，网架还能够继续承受荷载。从图 1.12 中还可看出，中部火灾场景时，即使网架中部的挠度已经超过短跨跨度的 20%，由于网架受力方式改变为受拉膜的形式，网架还远没有到达承载能力极限状态，上述耐火极限状态的规定不适合网架这种大跨度钢结构。从另一方面来看，尽管网架还没有达到承载能力极限状态，但如果网架变形过大，不仅会给被疏散人员和消防员造成心理上的恐慌，不敢在上面停留，而且可能导致灾后网架结构难以修复而报废。因此，网架耐火极限状态应该以变形为标准，并应该综合考虑火灾下人员对变形的耐受能力、火灾后网架结构的修复及重建的经济性综合确定。

1.3.4　结论

本章在对 ABAQUS 二次开发的基础上建立了考虑网架结构热传导的网架结构耐火性能分析的热力耦合模型，并对典型网架结构的耐火性能进行了分析，研究了不同火灾场景对网架耐火性能的影响规律、火灾下网架结构的变形和受力机理、应力应变的分布和变化规律。在本章所研究的参数范围内可得到如下结论：

（1）火灾场景对网架的变形有明显的影响，中部火灾场景下网架的变形更大，网架更容易破坏。

（2）中部火灾场景受火后期网架中部出现了明显的受拉膜效应，网架中部下弦杆发生受拉破坏。

（3）由于网架在薄膜受力状态时的承载潜力较大，网架结构耐火极限状态应以网架变形为标准，通过综合考虑火灾中人员的耐受能力、火灾后网架结构的维修与重建的经济性确定。

1.4 网架结构耐火性能的参数分析

针对不同网架平面形状和不同空间高度下的网架结构在大空间温度场作用下耐火性能进行研究，得出网架结构无需采用防火保护的参数范围，为网架结构提供实用抗火设计方法。

1.4.1 网架选型

参考体育馆建筑的常用结构形式，平面形式分别为矩形和方形，网架采用正放四角锥结构，针对五种网架结构分别进行五个空间高度（6m、9m、12m、15m、20m）工况下的整体位移对比分析。网架杆件采用圆钢管，钢材采用Q235钢。网架模型尺寸依据《空间网格结构技术规程》JGJ 7—2010[6]，通过软件3D3S以应力比为0.8进行优化设计，最终确定上下弦杆、腹杆直径及壁厚，如表1.1所示。火灾中由于温度应力所产生的网架支座的径向位移释放可以通过板式橡胶支座构造措施实现[7]。因此，采用网架的4个上弦角节点施加3个垂直方向的位移约束，即为空间铰接支座，其他边节点为约束竖向位移、切向和径向自由的支座。荷载效应组合方式根据《建筑钢结构防火技术规范》GB 51249—2017进行荷载组合，并将荷载简化为节点荷载施加在上弦节点。

<table>
<tr><td colspan="6" align="center">网架模型尺寸</td><td align="right">表 1.1</td></tr>
<tr><td colspan="2">跨度/m</td><td>33 × 33</td><td>33 × 57</td><td>39 × 39</td><td>39 × 57</td><td>45 × 45</td></tr>
<tr><td colspan="2">网格尺寸/mm</td><td>3000</td><td>3000</td><td>3000</td><td>3000</td><td>3000</td></tr>
<tr><td colspan="2">网架厚度/mm</td><td>2100</td><td>2100</td><td>2400</td><td>2400</td><td>2700</td></tr>
<tr><td rowspan="2">杆件尺寸/mm</td><td>弦杆</td><td>60 × 3.5</td><td>89 × 4</td><td>76 × 3.75</td><td>95 × 4</td><td>89 × 4</td></tr>
<tr><td>腹弦</td><td>60 × 3.5</td><td>76 × 3.75</td><td>60 × 3.5</td><td>89 × 4</td><td>76 × 3.75</td></tr>
</table>

利用有限元软件ABAQUS建立网架有限元计算模型，网架杆件用桁架单元T3D2划分网格，然后进行有限元分析。网架模型如图1.18所示，其中A点为网架中心节点。研究表明，中心火灾场景下网架结构的耐火时间较短，偏于安全地采用中心火灾场景，其余火灾场景偏安全地采用中心火灾场景结果。

1.4.2 网架结构非均匀温度场分析模型

1.4.2.1 升温条件

网架结构的建筑面积通常较大，发生在网架结构内部的火灾通常为大空间火灾，可采用式（1.1）表示的火灾空气升温曲线表示火灾升温。

1.4.2.2 材料性能

钢材常温下屈服强度为235N/mm²，弹性模量为2.06 × 10⁵N/mm²，泊松比为0.3，密度为7850kg/m³。钢材的导热系数、比热容、热膨胀系数及随温度变化的屈服强度、弹性模

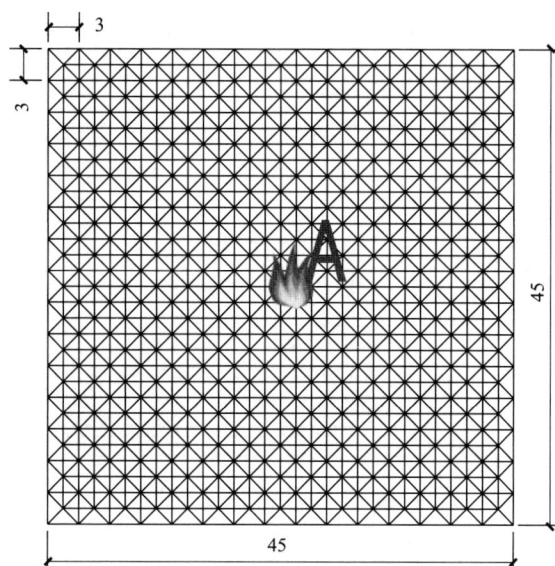

图 1.18　网架模型（单位：m）

量和应力-应变关系按照欧洲规范 Eurocode 3[4] 选取。材料为各向同性，计算采用 Von-Mises 屈服准则。

1.4.3　温度场分析

根据大空间结构的特性和物品布置情况，确定发生火灾可能性较大的位置。经调查得知，火灾可能发生在边缘处和中间处。火源位于网架中心为最不利火灾场景，故本节选择火源中心位于网架平面几何中心的火灾场景（图 1.18 中 A 点正下方为火源中心），无防火保护层。

火源功率设计值 Q_s 按大功率火灾取 25MW，单位面积热释放率 Q 取 250kW/m²，则可能的火源面积为 $A=Q_s/Q=100$m²。假设火源形状为圆形，则 b 为 5.6m。以 45m×45m，高 6m 的网架为例：其面积为 2025m²，据文献 [1] 线性内插可得上弦 $T_z=670$，$\eta=0.43$，$\mu=6.5$；下弦 $T_z=450$，$\eta=0.65$，$\mu=1$。β 按大功率火灾快速选为 0.0018（20m 高时 $\beta=0.0015$）。其他高度、跨度类似，不再赘述。火灾持续时间假定为 3h。

文献 [1] 提出，当钢构件的截面形状系数 F/V 大于 10 时，构件截面温度近似均匀分布，本节网架腹杆和弦杆形状系数为 262～303.4 之间，可认为网架杆件截面温度均匀分布。由于杆件截面温度均匀分布，整体网架结构温度场分析时可采用一维热传导单元模拟网架杆件。3h 时 6m 高的 45m 网架温度场分布见图 1.19。

可见，网架结构的温度场分布极其不均匀。3h 时火源中心温度最高，且上弦温度（650.8℃）比下弦温度（436.9℃）更高，与火源距离越远，温度越低。

1.4.4　网架结构整体耐火性能分析

在恒荷载升温条件下，考虑材料高温本构关系和几何非线性，对整体网架结构进行非

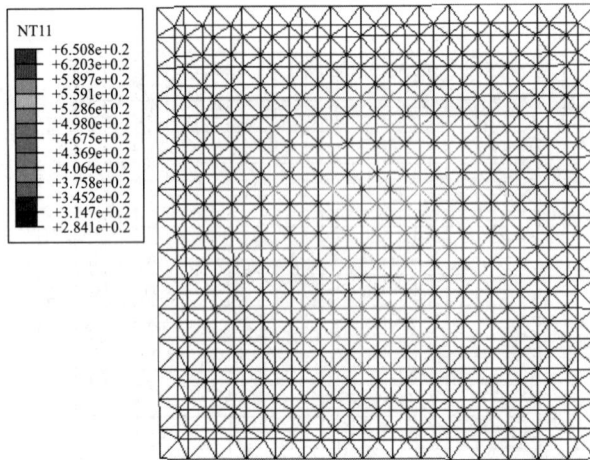

图 1.19 *t*=3h 时跨度 45m 网架温度云图（单位：℃）

线性耐火性能分析。分析过程分为两个荷载步：第一步施加节点静荷载；第二步为恒荷载条件下施加温度作用，计算恒荷载升温条件下的网架结构的整体位移反应。

1.4.4.1 破坏准则的选取

《建筑设计防火规范》GB 50016—2014（2018 年版）规定：民用建筑的耐火等级应分为一、二、三、四级。大跨空间结构的耐火等级宜按一级考虑，耐火时间宜为 3h。通过分析 33m×33m 网架在不同高度下火灾持续 8h 的耐火性能（图 1.20）可以看出，8h 时结构位移已经很大，但位移一直稳定增大，未出现结构破坏的情形。说明网架结构一般不出现承载力极限状态的结构破坏，而是产生较大的变形，影响结构继续使用，故本节将网架结构火灾下的极限状态定义为变形过大。根据实际火灾一般不超过 3h，本章其他模型假定火灾持续时间为 3h。如果火灾下网架变形过大，容易给消防队员和群众造成即将倒塌的压迫感，并造成恐慌，从而影响正常的人员疏散以及火灾后结构的修复，而目前国内外都还没有火灾下容许变形的相关研究成果。《空间网格结构技术规程》JGJ 7—2010[6]中规定，常温下网架结构作为屋盖时，容许挠度不应超过网架短边跨度的 1/250。但对于火灾来说，

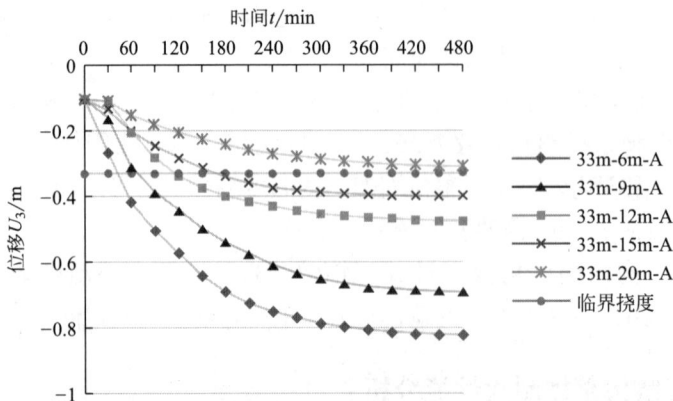

图 1.20 33m×33m 网架中心节点 A 的位移 – 时间曲线

作为一种偶然作用，结构发生火灾时没有正常使用极限状态的要求，而是保证结构在人员有效逃亡时间内不发生整体倒塌或变形过大。综合考虑火灾中人们逃生的安全性及火灾后结构的可修复性，以网架短边跨度 l 的 1/100 作为平板网架火灾下的临界挠度，火灾下结构挠度小于临界挠度则无需采用防火保护。

1.4.4.2　空间高度对网架结构位移影响分析

常温下网架结构节点的最大位移位于跨中下弦节点，6m 高的 45m 跨方形网架火灾 3h 时的节点温度云图和网架位移云图分别如图 1.21、图 1.22 所示。

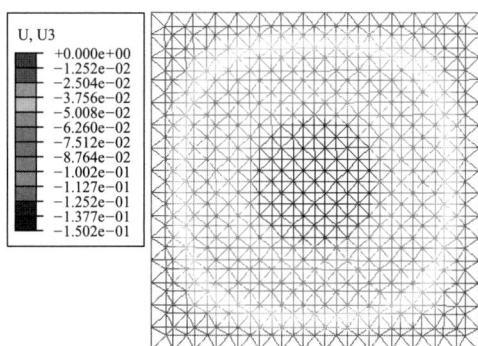

| 图 1.21　常温下 45m 网架位移云图（m） | 图 1.22　火灾 3h 时 45m 网架位移云图（m） |

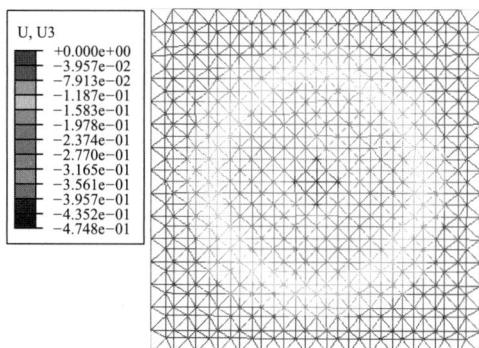

由图 1.21 可知，45m 跨网架常温下挠度为 150.2mm（$<L/250=180$mm），分析过程中最大应力为 188.6N/mm²，满足正常使用要求，且留有一定安全裕度。而图 1.22 中火灾 3h 时的挠度为 474.8mm，挠度已明显超过临界挠度 $L/100$（等于 450mm），且火灾下由于杆件间相互作用，四个角节点的应力也较大。据此，建议此时对网架结构进行防火保护。

为总结空间高度对火灾下网架结构挠度的影响规律，将 45m 跨网架不同空间高度下的最大位移–时间曲线绘于图 1.23 中。

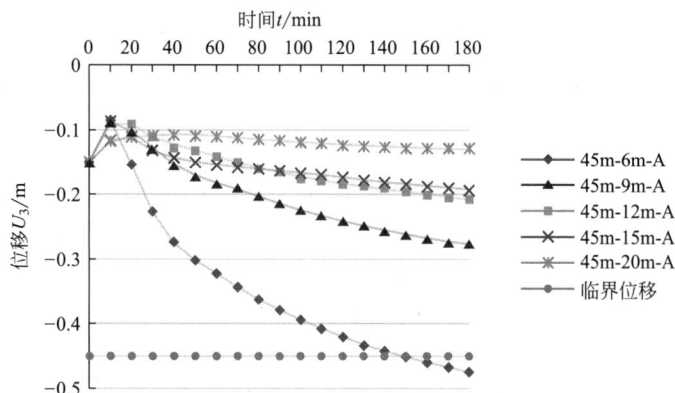

图 1.23　45m×45m 网架中心节点 A 的位移 – 时间曲线

可以看出该网架在火灾初始阶段（大约起火 16min 内）的位移曲线呈现上升趋势，这主要是由于网架受热膨胀，引起位移减小。随着火灾的持续，钢材强度和弹性模量降低，位移曲线呈下降趋势。6m高的网架由于最高温升大，位移增大最明显，9m、12m、15m和20m高的依次递减。可见随着空间高度的增加，温度对结构位移变化影响减弱。由于火灾膨胀作用对结构产生了有利作用，20m高时火灾中位移甚至一直小于常温下挠度。对于9m高网架的挠跨比为1/163，小于临界挠跨比。结合图1.22建议45m×45m网架结构空间高度大于9m时，无需涂刷防火保护层。

为获得其他跨度网架结构无需涂刷防火保护层的空间高度，选取常温下挠跨比 f/l 约1/300的33m×33m、39m×39m、33m×57m、39m×57四种网架进行位移分析。网架中心节点位移−时间曲线见图1.20及图1.24 ~ 图1.27。

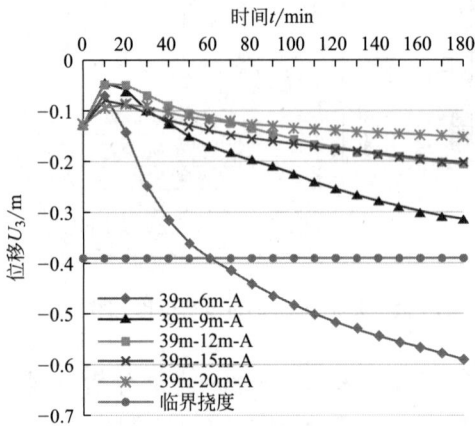

图 1.24　39m×39m 网架中心节点位移−时间曲线　图 1.25　33m×57m 网架中心节点位移−时间曲线

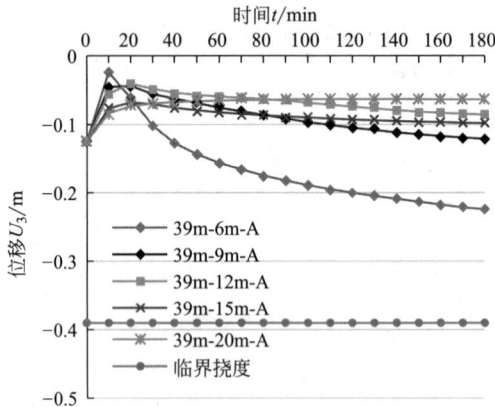

图 1.26　39m×57m 网架中心节点 A 的位移−时间曲线

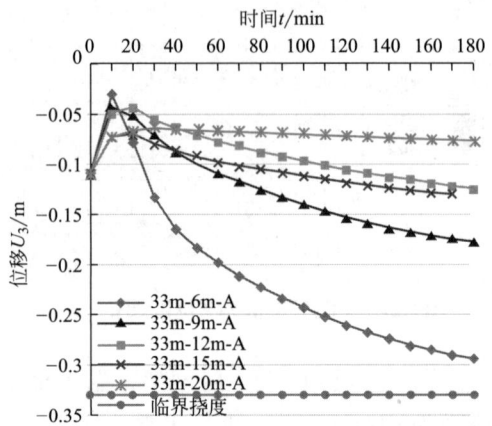

从各分析图中可以看出各网架的位移−时间曲线趋势基本相同，在火灾初始阶段（10–16min内），因温度膨胀作用位移有所减小，随后因材料性能降低导致位移增大。由图1.24可知39m×39m网架空间高度为6m时，约在50min挠度超限，其他高度则在3h内挠度均未出现超限，故39m网架空间高度大于等于9m时考虑无需涂刷防火保护层。由图1.20可知

33m×33m网架火灾持续8h，也未出现结构破坏，只是变形过大，该网架当空间高度大于等于20m时才无需涂刷防火保护层。根据图1.25、图1.26得39m×57m、33m×57m网架在本章参数范围内均无需涂刷防火保护层。

1.4.4.3　跨度及长宽比对网架结构位移影响分析

为清晰看出相同高度下跨度对网架结构位移的影响规律，图1.27列出了6m空间高度下三种跨度的方形网架结构中心竖向位移（U_3）–时间（t）关系曲线。从图1.27可以看出，火灾下33m网架的位移增大速度要比39m和45m快，但三者整体趋势一致，先是由于结构受到热膨胀作用位移减小，然后随火灾下结构钢强度和弹性模量的下降，位移迅速增大。可以看出相同空间高度下，空间越小，火灾的影响越严重，越应该采取防火措施。

图1.28给出了6m空间高度下不同长宽比的网架结构位移–时间曲线。由图分析可知，在初始挠度基本一致的情况下，三种网架的曲线趋势基本一致，三者的建筑面积相差不大，但火灾后45m方形网架的挠度较33m和39m矩形网架的挠度大很多，说明矩形网架的抗火性能较方形网架好。39m×57m与33m×57m两个矩形网架比较，33m×57m网架的挠度变化更大，说明相同的挠跨比条件下，矩形网架空间越小，火灾的影响越严重，与前面方形网架的结论一致。

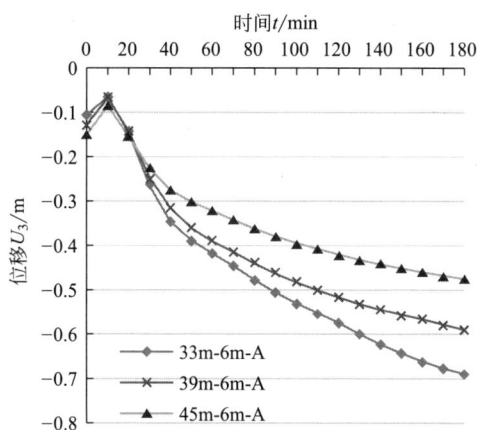

图1.27　6m 高方形网架中心位移 – 时间曲线

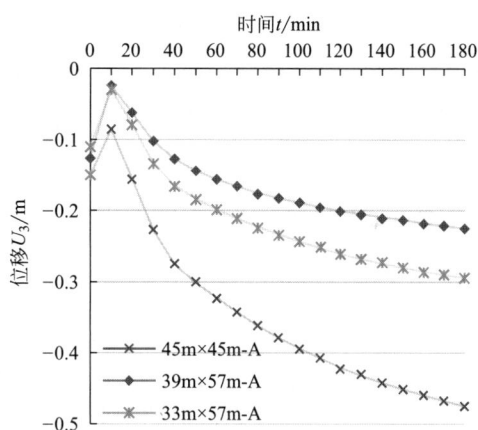

图1.28　6m 高矩形网架中心位移 – 时间曲线

综合考虑高度和跨度两个因素，表1.2列出了常温及火灾下网架挠度值。

网架下弦中心节点挠度　　　　　　　　　　　　　　　　　　　表1.2

网架尺寸/m	常温下网架结构的最大竖向挠度/mm	常温下容许挠度限值（$l/250$）/mm	火灾下临界挠度值（$l/100$）/mm	火灾后不同高度网架结构的最大竖向挠度/mm				
				高6m	高9m	高12m	高15m	高20m
33×33	105.0	132	330	688.7	701.6	396.5	39.2	242.1
33×57				293.9	177.2	124.1	131.3	76.5
39×39	127.6	156	390	590.0	393.3	205.3	201.9	151.5
39×57				224.3	120.9	85.9	98.2	63.7
45×45	150.2	180	450	474.8	276.8	207.9	192.3	19.8

将各跨网架火灾下临界挠度值与各高度网架3h时挠度值对比，再结合图1.22～图1.24可得出以下结论：（1）对于33m方形网架，当空间高度大于等于20m时，无需对构件涂刷防火涂料保护层；（2）对于39m方形网架，当空间高度大于等于12m时，无需对构件涂刷防火涂料保护层；（3）对于45m方形网架，当空间高度大于等于9m时，无需对构件涂刷防火涂料保护层；（4）本节参数范围内矩形网架无需涂刷防火保护层。

1.4.5　结论

建立了网架结构的耐火性能分析计算模型，对不同空间高度、跨度条件下的正放四角锥网架结构在大空间建筑非均匀温度场中的耐火性能进行了分析。在本章所研究的参数范围内可得如下结论：

温度场非均匀性是导致网架结构杆件相互约束的主要因素，网架结构在火灾下均出现了内力重分布，使得结构挠度变化较大；相同跨度和支座布置条件下，随着空间高度的增加网架结构挠度增量呈降低趋势；相同空间高度和支座布置条件下，跨度越小，温度对结构位移影响越明显。

在本节参数内，对于33m方形网架，当空间高度大于等于20m时，无需对构件涂刷防火涂料保护层；对39m方形网架，当空间高度大于等于12m时，无需对构件涂刷防火涂料保护层；对45m方形网架，当空间高度大于等于9m时，无需涂刷防火涂料保护层。

相同高度和建筑面积条件下，矩形网架的抗火性能更好。对于本章参数的矩形（除方形外）网架，无需涂刷防火保护层。

1.5　火灾全过程作用后网架结构力学性能分析

火灾全过程包括荷载作用条件下火灾升降温过程及火灾后网架结构的力学性能分析，考虑火灾升降温过程中的结构的过火最高温度和残余应力和应变，对火灾后网架结构力学性能应采取一种更加精确的分析方法。本节提出了火灾全过程作用后网架结构力学性能分析的方法，并对一受火全过程的网架结构力学性能进行了分析。

1.5.1　全过程火灾作用后网架结构力学性能分析有限元模型

1.5.1.1　典型网架模型

参考某一大型商场，网架平面长45m，宽45m。网架采用正放四角锥结构，网格平面尺寸3m×3m，厚度2.4m。网架杆件采用圆钢管，上下弦杆外径80mm，壁厚4mm，腹杆外径45mm，壁厚3.5mm。钢材采用Q235钢。

利用有限元软件ABAQUS建立网架有限元计算模型，网架杆件用桁架单元T3D1划分网格，建立的网架模型如图1.29所示。

1.5.1.2　火灾模型

建筑室内火灾一般分为升温段、降温段和火灾后阶段，火灾后建筑内温度降至常温。

（1）升温段

网架结构的建筑面积通常较大，在网架结构内部的火灾一般为大空间火灾，文献［1］

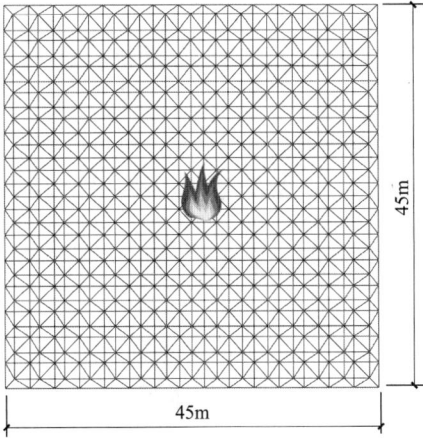

图1.29 网架模型

提出了随空间位置和时间变化的大空间火灾升温模型，即式（1.1）。

假设网架建筑高度假定为6m，即z取6m。火灾假定为大功率火灾，火灾热释放率为25MW，火灾模型为平面圆形火源，单位面积火源功率为250kW/m²，式（1.1）各参数可确定如下：T_z=664℃，b=5.64m，β=0.0008、η=0.43、μ=6.5。

（2）降温段

目前还缺乏大空间火灾的降温曲线的研究成果。式（1.1）包括两部分内容，第一部分为空间温度场火源上方距离地面z处的温度（T）-时间（t）关系，第二部分为温度场在空间的变化模型，第一项与第二项不耦合，可以分别考虑。本章假设空间各点的温度均在相同的时间内线性降至常温，基本符合实际情况。火源中心上方距离地面6m处升降温曲线如图1.30所示。

（3）火灾后阶段

火灾后的网架结构当前的温度为常温，结构仍有一定的剩余承载能力，但由于网架结构经历火灾高温，网架结构有残余内力和残余变形，网架结构的性能受到了损伤，本节将研究火灾后网架结构承载能力分析方法。

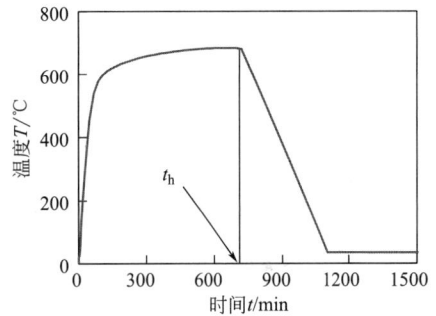

图1.30 z=6m处升降温曲线

1.5.1.3 火灾场景

本节的网架为正方形网架，当火源中心位于网架中心时为比较危险的火灾场景，以这种火灾场景为例对网架进行火灾全过程分析，火灾场景如图1.29所示。

1.5.1.4 高温下和高温后钢材的本构关系

高温下钢材单轴受拉应力应变关系采用Eurocode 3[4]提出的考虑强化的应力–应变关系。文献［8］指出，火灾后钢材的弹性模量基本不变。火灾后钢材屈服强度与过火最高温度有关，这里采用文献［8］提出的模型：

$$\frac{f_{yTm}}{f_y} = 1.0 \qquad T_m \leqslant 400℃$$

$$\frac{f_{yTm}}{f_y} = 1 + 2.23 \times 10^{-4}(T_m - 20) - 5.88 \times 10^{-7}(T_m - 20)^2, \quad 400℃ < T_m \leqslant 800℃$$

式中 f_{yTm}、f_y 分别为钢材高温后和常温下的屈服强度（MPa）；T_m 为过火最高温度（℃）。

1.5.1.5 网架热力耦合计算模型

利用ABAQUS软件的顺序耦合计算功能建立网架热力耦合计算模型，即首先建立网架温度场计算模型，然后建立网架力学性能分析模型，将温度场计算结果读入力学性能分析模型，进行温度作用下网架结构的力学性能分析。

建立了网架结构的传热计算模型，并用一维热传导杆单元DC1D2划分网格。这里采用本章提出的网架结构温度场分析方法进行了网架温度场的分析计算。

力学性能分析模型中，利用桁架单元T3D2划分网架结构网格。

参考实际工程习惯，网架在上弦平面四角节点上施加三个垂直方向的位移约束，即为空间铰接约束，在上弦的其他边节点上施加竖向位移约束。

火灾时的荷载组合按照文献［1］进行，并将组合后的均布荷载简化为施加在上弦节点的竖向集中荷载，每个集中荷载大小为10kN。

1.5.1.6 火灾全过程分析实现方法

如前所述，火灾全过程包括火灾升温、降温及火灾后三个阶段。火灾下钢材的材性只与温度有关，与过火温度无关，火灾后钢材的材性与钢材的过火最高温度有关，而火灾后材料的温度为常温，目前的困难是火灾下及火灾后的模拟分析中只能采用同一种材料。

为了将火灾下及火灾后的材料定义为同一种材料，本节将过火最高温度用场变量模拟，即定义钢材为材料积分点上温度和场变量的函数。本节在ABAQUS平台上进行二次开发，编制场变量子程序USDFLD，定义材料积分点上的最高温度作为状态变量，并赋值给场变量。

为了模拟网架受火的实际过程，将网架火灾全过程力学性能分析过程分为三个荷载步。第一个荷载步为常温下施加火灾工况下的荷载组合，这个荷载步温度和场变量均不变。第二个荷载步为荷载不变条件下的升降温过程并降至常温的分析，这个荷载步中温度变化，状态变量记录积分点的最高温度，而场变量不变。考虑到结构降温较空气降温的滞后性，这个荷载步分析的时间要不短于网架结构构件降至常温的实际时间。第三个荷载步为火灾后结构温度降至常温后进一步增加荷载至结构破坏的过程，这个荷载步中温度不变，将状态变量记录的各点最高温度赋值给场变量，因此各材料积分点的场变量不同。相应于第二个荷载步，在网架温度场分析模型中，分析过程包括升温、降温以及网架结构降至常温的火灾后过程，其分析的时间长度与力学性能分析的第二个荷载步相同。

分析中，假定升温时间为60min，空气温度场在20min线性降至常温。分析中，表示升降温的第二个荷载步的时间分析长度为300min，这个时间是实际时间。表示火灾后的第三个荷载步分析时间长度为100min，这个时间只表示加载的顺序，不是实际时间，在100min之内将网架的上弦节点荷载由10kN线性增加到100kN。

1.5.2 升降温火灾作用下及火灾后网架结构力学性能

1.5.2.1 网架变形

升降温火灾作用下及作用后网架中心节点的竖向位移–受火时间关系曲线如图1.31所示。图中A点表示位移最大点，AB段表示网架降温恢复，B点表示恢复结束点，C点表示火灾后的加载点。可见，随着温度升高，网架的竖向位移增加。降温后，网架的竖向变形有所恢复。受火后该节点网架的最大竖向位移为0.62m，降温后，该节点的最大竖向位移为0.50m，恢复值为0.12m。因此，升降温火灾作用后，网架的变形有所恢复，但是由于本节网架的空气最高温度较高，网架的变形恢复值较小，残余变形较大。另外，本节升温最高的时间为60min，而网架中心节点最大挠度发生在受火时间为62min的点A。可见，由于网架结构温度升高滞后于空气，网架的挠度发展也有所滞后，但由于分析的网架是裸钢管，网架升温较快，这种变形滞后现象并不明显。图中C点之后，网架结构在加载的条件下位移增大，直至网架发生破坏。

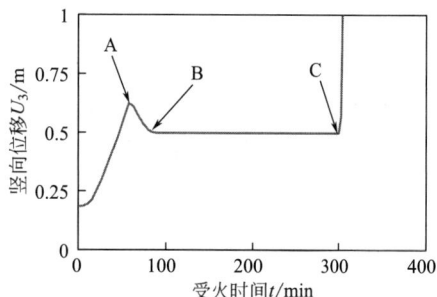

图1.31　节点竖向位移–时间关系

对于非线性力学分析，隐式动力方法有更好的收敛性，本章采用动力方法计算火灾后网架结构的极限荷载。首先，将每节点40kN的集中荷载在1h内线性施加于上弦节点。然后，利用隐式动力学计算模块对网架进行动力分析，计算得到的不受火网架节点荷载（N）–网架上弦平面中心节点挠度（f）曲线如图1.32所示，荷载在时间t达到300min后线性增加，因此图中横坐标时间可以折算成荷载。当挠度迅速增加时，即图中的点A可认为网架到达承载能力极限荷载，网架极限荷载为27.5kN。从图中也可看出，点C时网架的挠度达到6.3m，挠度较大，因此，点C只能作为承载能力的极限状态，而不满足正常使用的要求。可见，由于网架承载后期出现了明显的拉力膜效应，后期依靠拉力膜效应承载时产生的位移较大。

在升降温时间为60min的火灾后网架中心挠度（f）与时间的关系曲线如图1.32所示，图中时间大小可代表节点荷载的大小。可见，A点之后，网架挠度增加变快。至B点后，网架的挠度增加又开始趋缓。当网架挠度到达C点后，网架的挠度又开始迅速增大，可以认为C点为火灾后网架的承载能力极限点。

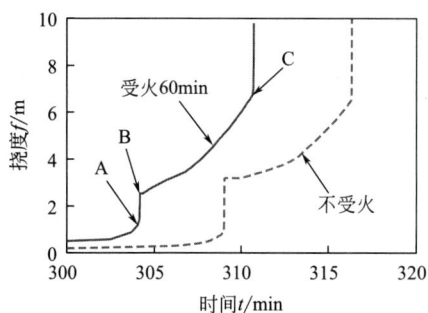

图1.32　荷载–挠度曲线

300min和311min时网架的竖向变形及应力分别如图1.33、图1.34所示。可见，时间为300min时，网架变形较小，这时网架的上弦杆件为压应力，下弦杆件应力为拉应力，网架的受力方式为受弯板的受力方式。当时间为311min时，网架挠度较大，这时除下弦杆的应力为拉应力外，板中央上弦杆的应力已经转变为拉应力。当网架挠度进一步增大后，网架内部出现拉力（上下弦杆及腹杆的合力），网架开始主要依靠内部的拉力

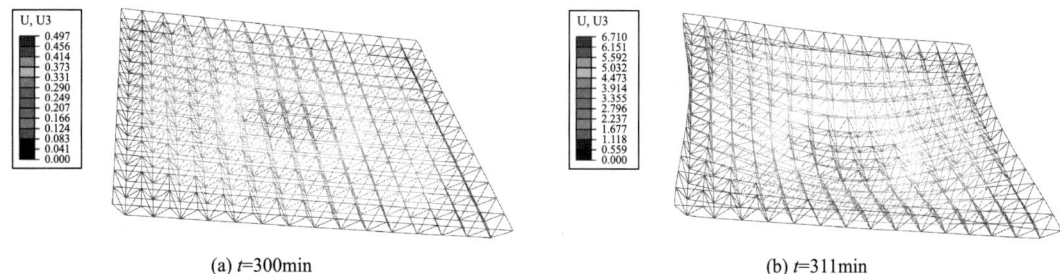

(a) t=300min　　　　　　　　　　　　　　(b) t=311min

图1.33　网架变形（单位：m）

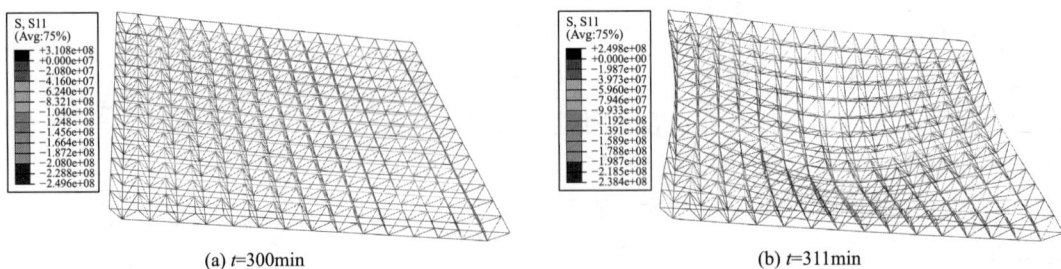

(a) *t*=300min

(b) *t*=311min

图 1.34　网架应力（单位：Pa）

承受荷载，这就是网架的膜效应。

1.5.2.2　火灾后网架的承载能力

为了对火灾后网架的承载能力进行比较，本节还计算了非受火网架结构的承载能力，非受火网架中心挠度（f）–时间（t）关系曲线也示于图 1.32 中。非受火网架承载能力的分析步和荷载设置与受火网架一致，不同之处是在第二荷载步 300min 的分析过程中没有施加温度作用。计算得到的受火 60min 的网架结构承载能力为节点荷载 19.5kN，非受火网架结构承载能力为节点荷载 24.4kN，可见网架结构经历火灾后整体的承载能力下降 20%。

1.5.3　结论

建立了考虑火灾升降温及火灾后网架力学性能分析的有限元模型，并对一经历升降温及火灾后加载的典型网架的变形及火灾后承载能力进行了研究，在本节所研究的参数范围内可得到如下结论：

（1）火灾后阶段网架中部出现了明显的拉力膜效应。

（2）网架经历升降温火灾后，火灾下的变形有所恢复，但残余变形较大。

（3）经历火灾的网架结构承载能力进一步降低。

1.6　火灾下预应力网架结构的力学性能

预应力网架结构作为大跨结构的一种，适合于更大跨度的建筑结构，对于预应力网架结构火灾下力学性能的研究较少。这里以一典型的预应力网架结构为例，对其火灾下的力学性能展开研究。

1.6.1　火灾下预应力网架结构力学性能分析模型

1.6.1.1　网架模型

参考某一大型商场屋面网架结构，网架平面长 45m，宽 45m。网架采用正放四角锥结构，网格平面尺寸 3m×3m，厚度 2.4m。网架杆件采用圆钢管，上下弦杆直径 80mm，壁厚 4mm，腹杆直径 45mm，壁厚 3.5mm。钢材采用 Q235 钢。

沿网架对角线布置两根预应力钢索，钢索直径 20mm，其极限强度取 1860MPa。预应力钢索的预应力设为500MPa，预应力钢索的布置如图1.35所示。

采用有限元软件ABAQUS建立预应力网架结构有限元计算模型，网架的杆件用桁架单元T3D1划分网格，钢索也用T3D1划分网格。如果计算过程中钢索不出现压应力，则利于单元T3D1可以近似模拟预应力拉索的受力状态。利于上述方法建立的网架模型如图1.35所示。

建筑室内火灾空气升温一般分为升温段、降温段。为了保证结构在火灾下不倒塌，在结构的耐火性能及抗火设计中一般只验算火灾空气温度处于上升阶段时结构的抗火能力。由于实际建筑火灾一般包括升温和降温阶段，为了对遭受火灾的建筑结构的力学性能进行详细的评估，并确定修复加固的可能性，需要研究包括升降和降温的火灾作用下建筑结构的力学性

(a) 网架平面图

(b) 网架立面图

图 1.35　网架模型（单位：m）

能。上述两种研究方法的研究目的不同，研究的手段和考虑的火灾模型也不同，本节将分别研究两种火灾模型情况下预应力网架结构的力学性能。

1.6.1.2　火灾模型

（1）火灾升温模型

网架结构的建筑面积通常较大，在网架建筑内部的火灾一般为大空间火灾。这里火灾升温阶段采用公式（1.1）。

（2）火灾升降温模型

目前还缺乏大空间火灾的降温特性的研究成果。升温模型公式（1.1）包括两部分内容，一部分内容为温度场在空间的变化模型，另一部分模型为整体温度场随时间的变化规律，时间参数和空间参数是不耦合的。根据公式（1.1），本节假设空间各点的温度均在相同的时间内线性降至常温，各点的升降温曲线如图1.30所示。

1.6.1.3　网架热力耦合计算模型

利用考虑整体结构热传导的方法建筑网架结构温度场计算模型。材料的热工参数和高温下的材料特性参数按照文献［1］取值。火灾时作用于网架的荷载按照文献［1］的方法进行荷载组合，组合后节点荷载取15kN。

预应力网架中预应力索的模拟是个关键问题。施加预应力之前预应力索是没有刚度的，没有刚度无法进行有限元计算，只有施加预应力之后，索依靠受拉钢化效应产生几何刚度，预应力索才能成为有刚度的结构。本节计算中在初始荷载步施加初始预应力，初始预应力使索成为有刚度的结构。

1.6.2　火灾升温作用下预应力网架结构的力学性能分析

假设网架建筑高度h为6m。火灾假定为大功率火灾，火灾热释放率为25MW，火灾

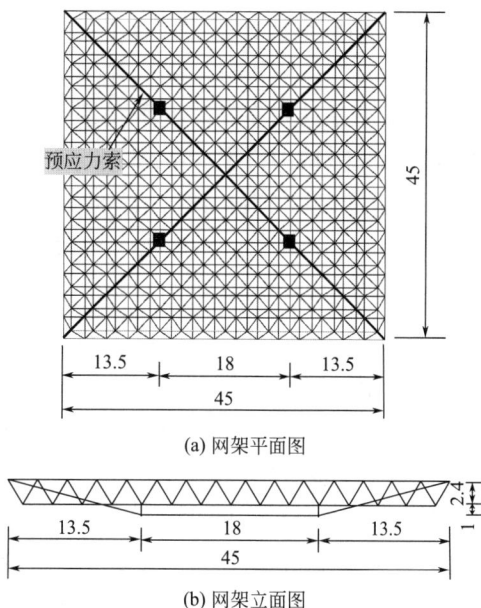

模型为平面圆形火源，单位面积火源功率为250kW/m²。根据文献［1］，各参数可确定如下：T_z=664℃，b=5.64m、β=0.0008、η=0.43、μ=6.5。

为了考虑建筑空间高度不同时火灾对预应力网架结构耐火性能的影响规律，本节对建筑高度h的影响进行了参数分析。除h=6m外，建筑高度h还取9m和12m两个参数进行分析。当建筑高度h取9m时，T_z=595℃，b=5.64m，β=0.0008、η=0.55、μ=6.0。当建筑高度取12m时，T_z=555℃，b=5.64m，β=0.0008、η=0.55、μ=7.0。

为了考虑火灾位置不同对预应力网架结构耐火性能的影响规律，考虑两种火灾场景：第一种火灾场景为火灾中心位于网架平面中心，称为中部火灾场景；第二种火灾场景为火源中心位于一方向1/4跨度、另一方向跨中的交点处，称为边部火灾场景。

边部火灾场景和中部火灾场景下，h=6m、受火时间t=3600s时预应力网架结构的竖向位移云图分别如图1.36（a）、（b）所示。图中U_3表示竖向位移，单位为m。从图1.36中可以看出，中部火灾场景下网架结构的竖向位移值较大。可见，中部火灾场景时结构的变形较大，结构更危险一些，结构抗火计算时应首先考虑中部火灾场景。

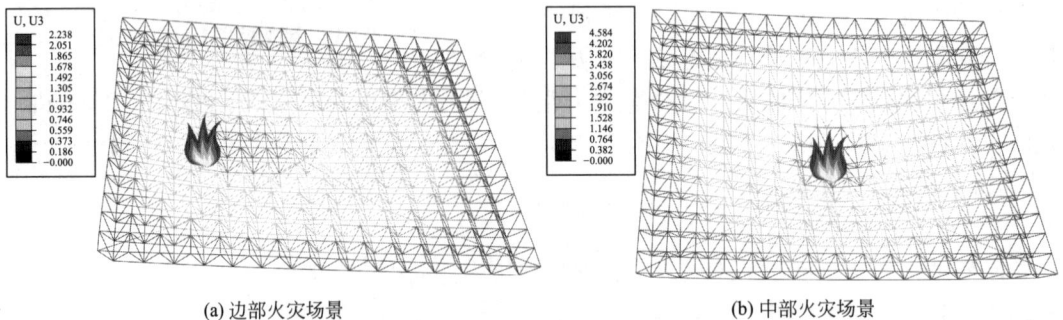

(a) 边部火灾场景　　　　　　　　　　(b) 中部火灾场景

图1.36　网架竖向位移云图（单位：m）

中部火灾场景下，当h分别为6m、9m、12m时网架中心下弦节点的竖向位移（v）-时间（t）关系曲线如图1.37所示。从图中可以看出，网架中心竖向位移在受火开始阶段发展较慢，之后竖向位移增加速度加大，最后阶段竖向位移增加速度又减小。

通过分析知，受火初始阶段，网架变形较小，呈现出小挠度板的受力和变形方式，网架整体以板的弯曲变形为主。当火灾时间增加、火灾温度进一步升高时，网架由板的受力方式转变为膜的受力方式。转变过程中，网架挠曲变形急剧增加。受火后期，当网架主要以膜的受力方式变形时，网架的挠曲变形增长缓慢。从图中还可看出，随网架建筑高度增加，网架挠度减小，这是因为建筑高度增加，构件温度降低导致的。

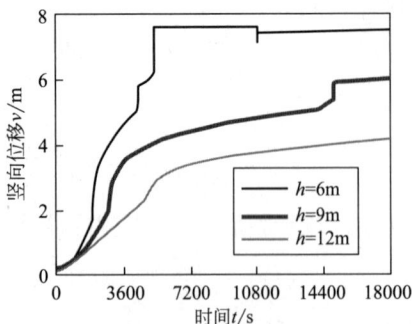

图1.37　网架中心节点竖向位移（v）-受火时间（t）关系曲线

中部火灾场景下，当h分别为6m、9m、12m时网架预应力索的拉应力（σ）与时间（t）关系曲线如图 1.38 所示。从图 1.38 中可以看出，建筑高度 h 越高，受火后期索的预应力越大。可见，索应力对建筑内火灾空气温度比较敏感，温度越高，索的应力就越小。

从图 1.38 中可以发现，受火初期，预应力索拉应力急剧减小。随后，预应力索拉应力先增大、后减小的现象。最后，随受火时间增加，预应力索中拉应力逐渐减小。

中部火灾场景、h=6m 网架预应力索中拉应力（σ）、网架中心竖向位移（v）与时间（t）关系曲线如图 1.39 所示。可见，受火后，索中拉应力降低较快。

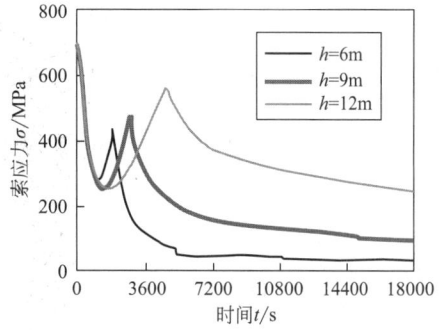

图 1.38　索应力（σ）–时间（t）关系曲线

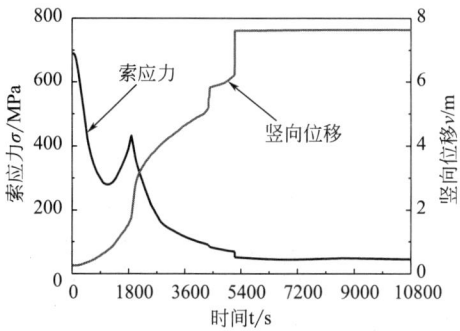

图 1.39　索应力（σ）及网架竖向位移（v）–时间（t）关系曲线

通过对比索中应力–受火时间关系曲线和网架中心竖向位移–受火时间关系曲线，发现索中拉应力变化与网架挠曲变形密切相关。受火后，随网架挠曲变形增加，网架本身分担的荷载增大，预应力索中拉应力减小。当网架由小挠度板的弯曲变形向大挠度板较大变形过渡时，网架的挠度急剧增大。此时，索中拉应力也增加。随受火时间延长，网架挠曲变形增加较大之后，网架出现大挠度变形，预应力索拉应力逐渐减小。总体上看，随火灾温度升高，网架挠度增加，出现拉力膜效应，预应力索拉应力逐渐减小。

中部火灾场景和边部火灾场景下预应力索中应力（σ）与时间（t）关系曲线如图 1.40 所示。从图中可见，受火 2000s 之后，边部火灾场景下索中拉应力比中部火灾场景时大。从前面的图 1.36 中可见，中部火灾场景下，受火后期，网架本身呈现出张拉膜的受力和变形方式，网架本身承受的荷载增大，因此，预应力索中应力较小。边部火灾场景下，网架变形较小，索承担的荷载较大，索中应力较大。

1.6.3　升降温火灾作用下预应力网架结构的力学性能分析

按照图 1.30 的升降温火灾模型进行分析，升降温临界时刻 t_h 取 3600s，并设 5400s 时温度降至常温。分析前述建筑高度为 6m 网架，火灾情况也与前述一致。

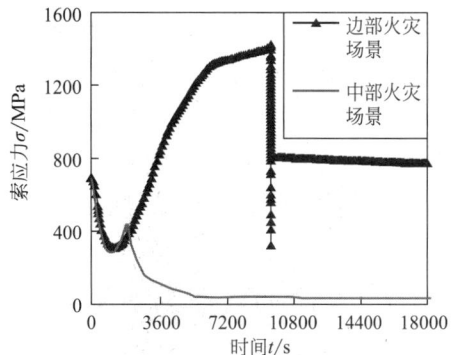

图 1.40　两种火灾场景下索应力（σ）–时间（t）关系曲线

分析得到的升降温火灾作用下网架中心竖向位移（v）与时间（t）关系曲线如图 1.41 所示，图中同时给出了只考虑升温时网架中心的竖向位移（v）与时间（t）关系曲线。可见，在降温阶段，网架中心的挠度开始恢复，但降温至常温时网架的挠曲变形没有完全恢复，网架的残余变形较大。

分析得到的升降温火灾作用下网架预应力索的拉应力（σ）与时间（t）关系曲线如图1.42所示，图中同时给出了只考虑升温时预应力索拉应力与时间关系曲线。可见，在降温阶段，预应力索的拉应力增加较多，比初始的预应力数值还大。从上面的分析知，降温后网架残余变形较大，阻碍了预应力索变形的恢复，导致索中的拉应力增加，火灾后预应力索的应力增加可能导致预应力索断裂，从而导致网架结构倒塌破坏。因此，在火灾降温阶段，预应力网架和预应力索也有可能出现破坏，预应力网架结构抗火设计时除应进行火灾升温阶段的验算，同时，也应进行火灾降温阶段的验算，以确保结构的安全性。

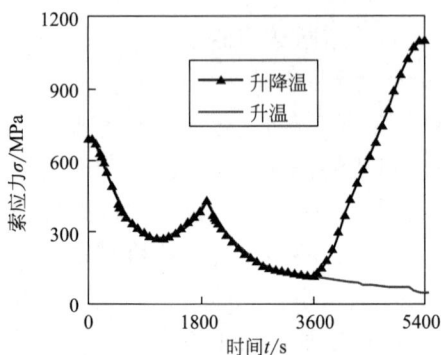

图1.41　升降温火灾下网架中心竖向位移（v）–时间（t）关系曲线

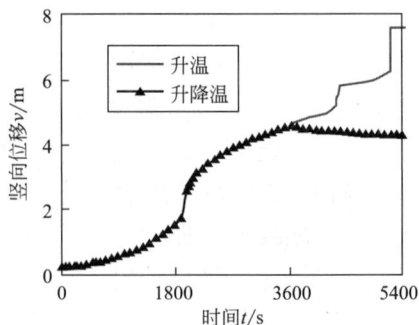

图1.42　升降温火灾下索的拉应力（σ）–时间（t）关系曲线

1.6.4　结论

建立了考虑火灾升温、火灾升降温作用下预应力网架结构力学性能分析的有限元模型，并对一典型的预应力网架结构火灾下的耐火性能和升降温火灾作用下的力学性能进行了研究，在本报告所研究的参数范围内可得到如下结论：

（1）火灾下预应力网架出现了明显的拉力膜效应。

（2）火灾下预应力网架的预应力索出现了拉应力首先减小、然后增大、最后逐渐减小的变化趋势，这种变化趋势是由网架从板的受力方式到膜的受力方式转变时导致的网架变形增加导致的。

（3）预应力网架经历升降温火灾后，火灾下的变形有部分恢复，但残余变形较大，索中拉应力增大，可能导致火灾后的预应力索破坏。因此，预应力网架结构火灾安全设计时应考虑降温阶段结构的可能破坏情况。

1.7　风荷载作用下预应力网架结构的耐火性能

1.7.1　引言

预应力网架结构面临着火灾危险性，需要对预应力网架结构进行合理的耐火设计。火灾下结构的力学性能与结构上的荷载形式和大小密切相关，因此，研究结构的耐火性能需要考虑荷载的影响。由于火灾与风荷载同时作用的可能性较大，结构耐火设计时需要考虑风荷载的影响。《建筑钢结构防火技术规范》GB 51249—2017规定，火灾下的结构荷载组合应考虑恒荷载、活荷载和风荷载的偶然组合。预应力网架结构跨度较大，刚度较小，对风荷载比较敏感，应考虑风荷载作用下的耐火性能。关于网架结构的耐火性能，目前的研究主要集中在恒荷载和活荷载作用下的力学性能方面。目前，对风荷载作用下预应力网架结构的耐火性能研究较少，本节以一典型的预应力网架结构为例，对其风荷载作用下的耐火性能开展研究。

1.7.2　预应力网架结构耐火性能分析模型

这里仍采用图1.35所示的预应力网架结构。网架平面长45m，宽45m，网架下弦距地面高度为6m。网架采用正放四角锥结构，网格平面尺寸3m×3m，厚度2.4m。网架杆件采用圆钢管，上下弦杆直径80mm，壁厚4mm，腹杆直径45mm，壁厚3.5mm。钢材采用Q235钢。沿网架对角线布置两根预应力钢索，钢索直径20mm，预应力钢索的预应力设为500MPa，预应力钢索的布置如图1.35所示。采用有限元软件ABAQUS建立预应力网架结构有限元计算模型，网架模型如图1.35所示。

首先将网架恒荷载、活荷载折算成作用于网架上弦节点的集中荷载，中部节点集中荷载的大小为15kN，边部节点荷载为7.5kN。根据《建筑结构荷载规范》GB 50009—2012确定风荷载。假定网架所在地区50年一遇的基本风压标准值p为0.5kN/m²，地面粗糙度类别为B类。由于上述荷载规范尚未给出大跨结构风振系数的计算方法，本节计算风荷载时假设只考虑平均风荷载，不考虑脉动风荷载。假设预应力网架屋面为双坡屋面，屋脊线位于屋面对称轴上，而且屋脊线与风向垂直。网架屋面风荷载体型系数采用上述规范中的封闭式双坡屋面的体形系数μ_s，并分别考虑两种屋面坡角α分别取10°和30°时网架结构的耐火性能。两种坡角条件下下风向坡屋面的μ_s均为−0.5，当α分别取10°和30°时上风向坡屋面的μ_s分别为−0.6和0。

预应力网架结构的建筑面积通常较大，建筑室内温度场计算模型采用《建筑钢结构防火技术规范》CECS 200：2006[1]提出的大空间建筑温度场升温模型。本节网架建筑高度h为6m。火灾假定为大功率火灾，火灾热释放率为25MW，火灾模型为平面圆形火源，单位面积火源功率为250kW/m²。根据文献[1]，各参数可确定如下：T_z=664℃，b=5.64m，β=0.0008、η=0.43、μ=6.5。另外，为了研究火灾位置变化时网架的耐火性能，本节分析两种火灾场景时网架的性能：当火灾中心位于网架中心时称为中部火灾场景，当火灾位于网架平面一边方向的跨中和另一边方向的1/4跨度时称为边部火灾场景。

本节网架结构温度场计算模型采用本章1.2节提出的考虑网架杆件之间热传导的计算模型，钢材的热工参数根据《建筑钢结构防火技术规范》GB 51249—2017取值。力学分析中，网架采用桁架单元模拟。在轴力为拉力的条件下，预应力索可用桁架单元模拟，本节采用桁架单元模拟预应力索。

1.7.3　风荷载作用下预应力网架结构的耐火性能的参数分析

1.7.3.1　屋面坡角对预应力网架结构的耐火性能的影响

这里以中部火灾场景为例进行分析。由于双坡屋面的风压系数与漩涡脱落有关，漩涡脱落与屋面坡角α有关，屋面坡角对双坡屋面的风压系数影响较大，本节首先研究屋面坡角系数变化导致风荷载变化时预应力网架结构的耐火性能的变化规律，分别选择α为10°和30°两种情况进行分析。

计算得到的α分别为10°和30°时、受火时间为2400s时网架的竖向位移U_3的云图如图1.43所示，U_3单位为m，方向以向下为正。为了与不考虑风荷载的情况进行对比，图中还给出了不考虑风荷载作用时的竖向位移云图。从图1.43中可见，不考虑风荷载时，火灾下网架结构的竖向位移是双向对称的，考虑风荷载后网架的最大竖向位移的位置偏离网架的几何中心，不再对称。由于风荷载相对于屋脊线不对称，导致了网架竖向变形不再对称。另外，与不考虑风荷载情况相比，考虑风荷载后网架的竖向位移变小，其中α=10°时网架的竖向变形大于α=30°时的网架竖向位移。由于风荷载为方向向上的吸力，而重力荷载方向向下，总的荷载方向向下，风荷载减小了向下的荷载合力，从而减小了火灾下网架的竖向位移。当α=30°时，前半部分屋面的风压系数为0，即没有风荷载，整个屋面的风荷载合力值小于α=10°时，因此，α=10°时网架竖向位移较α=30°时小。可见，由于风荷载为吸力，方向向上，风荷载的存在使网架承受的向下的合力减小，导致风荷载作用下网架的竖向位移变小，耐火时间延长。同时，由于屋面坡角影响风压系数，当α=10°时网架的竖向位移小于α=30°时网架的竖向位移。

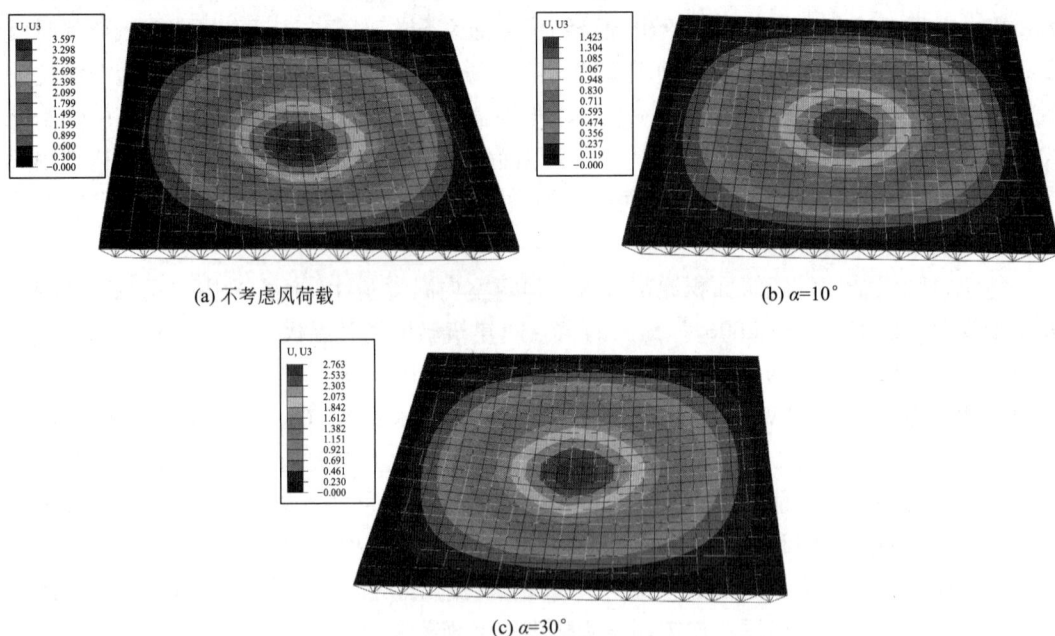

(a) 不考虑风荷载

(b) α=10°

(c) α=30°

图1.43 受火2400s时网架的竖向位移（单位：m）

上述三种情况下网架挠度最大节点的挠度f与受火时间t的关系曲线如图1.44所示。从图中可见，无风荷载时，网架的挠度发展最快，α=30°时网架的挠度发展最慢，α=10°时网架的挠度位于两者之间。可见，由于屋面坡角导致的风荷载分布和大小发生变化，网架的挠度发展也不同。上述三种情况下网架预应力索中拉应力$σ$与受火时间t的关系曲线如图1.45所示。从图中可见，总体上，受火后网架预应力索中的拉应力随受火时间延长而减小，受火过程中无风荷载时网架预应力索中的拉应力最大，$\alpha=10°$ 时索中拉应力最小，$\alpha=30°$ 时索中拉应力值位于上述两者之间。索中拉应力与网架荷载的合力有关，由于风荷载方向向上，风荷载的存在使网架向下的荷载合力减小，从而导致索中拉应力减小。同理，$\alpha=10°$ 时风荷载合力较 $\alpha=30°$ 时大，$\alpha=10°$ 时网架索中拉应力最小。可见，风荷载的大小和分布对索中的拉应力有明显的影响。

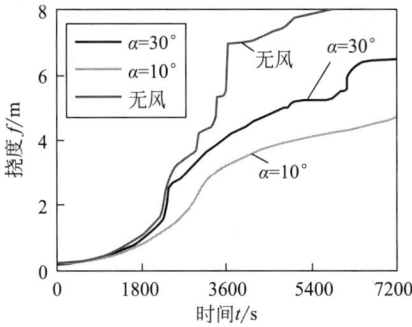

图 1.44　跨中挠度（f）－时间（t）关系曲线　　　　图 1.45　网架索中拉应力（σ）－时间（t）关系

1.7.3.2　基本风压对预应力网架结构耐火性能的影响

各地的风力大小不一样，即各地的基本风压不一样，本节研究基本风压不同时网架的耐火性能的变化规律。选择基本风压 p 分别为 $0.5kN/m^2$ 和 $0.9kN/m^2$ 进行计算，地面粗糙度类别均为B类。分别计算了中部火灾场景下预应力网架的力学反应，计算得到的 α 为 $10°$ 时网架中心节点的挠度（f）与时间（t）的关系曲线如图 1.46 所示。从图 1.46 可见，受火过程中 p 为 $0.5kN/m^2$ 时的挠度大于 p 为 $0.9kN/m^2$ 时的挠度。α 为 $30°$ 时的规律与图 1.46 一致。由于较大的基本风压引起较大的风荷载，风荷载的方向向上，从而减小了方向向下荷载合力，从而导致火灾下网架的挠度减小。

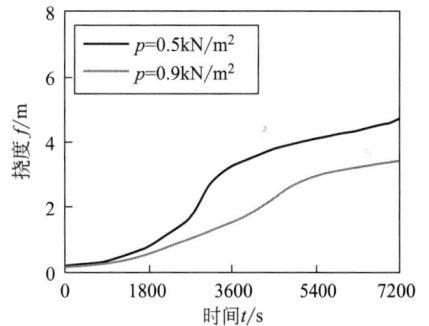

图 1.46　$\alpha=10°$ 时网架跨中挠度（f）－时间（t）关系曲线

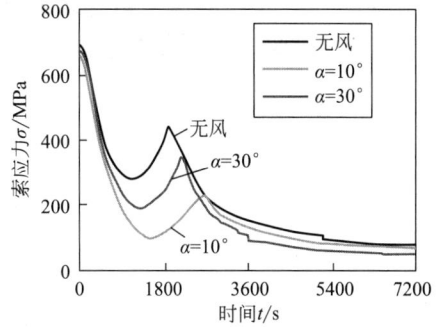

1.7.3.3　火源位置对预应力网架结构的耐火性能

$\alpha=10°$、受火时间为 2400s 时两种火灾场景下网架的竖向位移 U_3 的云图如图 1.47 所示，图中单位为 m。从图中可见，中部火灾场景下网架的竖向位移较边部火灾场景大。中部火灾场景下，网架呈现出对称的变形。边部火灾场景下，网架的最大竖向位移处自中部向边部移动，但尚没有到达 1/4 的跨部。出现这种变形方式是由于网架的整体变形方式与边部火灾的相互作用导致的。$\alpha=30°$ 时网架的变形规律与 $\alpha=10°$ 一致。可见，火源位置对网架结构的变形方式有较大影响。

两种火灾场景下网架中心节点的挠度（f）与时间（t）的关系曲线如图 1.48 所示。可见，受火后，中部火灾场景下网架中心节点的挠度增加较边部火灾场景快，这是由于网架跨中变形较大、周围变形较小的变形模式导致的。

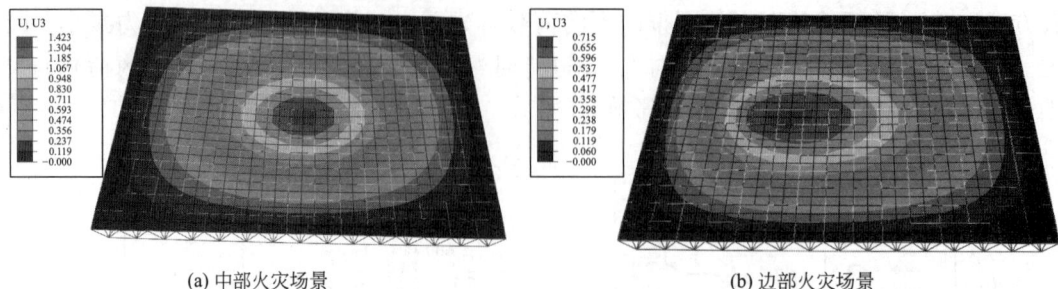

(a) 中部火灾场景   (b) 边部火灾场景

图 1.47 $\alpha=10°$ 时火源位置不同时网架的竖向变形云图

1.7.4   结论

本节建立了重力荷载和风荷载共同作用下预应力网架结构耐火性能分析的计算模型，考虑屋面坡角、风压大小、火灾位置等参数的变化，对网架结构的耐火性能进行了参数分析，在本书研究的参数范围内可得到如下结论。

（1）考虑风荷载作用后，网架结构的竖向位移和预应力索中的拉应力减小，这是由于风的吸力使网架中总的竖向荷载减小导致的。

（2）屋面坡角对网架的变形由明显的影响，屋面坡角越大，网架的竖向变形越大，受火过程中索的拉应力越大。

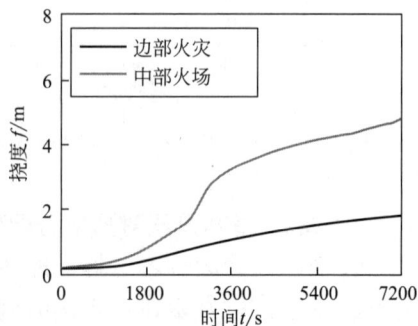

图 1.48 $\alpha=10°$ 时网架跨中挠度 – 受火时间关系曲线

（3）火源位置对预应力网架的耐火性能有明显的影响，中部火灾场景下网架的变形较边部火灾场景大。

1.8   大跨度网架结构抗火设计方法的工程应用

大跨度网架结构主要应用于体育场、展览馆、机场航站楼等公用建筑。这类建筑可燃物分布复杂，人员密集，消防管理难度大，更易发生火灾，大跨度网架结构的抗火设计十分重要。这里介绍前述大跨度网架整体结构耐火性能分析方法及其抗火设计方法在典型工程中的应用情况[13]。

1.8.1   大跨度网架整体结构抗火设计应用研究

1.8.1.1   大跨度网架结构抗火设计步骤

火灾下建筑结构需要考虑两种效应，第一种即高温下建筑结构的材料强度会发生降低，第二种即建筑结构受高温时的热膨胀效应。热膨胀效应导致建筑结构内部产生温度内力，温度内力要和其他荷载引起的内力进行组合，当组合后的荷载效应超过高温下结构承载力时将会引起构件或结构的破坏。

抗火设计时，首先确定火灾模型，据此确定建筑空间的火灾温度场分布。然后，通过结构构件的辐射和对流传热分析确定其温度。再进行建筑结构的耐火性能分析，在分析结果的基础上进行抗火设计，确定建筑结构的防火保护措施。

大跨度网架结构抗火设计及分析的一般过程如图1.49所示。

1.8.1.2　建筑火灾温度场的计算

大空间建筑火灾多为局部火灾，火灾温度在建筑空间分布不均匀。确定大空间实际火灾温度场时，首先确定建筑室内火灾荷载的分布和数量，然后利用火灾模拟软件或者成熟的火灾计算模型确定建筑火灾温度场的温度分布。火灾向构件传热的方式包括辐射传热和对流传热，通过辐射和对流传热计算确定构件的温度。最后，在确定构件温度的基础上进行建筑结构的抗火设计。大空间火灾模型可采用《建筑钢结构防火技术规范》CECS 200：2006中的空间温度场计算模型或其他计算模型，构件的传热计算时可采用前述网架构件传热计算方法。

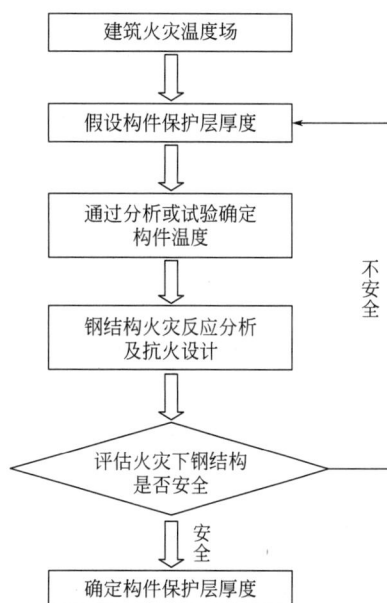

图1.49　钢结构抗火设计的一般过程

1.8.1.3　网架结构耐火性能计算模型的建立方法

（1）网架结构整体耐火性能计算模型

《建筑钢结构防火技术规范》GB 51249—2017规定跨度大于80m的建筑结构和特别重要的建筑结构要进行整体结构抗火分析。整体结构的抗火计算既需要考虑高温下结构内部产生的温度内力，也应考虑由于高温作用导致的钢材强度降低。本节采用前述提出的网架结构耐火性能计算模型建立方法，建立了网架整体结构耐火性能分析及抗火设计的热力耦合计算模型。

（2）火灾工况下荷载效应组合

根据极限状态设计法的要求，火灾工况下要考虑各种荷载的组合。根据《建筑钢结构防火技术规范》GB 51249—2017，火灾工况下需要考虑火灾高温与其他荷载的组合，网架结构抗火设计时荷载组合应考虑恒荷载、活荷载、风荷载及温度效应等多种荷载。

（3）高温下钢材的特性

钢结构抗火计算时，需要考虑高温下钢材的材料特性。高温下，钢材的弹性模量和屈服强度随着温度升高而逐渐降低，抗火设计时需要考虑随温度变化的材料弹性模量和屈服强度。材料模型中还需要定义钢材的热膨胀系数。高温下的材料特性根据《建筑钢结构防火技术规范》GB 51249—2017取值。

（4）网壳整体结构耐火性能计算过程

计算过程采用如下三个分析步骤。

第一步为构件的温度分析，确定火灾升温条件下构件温度随时间的变化曲线。

第二步分析按火灾工况下组合的设计荷载作用下结构的内力和变形，分析类型采用静力分析。该分析步内构件的温度取室温。

第三步分析火灾作用下整体结构的力学反应。该分析步在第二步的基础上施加火灾高温作用，分析火灾下的结构反应，包括变形、应力、是否倒塌等，该分析步仍采用静力分析步。分析中，由于火灾工况下结构整体变形较大，需要考虑几何非线性。同时，还会发生材料的高温劣化，需要考虑材料非线性。

在第二步中，当分析至构件破坏或者结构整体倒塌时，就分别得到了网架在构件破坏时的耐火极限和结构整体倒塌时的耐火极限。

1.8.2 典型大跨度网格结构抗火设计的工程应用

1.8.2.1 北京大兴国际机场大跨度网架结构抗火设计

北京大兴国际机场项目位于北京市大兴区榆垡镇，航站楼及换乘中心总建筑面积78.3万 m^2，地上5层，地下2层，建筑高度50m。航站楼为大跨度网架结构，建筑结构的耐火等级为一级。

首先通过火灾模拟和结构传热计算获得火灾下航站楼钢结构的温度场，之后进行了航站楼整体网架结构的耐火性能分析，基于分析结果进行抗火设计。最后，通过抗火验算确定了航站楼钢结构的防火保护措施。

建立航站楼火灾温度场计算模型时，根据火灾荷载统计的结果，同时由于结构的重要性较高，火源功率采用20MW。考虑火源对钢结构构件的辐射和对流传热的影响，考虑钢结构构件空间位置的变化，通过建立网架结构空间传热计算模型，获得火灾下钢结构构件的温度–时间关系曲线。采用梁单元建立了机场航站楼网架整体结构抗火计算模型，采用上述计算模型计算了火灾下航站楼网架结构的变形、应力分布及倒塌破坏情况。北京大兴国际机场鸟瞰图如图1.50所示，航站楼大跨度网架整体结构的抗火计算模型如图1.51所示。

图1.50　北京大兴国际机场航站楼鸟瞰图

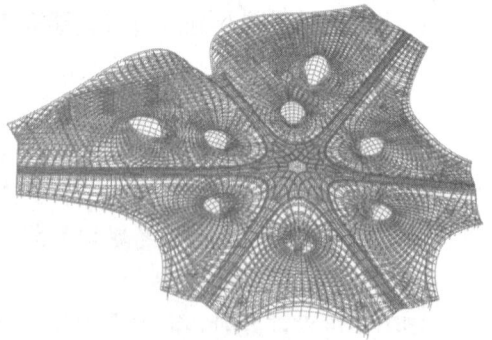

图1.51　航站楼网架整体结构抗火计算模型

典型火灾场景下，不同起火时刻航站楼大跨度网架结构的等效（Mises）应力云图分布如图1.52所示。从图中可见，与起火前相比，起火2h火源上方的构件应力大幅度增大，这是由于钢结构构件受热膨胀引起的温度内力导致的。该火灾场景下，不同起火时刻航站楼大跨度网架结构的竖向位移 U_3 云图分布如图1.53所示。从图中可见，相比于起火前，火源附近网架结构发生明显的向上的热膨胀变形。可见，受火过程中网架结构发生了较大的热膨胀变形，并产生较大的热膨胀应力。从图中还可看出，火灾下结构发生较大的热膨胀变形和应力，但至起火2h，网架结构没有发生倒塌破坏。

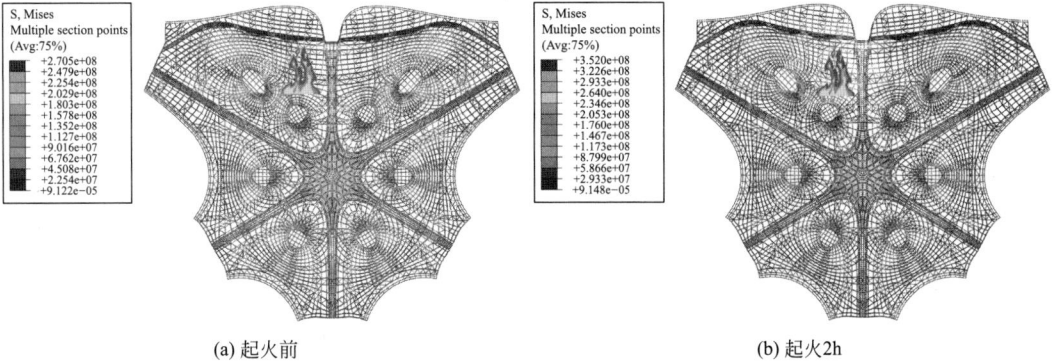

(a) 起火前   (b) 起火2h

图1.52 火灾过程中航站楼网架结构的等效 Mises 应力分布（单位：Pa）

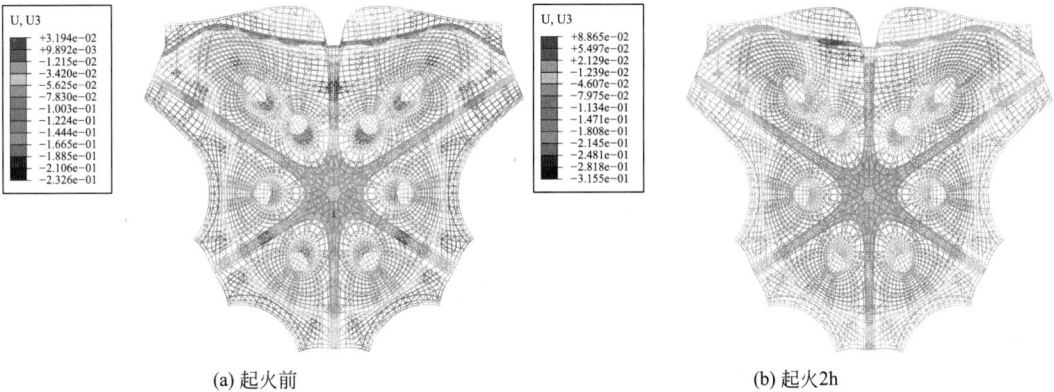

(a) 起火前   (b) 起火2h

图1.53 火灾过程中机场航站楼竖向位移 U_3 分布云图（单位：m）

在大兴国际机场航站楼大跨度网架结构抗火设计中，通过分析航站楼建筑内火灾荷载大小及分布，采用大空间建筑的火灾燃料岛模型，确定典型的火灾场景。通过对各典型火灾场景下大跨度网架结构倒塌安全性分析，确定了航站楼大跨度网架结构的防火保护措施和防火保护层厚度，指导大跨度网架结构的防火涂料施工，节约大量的防火涂装费用，降低了工程造价，大量减少碳排放，有效地保护了环境。

1.8.2.2 浙江佛学院二期工程——弥勒圣坛龙华法堂大跨度网壳结构抗火设计

该建筑结构南北方向长度183m，东西方向长度120m，建筑面积21600m²，为典型的大跨度网壳结构。由于跨度大，该网壳结构的耐火时间要求不小于3h。

在确定建筑火灾温度场时，因为该建筑属于大空间建筑，屋盖高度较高，火灾时建筑空间温度场不均匀，这里采用火灾模拟软件FDS确定建筑火灾温度场。

在考虑实际火灾荷载大小及分布的基础上，考虑对钢结构抗火的不利布置，确定结构抗火设计采用的设计火灾场景。按照对结构抗火不利的原则选择的4个典型火灾场景A、B、

C、D进行分析，对于每个火灾场景均需要进行结构抗火设计，火灾场景布置如图1.54所示。火灾场景B时建筑空间在起火时间t=2000s时的温度分布如图1.55所示。可见，此时建筑空间的温度已经趋于稳定。

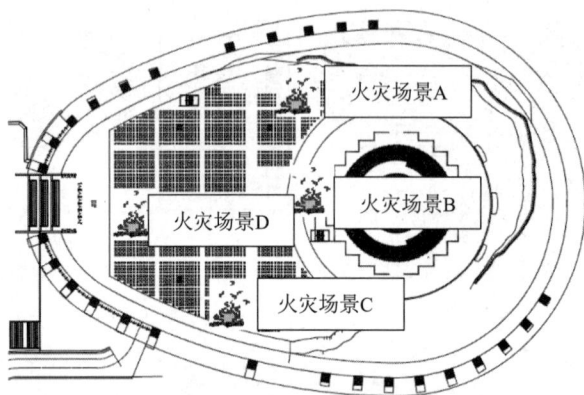

图1.54 典型火灾场景布置

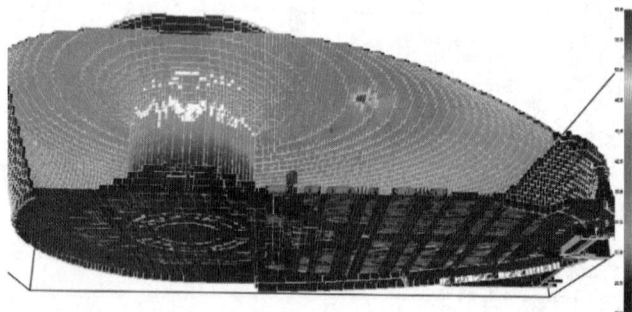

图1.55 起火时间t=2000s时火灾场景B建筑空间温度分布（单位：℃）

确定建筑火灾温度场之后，通过火灾与结构之间的传热计算可确定各结构构件的温度。确定结构构件的温度之后，按照前述整体结构抗火设计的方法进行网架结构的抗火设计。因为大空间建筑内的温度较低，首先假设构件不涂覆防火涂料进行抗火验算，如果结构不满足安全要求，则需要增加防火涂料厚度，重新计算。

这里以火灾场景A、荷载组合1为例进行分析。荷载组合1是恒荷载、活荷载和火灾温度效应的组合，荷载满跨分布。火灾过程中网壳的位移及Mises应力分别如图1.56、图1.57所示。从图1.56可见，随受火时间增加，结构总体上发生向上的位移，这是结构受热膨胀变形导致的。可见，受火过程中，网壳结构出现了明显热膨胀变形。从图1.57可见，随起火时间增加，网壳结构的应力增大较快，最大应力由146MPa升至317MPa。至起火3h，网壳构件的应力均在317MPa以下。

选取网壳典型节点A和节点B分析其受火过程中的竖向位移变化趋势，这两个节点位置如图1.56（d）所示。这两个节点位于网壳的变形较大处，基本上能反映网壳结构的整体变形。网壳结构典型节点A和节点B（图1.56b）竖向位移（U_3）-起火时间（t）关系曲

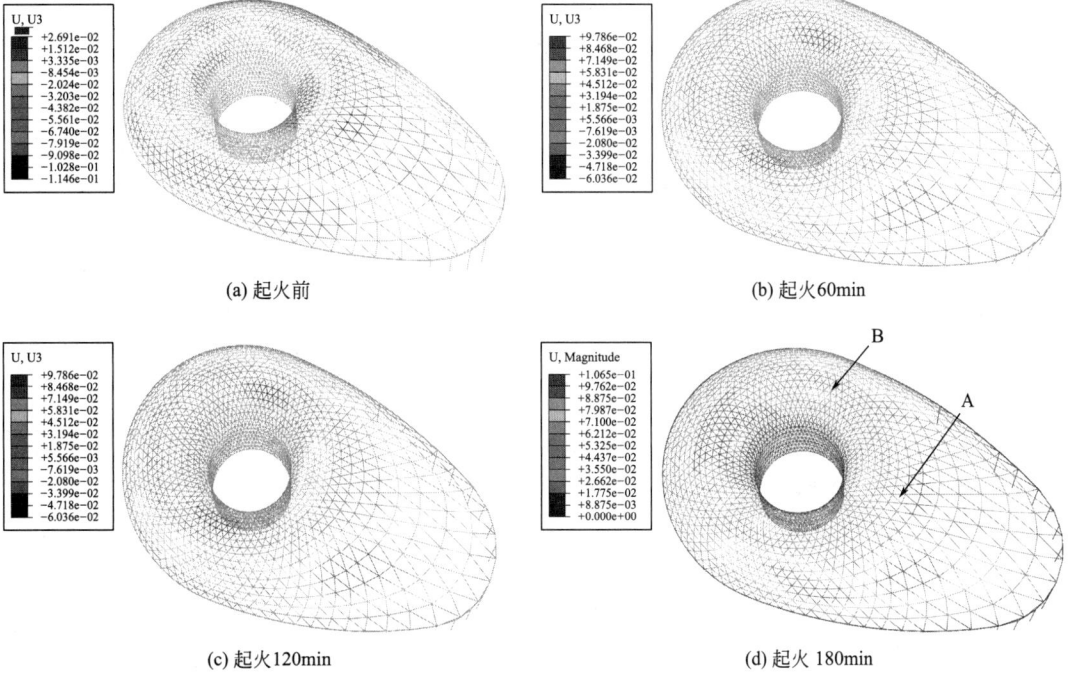

(a) 起火前

(b) 起火60min

(c) 起火120min

(d) 起火 180min

图 1.56　火灾过程中网壳结构的位移（单位：m）

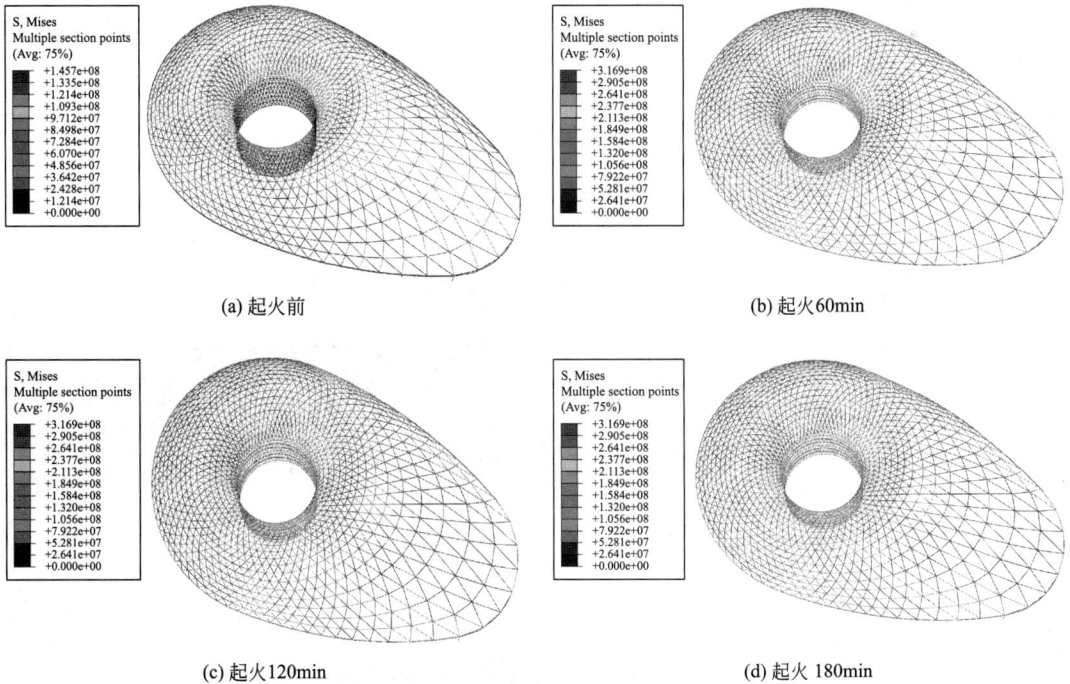

(a) 起火前

(b) 起火60min

(c) 起火120min

(d) 起火 180min

图 1.57　火灾过程中网壳结构的等效 Mises 应力（单位：Pa）

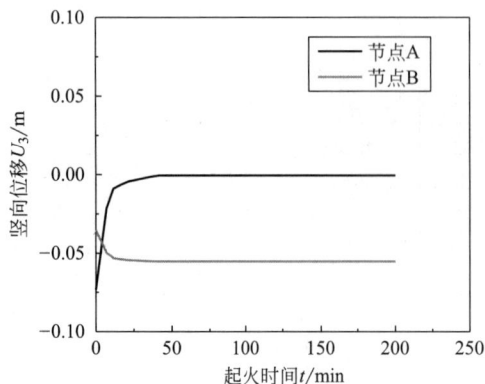

图 1.58 网壳结构典型节点竖向位移（U_3）– 起火
时间（t）关系

线如图 1.58 所示。由图 1.58 可见，起火后随火灾温度升高，节点 A 竖向位移向上增大，节点 B 竖向位移向下增大，之后基本保持恒定，位移几乎不再变化。至受火 3h，这两点的竖向位移基本保持不变。可见，起火 3h 内，网壳结构没有出现破坏现象，网壳保持稳定状态，满足安全要求。从以上网壳受火过程中的力学性能指标看，起火 3h 之内，网壳的变形基本保持稳定，没有出现结构整体或者局部破坏。可见，火灾场景 A、荷载组合 1 荷时，网壳结构的耐火时间不小于 3h。

采用火灾模拟软件 FDS 进行火灾数值模拟，确定了典型火灾场景下建筑空间的火灾温度场，通过辐射传热和对流传热确定构件的温度。之后，基于前述大跨度网格整体结构抗火计算的原理，进行了火灾作用下网壳结构的变形、应力等性能分析，并基于火灾倒塌分析的原理，判断火灾高温下结构的安全性，确定结构的耐火时间。计算表明，本项目建筑火灾荷载较小，结构高度较大，构件温度较低，在不涂覆防火涂料的条件下，整体结构的耐火时间不小于 3h。通过基于大跨网壳整体结构的耐火性能分析及抗火设计，大大节约工程投资。

1.8.3　小结

本节介绍了大跨度网格结构抗火设计原理在典型大跨度网架结构及网壳结构中的应用。抗火设计时，首先采用火灾数值模拟的方法确定火灾温度场，然后通过考虑对流和辐射传热确定了结构构件的温度。同时考虑火灾和荷载的效应组合，进行了大跨度网格整体结构的抗火设计，提出了防火保护措施。结果表明，提出的大跨度网格结构抗火设计方法可保证结构的安全，同时提高工程建设的经济性。

1.9　央视电视文化中心网架结构火灾后力学性能评价

1.9.1　火灾后结构损伤调查

2009 年 2 月 9 日晚，中央电视台新址园区在建的电视文化中心（TVCC）发生火灾，大火在燃烧近 6h 后熄灭，大楼外立面严重受损。TVCC 受火部分包括主体混凝土结构和周围的网架结构，这里以 A 区为例介绍网架结构火灾后性能评估方法的工程应用。A 区网架与其他区域网架没有联系，为独立的剧院顶棚结构，A 区网架火灾情况及受火后破坏的情况分别如图 1.59 ～ 图 1.61 所示。

图 1.59　TVCC 主楼西侧及 A 区网架火灾

图 1.60 火灾后 A 区网架结构

图 1.61 火灾后 A 区网架局部破坏

火灾后根据现场调查发现，A 网架东侧的⑥~⑦轴之间的网架过火较大，结构变形和损伤较大，A 区网架火灾影响较大区域及结构构件的损伤情况分别如图 1.62、图 1.63 所示。

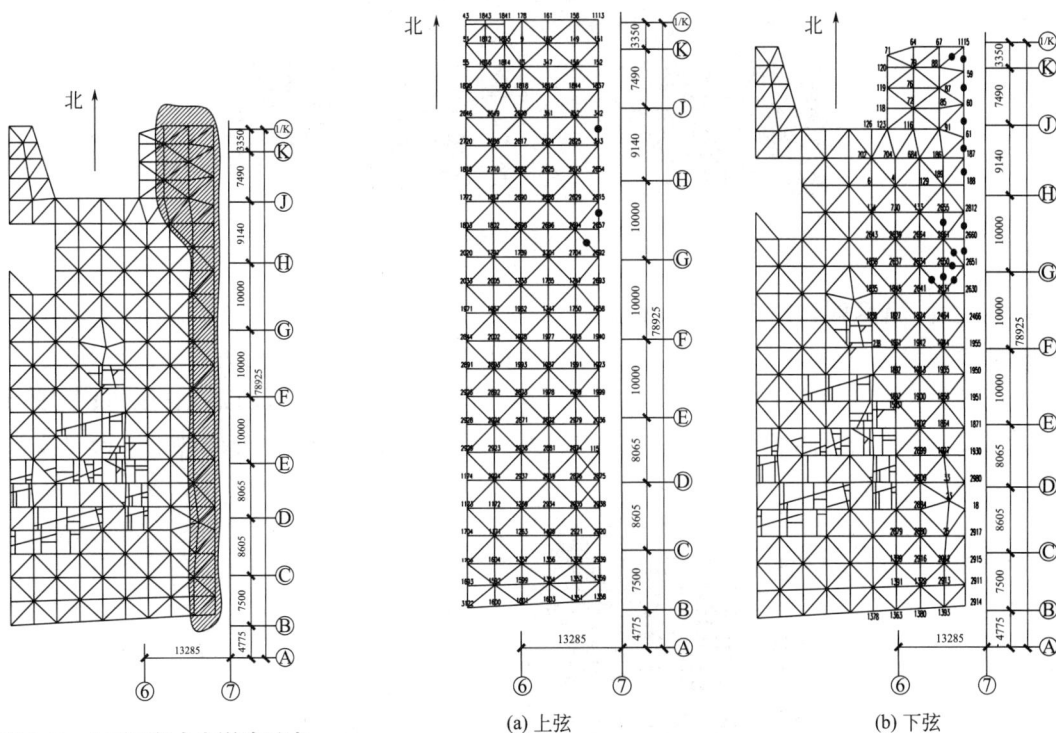

图 1.62 A 区网架火灾影响区域
（注：图中阴影部分为受火灾影响相对较大的区域）

(a) 上弦

(b) 下弦

图 1.63 A 区网架变形较大杆件分布
（注：明显弯曲及损伤的杆件在图中用"●"标出）

1.7.2 A 区网架火灾数值模拟

对火灾后的建筑进行评估，需要确定原来发生的实际火灾规模、温度场分布及持续时间等参数。为了确定上述参数，进行了详细的火灾现场调查，对过火最高温度、火灾荷载的数量和分布情况获得详细的第一手资料，然后利用火灾模拟软件FDS重现火灾。受业主委托，作者课题组承担了央视电视文化中心（TVCC）建筑结构（包括A区网架结构）火灾后力学性能评估工作，为了配合建筑整体的火灾数值模拟，在TVCC评估中建立了建筑整体火灾模拟的计算模型，模型中也包含A区网架部分。这里计算目标为确定A区网架中过火区域温度场（⑥~⑦轴附近），因此计算区域定为A区网架、A区与B区交界处及小部分B区。见图1.64圈中部分。

图1.64　计算区域示意图

1.7.2.1　A区网架建筑火灾计算模型

根据设计方提供的建筑图建立建筑模型。由于本次计算主要目的为重现A区网架在火灾作用下的温度变化过程，因此计算时为了减小计算量，只对A区网架、A区与B区交界处及相邻的B区进行网格划分，网格数约54万。划分完网格后的FDS模型如图1.65所示。

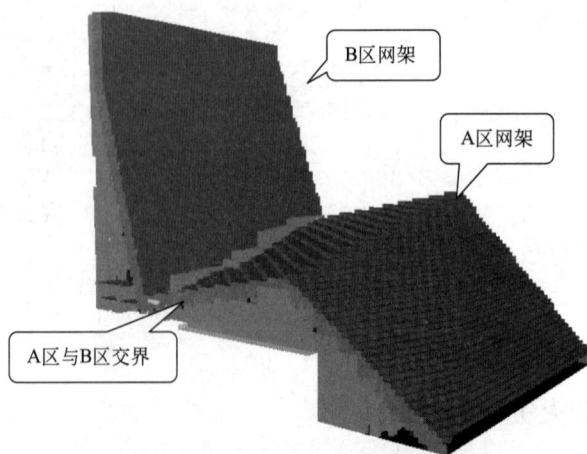

图1.65　FDS模型网格划分

A区屋面主要由铝板、保温棉、压型钢板、钢网架组成，均为不燃材料。根据火灾灾后分析，A区网架之所以受火灾影响，主要因为以下因素：

（1）B区西侧竖向挤塑聚苯乙烯泡沫板（XPS）燃烧后的滴落物落在A区与B区交界处的屋顶上下表面、五层屋顶，滴落物继续燃烧对网架造成了影响。

（2）A区屋顶北侧竖向幕墙由可燃性材料组成，火灾时燃烧，对网架造成了影响。

根据上述情况，在A区和B区交界处屋顶的上下表面之间、五层屋顶局部设置火源，北侧竖向幕墙设为可燃烧材料挤塑聚苯乙烯泡沫保温板（XPS），材料设置情况如图1.66所示。

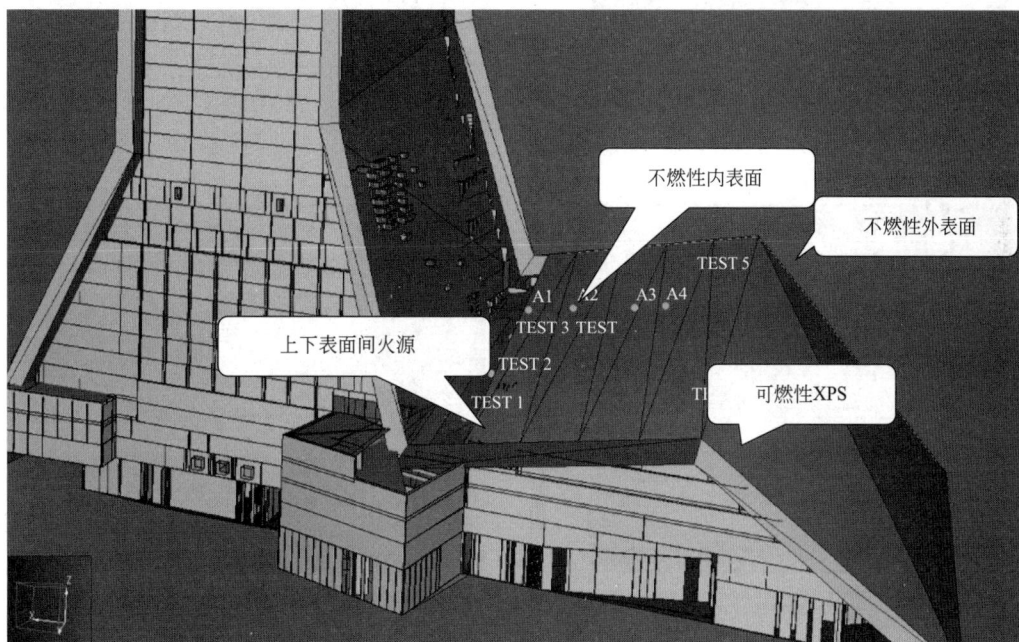

图1.66 火源设置图

1.7.2.2 计算结果与分析

（1）水平切面温度分析

取23m高度的水平切面，温度计算结果如图1.67所示，表中t为起火时间。可以看出，A区与B区交界处温度约500～600℃，持续时间约20min；A区北侧持续时间约10min，温度超过200℃。

（2）监测点温度–时间曲线

取出典型测点的温度，曲线如图1.68～图1.70所示。可以看出：

1）A区正上方屋顶外侧屋面温度略有升高，其温度升高值最大约10℃。

2）A区与B区交界处屋顶夹层内部温度达到500～600℃。

3）A区西侧屋顶内部温度略有升高，升高值最大约30℃。

对A区火灾进行了CFD模拟计算，图1.71～图1.73是计算结果与火灾后照片的对比情况。

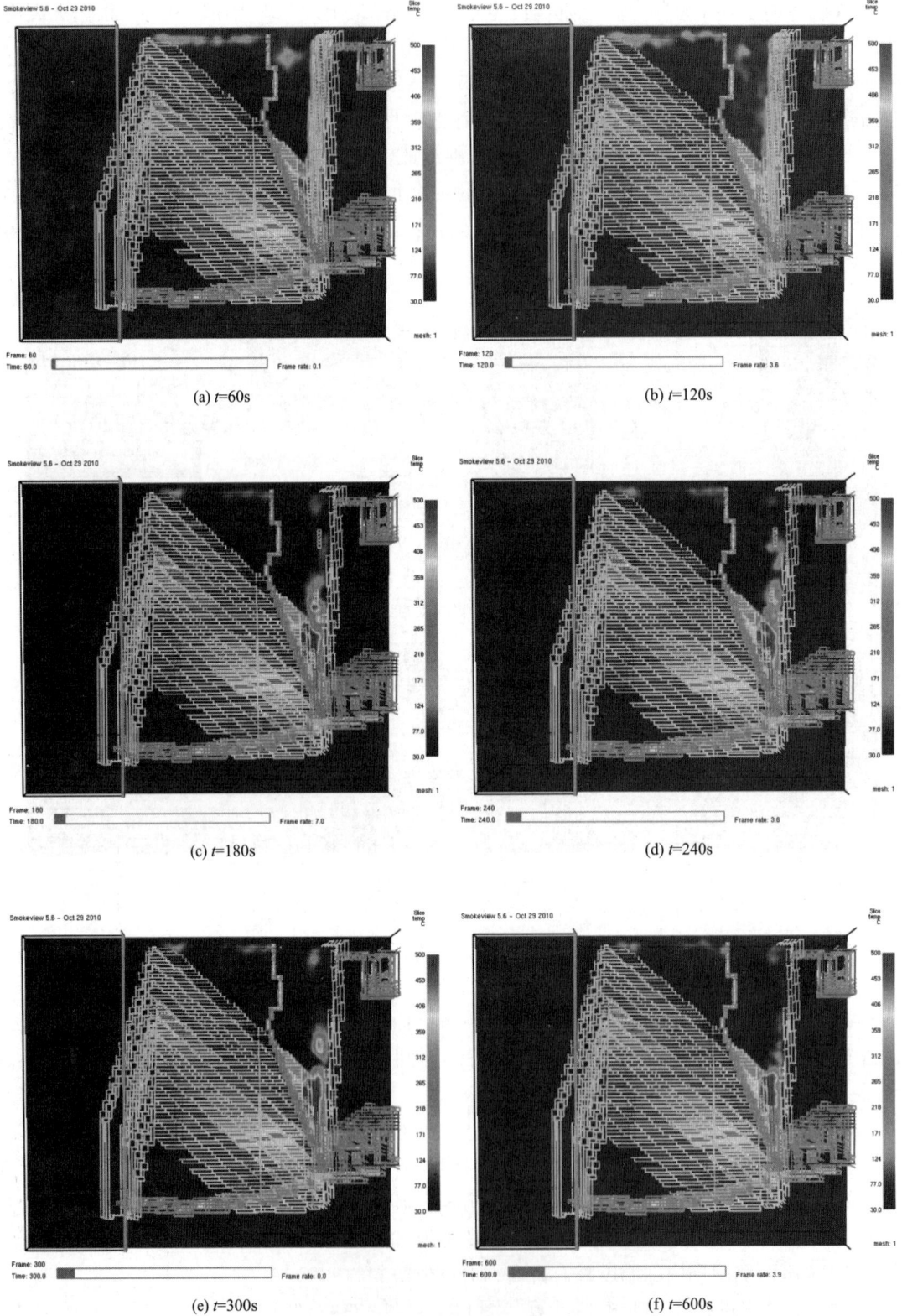

(a) t=60s

(b) t=120s

(c) t=180s

(d) t=240s

(e) t=300s

(f) t=600s

图 1.67　23m 高度切面温度计算结果（单位：℃）（一）

(g) t=900s

(h) t=1200s

(i) t=1500s

(j) t=1800s

(k) t=2100s

(l) t=2400s

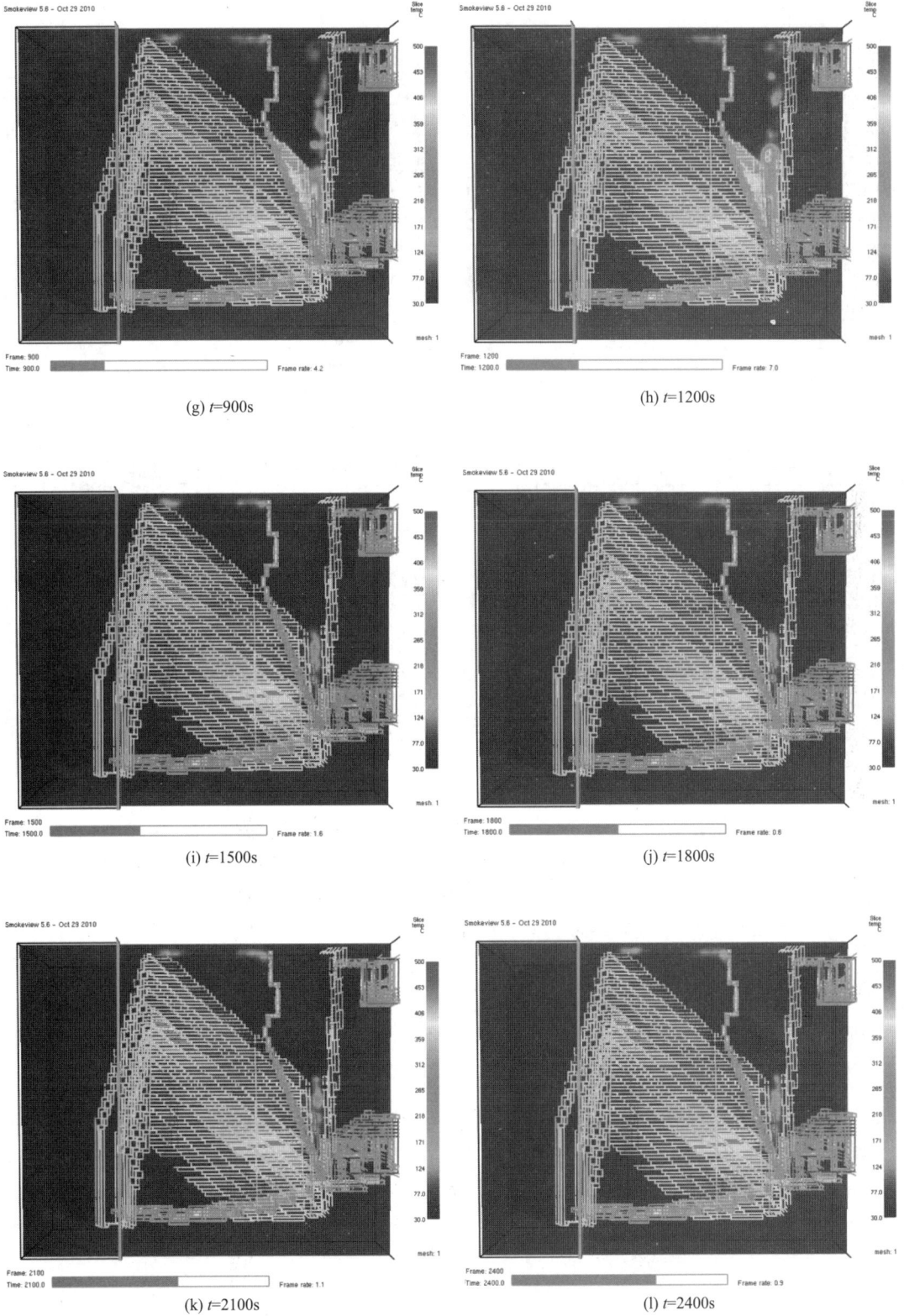

图 1.67　23m 高度切面温度计算结果（单位：℃）（二）

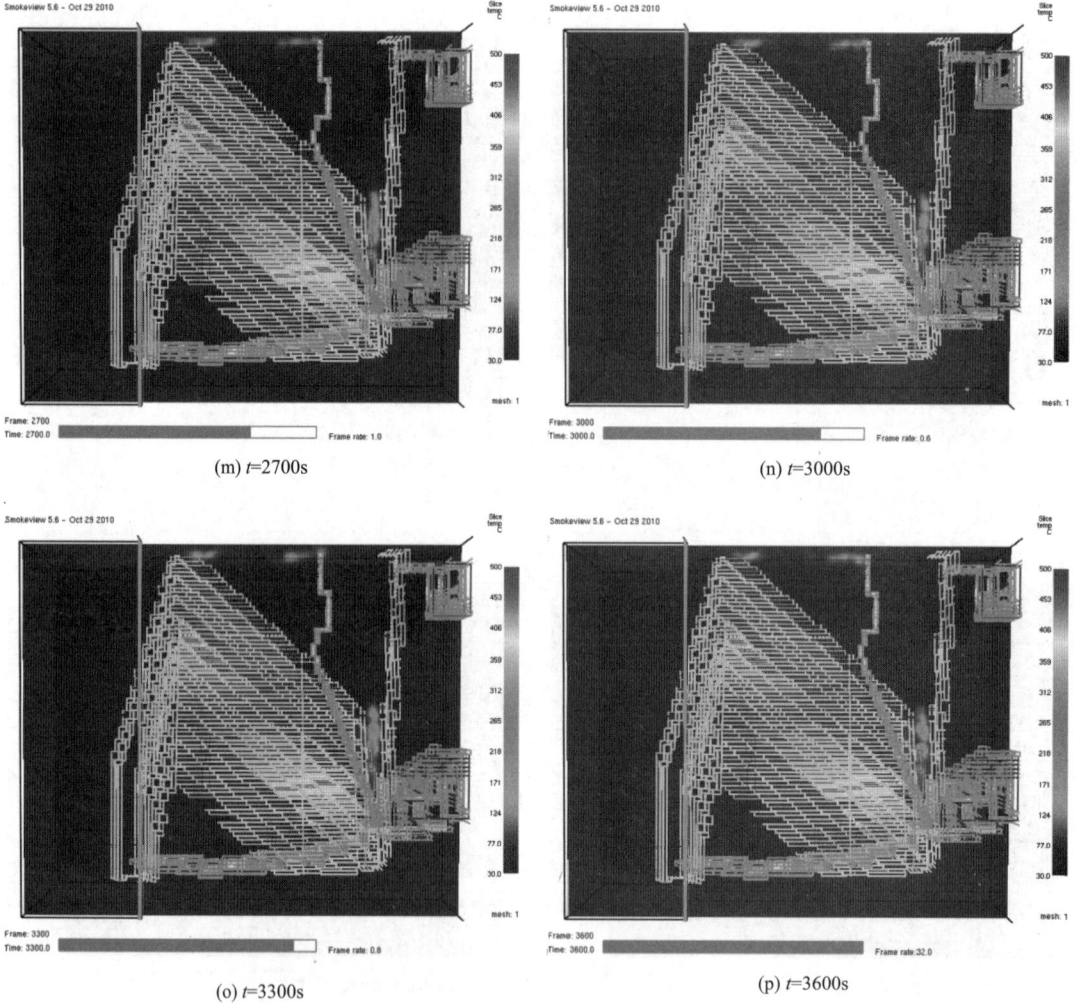

(m) t=2700s

(n) t=3000s

(o) t=3300s

(p) t=3600s

图 1.67　23m 高度切面温度计算结果（单位：℃）（三）

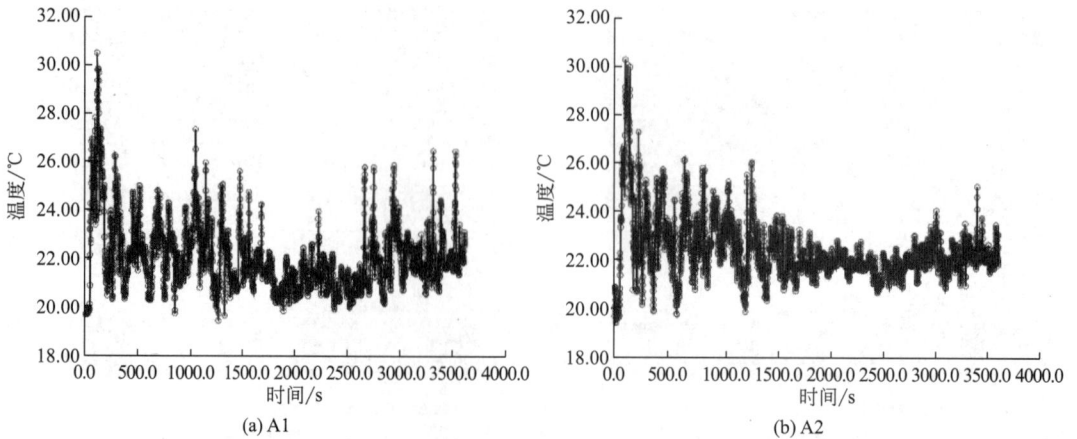

(a) A1

(b) A2

图 1.68　A 区屋顶正上方外部监测点温度曲线（一）

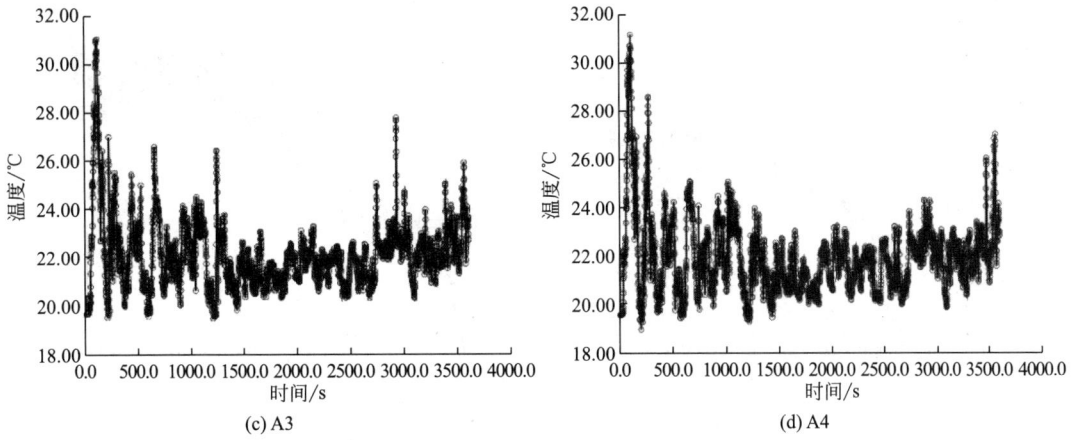

(c) A3

(d) A4

图 1.68　A 区屋顶正上方外部监测点温度曲线（二）

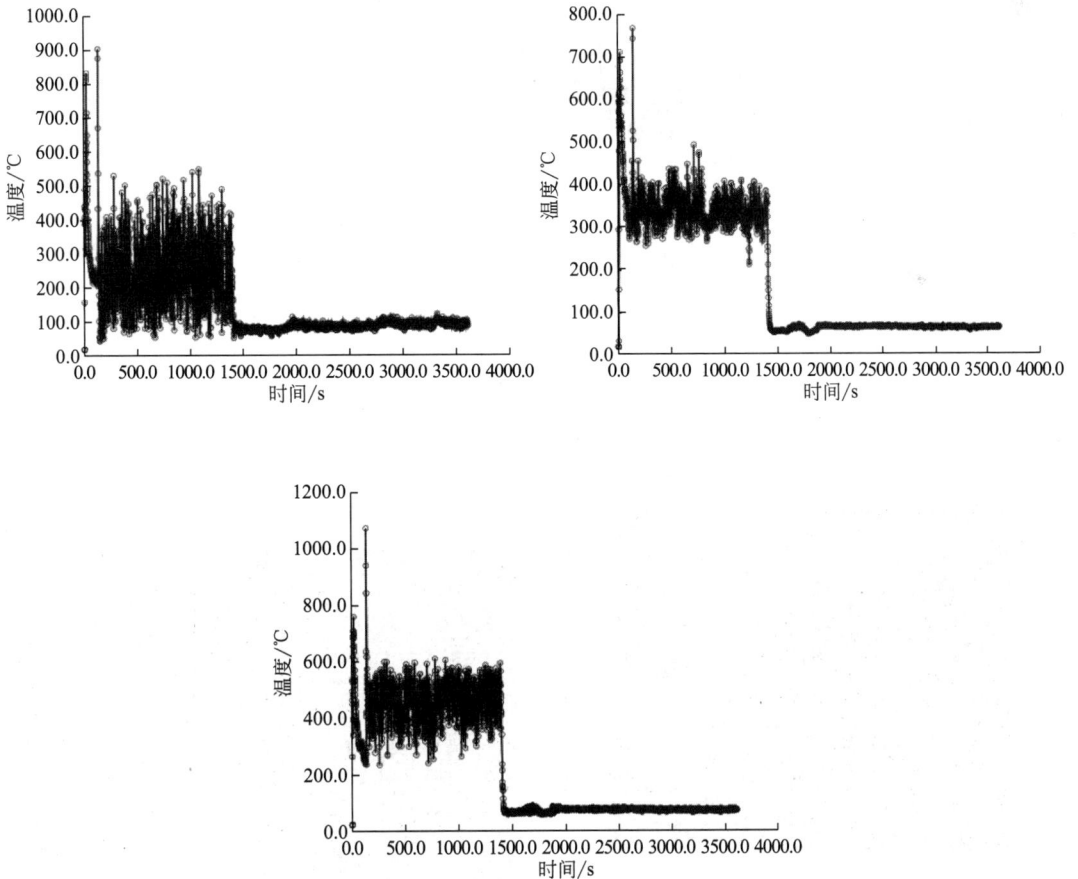

图 1.69　A 区与 B 区交界处屋顶夹层内部监测点温度曲线

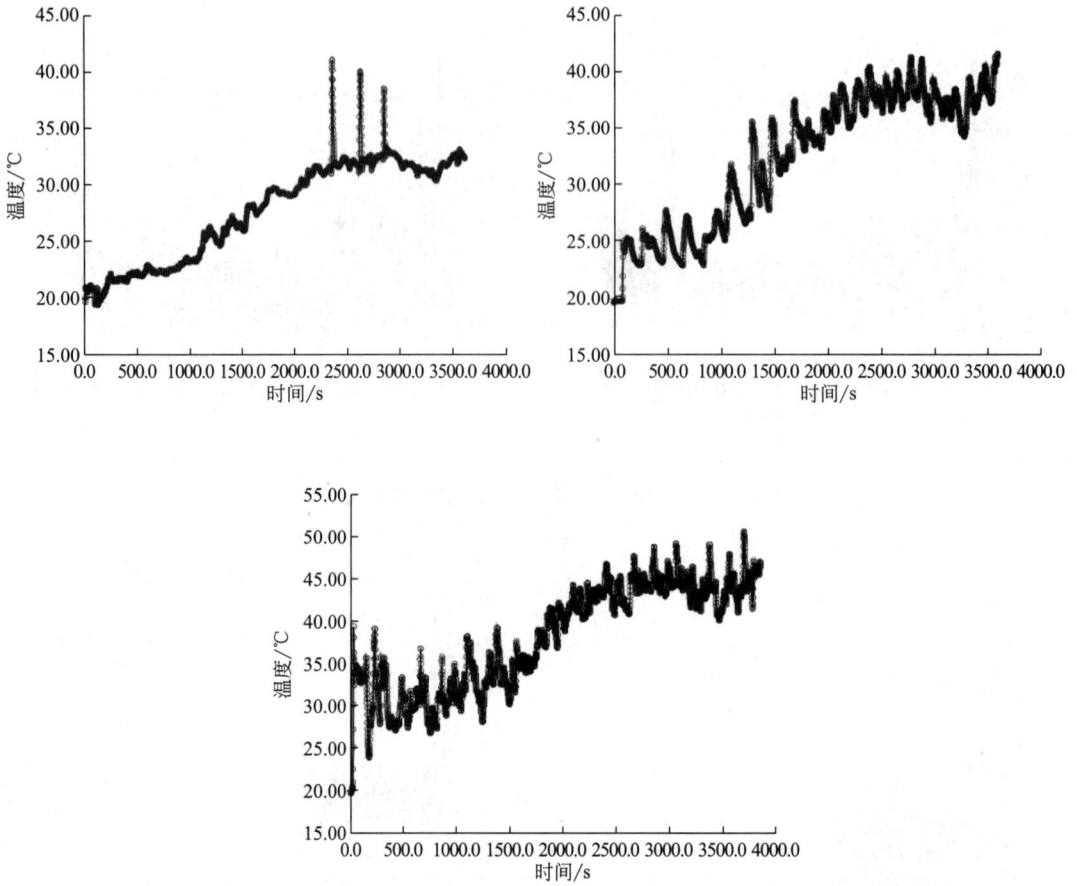

图 1.70　A 区西侧屋顶内部监测点温度曲线

计算结果与火灾后照片对比

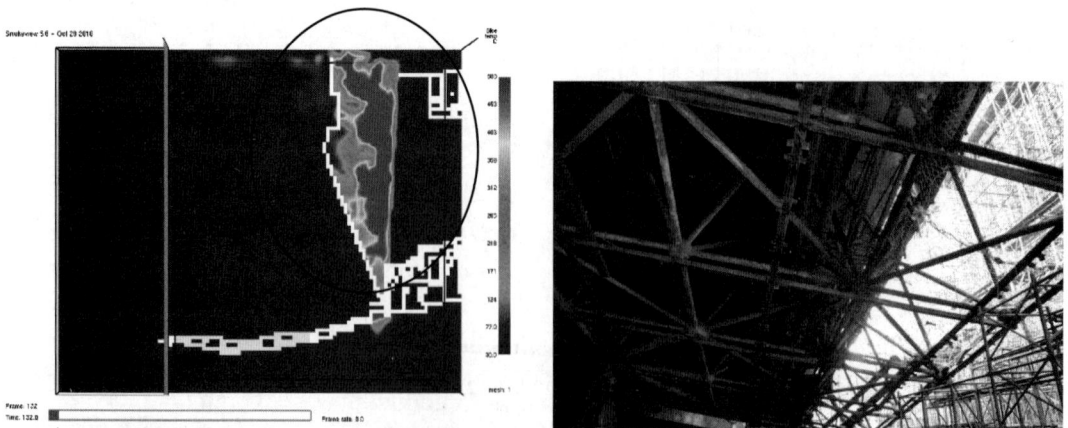

图 1.71　A 区与 B 区交界处对比（圈中区域为照片中对比区域）（一）

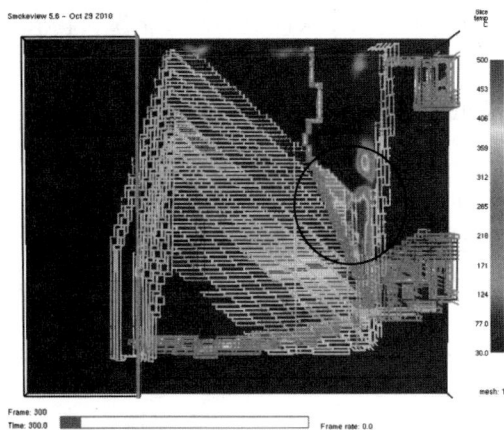

(AB区之间网架下空间的计算温度为500～600℃)

(A区与B区交界处网架钢结构防火涂料发泡，
估计空气温度约500～600℃)

图1.71　A区与B区交界处对比（圈中区域为照片中对比区域）（二）

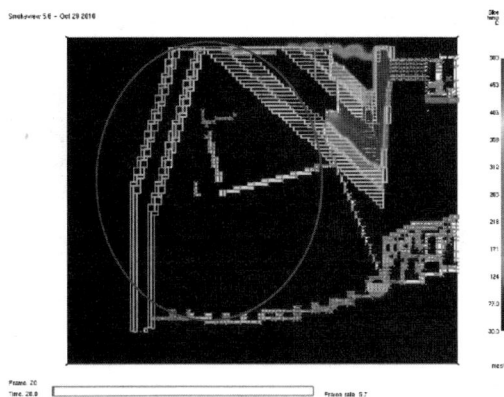

(A区西侧大部分区域内温度无明显升高，温度
最高升温30℃)

(A区西侧大部分区域无过火痕迹，也无明显烟气
聚集痕迹，防火涂料良好)

图1.72　A区西侧区域对比

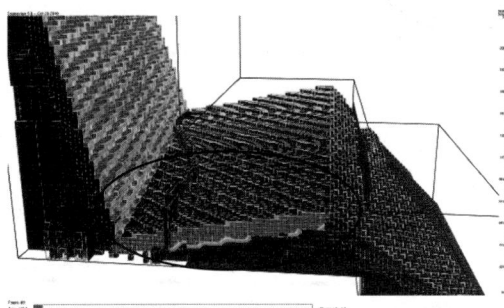

(北侧屋顶外幕墙温度估计超过200℃)

(北侧屋顶外幕墙烧光，靠近外幕墙的一跨钢结构
防火涂料发泡，温度估计超过200℃)

图1.73　A区北侧屋顶外幕墙对比

根据以上对比分析，可见，火灾模拟计算结果基本反映了A区火灾蔓延情况，得到了如下结论：

（1）火灾过程中，A区与B区交界处空气温度约500～600℃，外侧墙面温度高于200℃，持续时间约20min。

（2）A区北侧屋顶外幕墙火灾持续时间约10min，燃烧过程中，幕墙温度超过200℃。

（3）火灾过程中，A区正上方屋顶的外侧屋面温度略有升高，温度升高值最大约10℃。

（4）火灾过程中，A区西侧屋顶内部的空气温度略有升高，温度升高值最大约30℃。

1.7.3 火灾后网架构件残余应力分析

1.7.3.1 计算模型

根据华东院提供的TVCC工程A区网架结构的计算模型，利用ANSYS软件建立了A区网架计算模型，桁架杆件采用BEAM189单元模拟，有限元模型如图1.74所示。

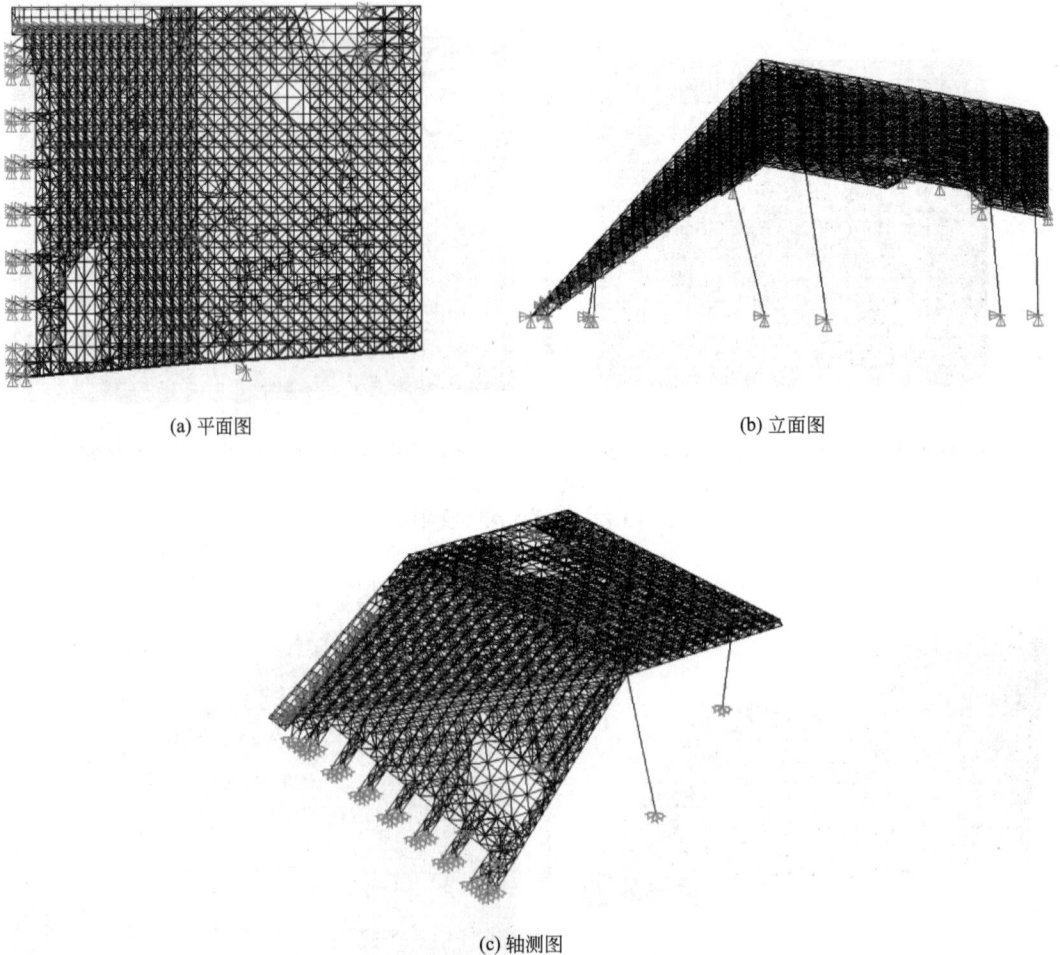

(a) 平面图

(b) 立面图

(c) 轴测图

图1.74 有限元计算模型

1.7.3.2 火灾时的荷载统计

在进行结构受火应力分析时，除随火灾发展不断增大的温度荷载外，还根据原设计院提供的设计荷载，综合考虑了火灾发生时的恒荷载，具体如表1.3所示。

荷载具体内容 表 1.3

荷载名称代码	荷载说明
DSW	网架结构自重，由程序根据输入截面自动计算，其中密度乘以1.24的系数以考虑球节点的重量
SD	屋面板自重
FACADE	幕墙自重
JBFG	风管自重
GUTTER	排水沟重量
LAMB	静压箱重量
STAIRWAY	楼梯重量
MD	马道重量
总计	40342kN

1.7.4 火灾下结构的位移计算结果

1.7.4.1 X向位移

火灾下不同起火时刻网架结构的X向位移如图1.75所示。

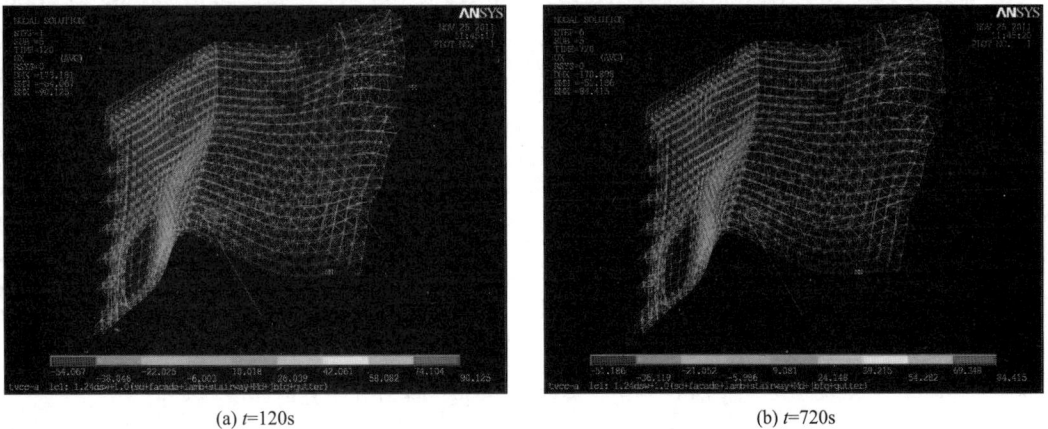

(a) t=120s   (b) t=720s

图 1.75 结构 X 向位移（单位：mm）（一）

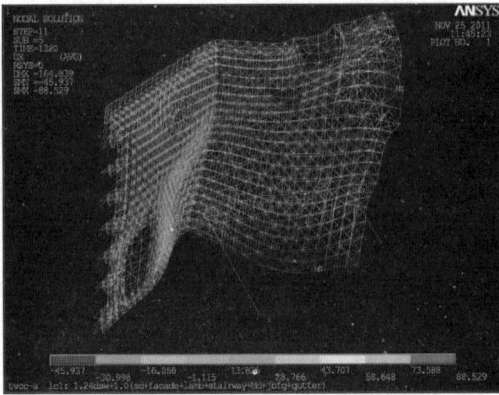

(c) *t*=1320s

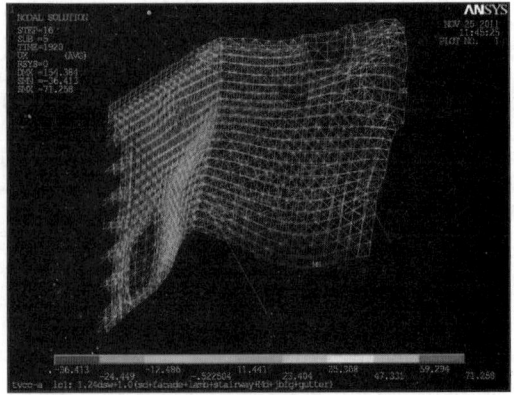

(d) *t*=1920s

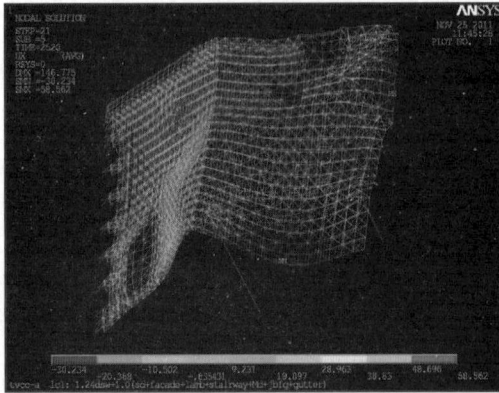

(e) *t*=2520s

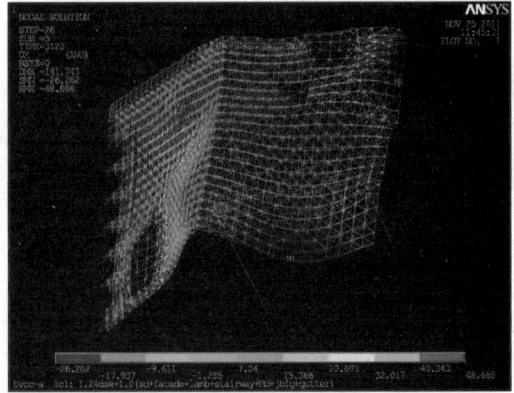

(f) *t*=3120s

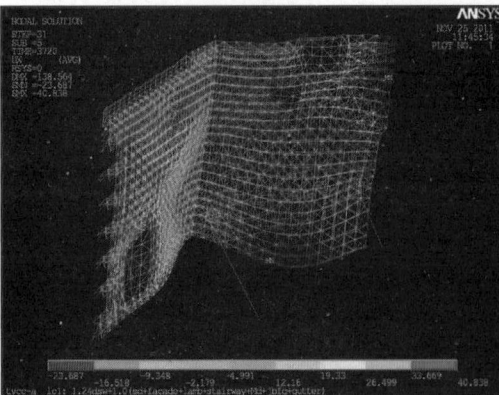

(g) *t*=3720s

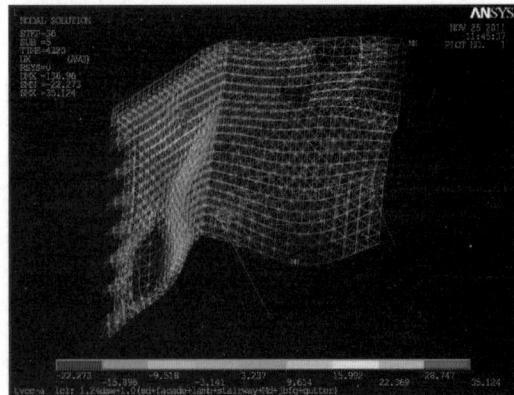

(h) *t*=4320s

图 1.75 结构 *X* 向位移（单位：mm）（二）

1.7.4.2　Y向位移

火灾下不同起火时刻网架结构的Y向位移如图1.76所示。

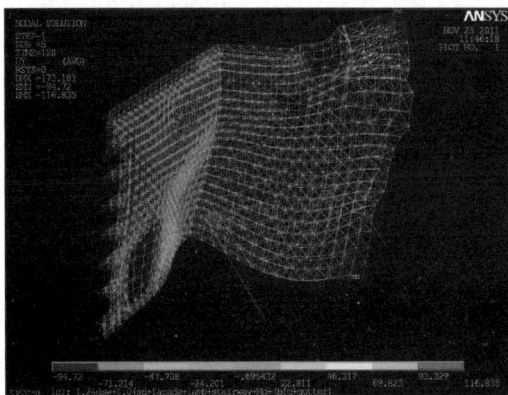

(a) t=120s

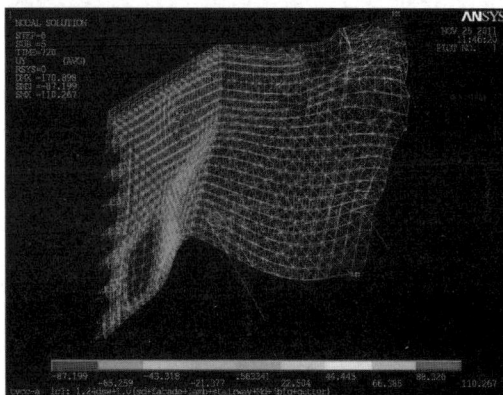

(b) t=720s

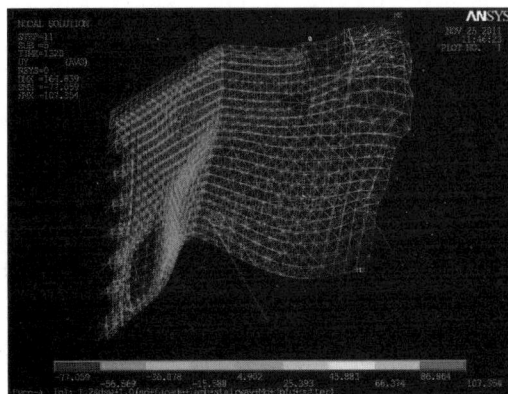

(c) t=1320s

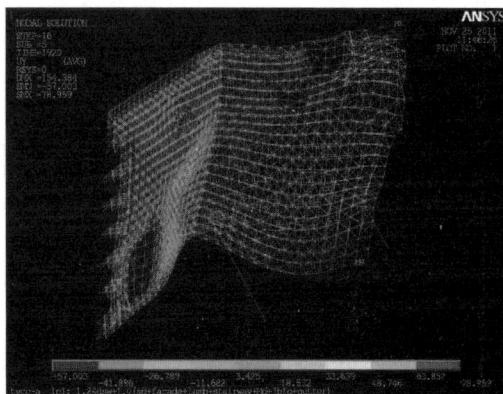

(d) t=1920s

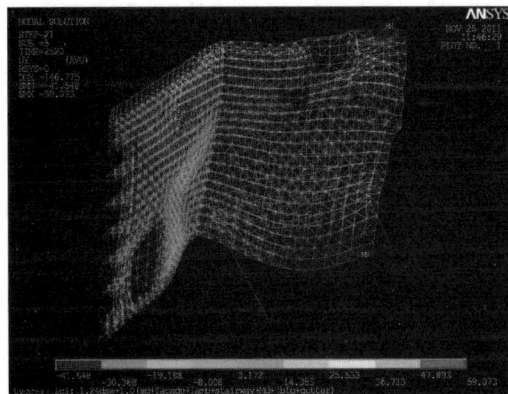

(e) t=2520s

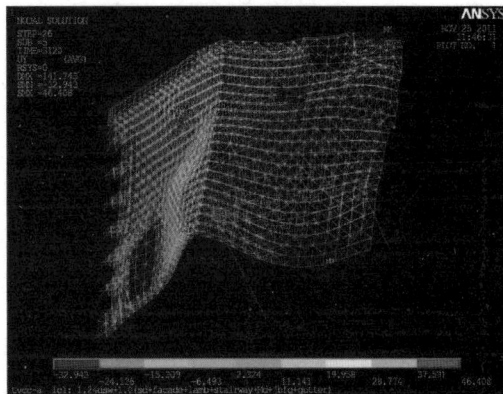

(f) t=3120s

图1.76　结构Y向位移（单位：mm）（一）

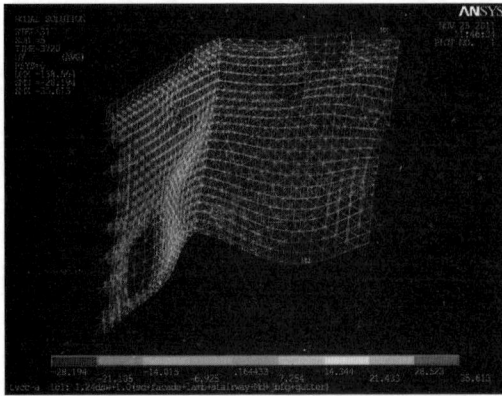

(g) t=3720s

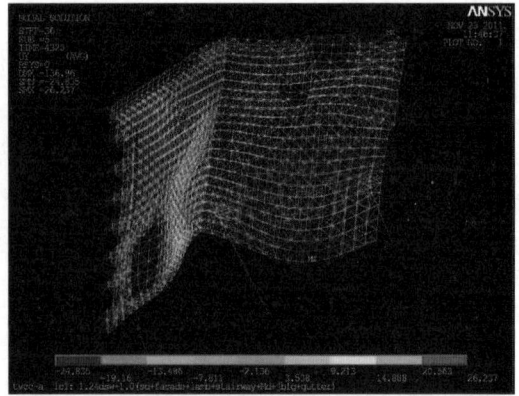

(h) t=4320s

图 1.76 结构 Y 向位移（单位：mm）（二）

1.7.4.3 Z 向位移

火灾下不同起火时刻网架结构的 Z 向位移如图 1.77 所示。

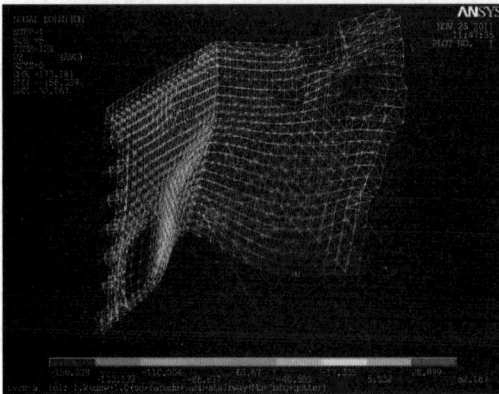

(a) t=120s

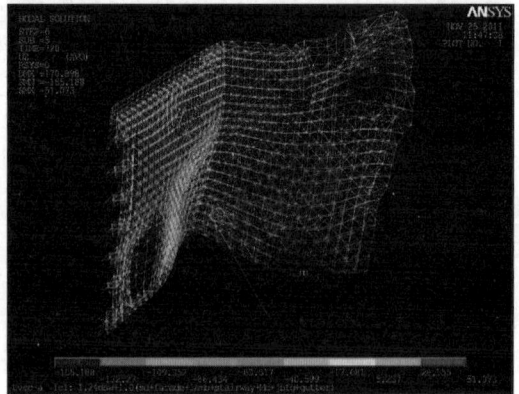

(b) t=720s

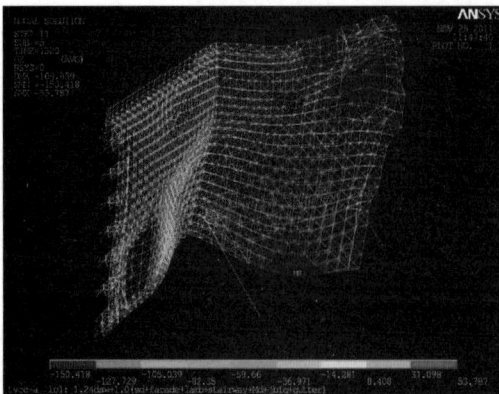

(c) t=1320s

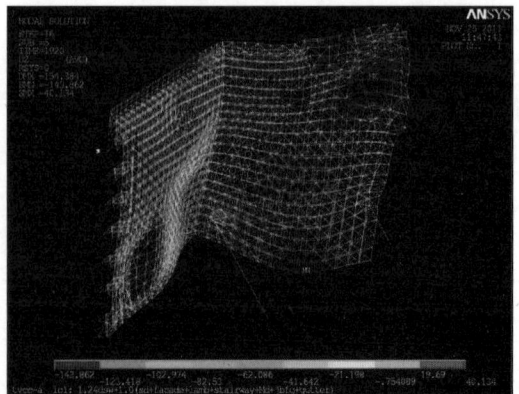

(d) t=1920s

图 1.77 结构 Z 向位移（单位：mm）（一）

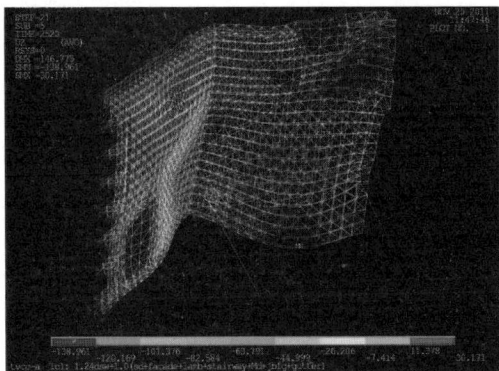

(e) t=2520s

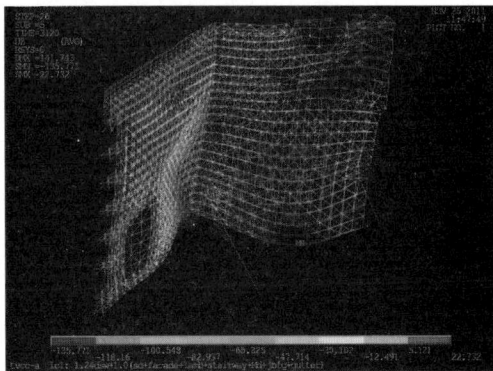

(f) t=3120s

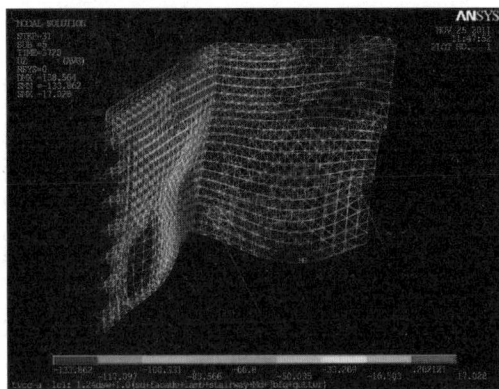

(g) t=3720s

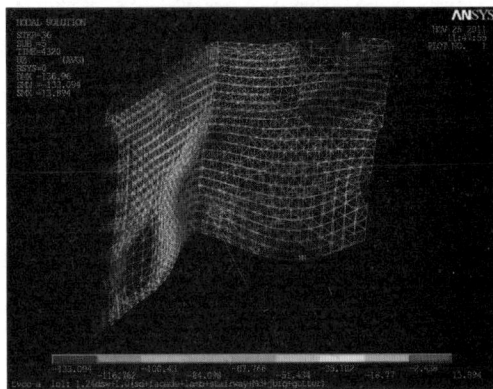

(h) t=4320s

图 1.77 结构 Z 向位移（单位：mm）（二）

1.7.5 火灾下结构构件应力计算结果

1.7.5.1 腹杆应力

火灾下不同起火时刻网架结构腹杆的应力分布情况如图 1.78 所示。

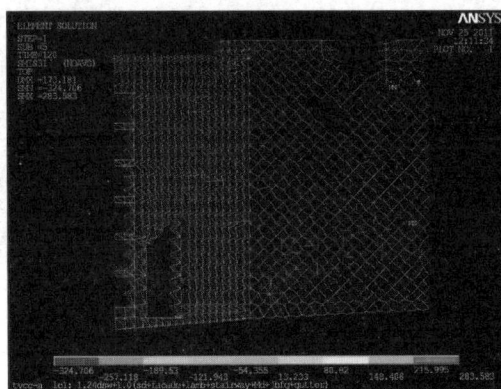

(a) t=120s

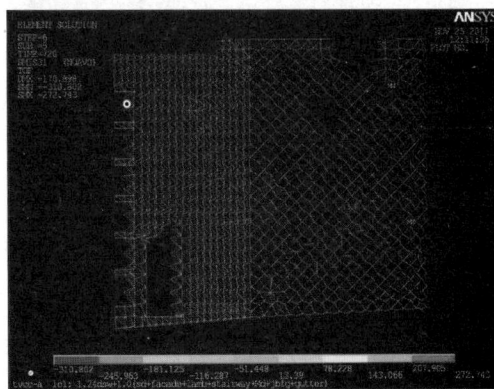

(b) t=720s

图 1.78 腹杆构件的应力（单位：MPa）（一）

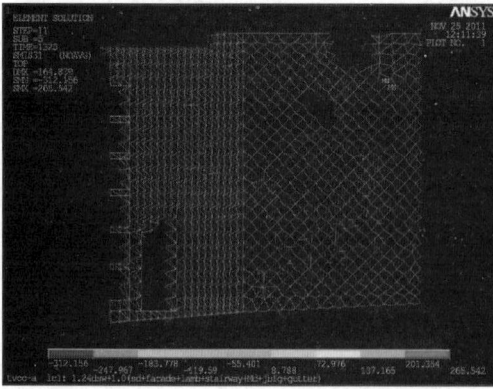

(c) t=1320s

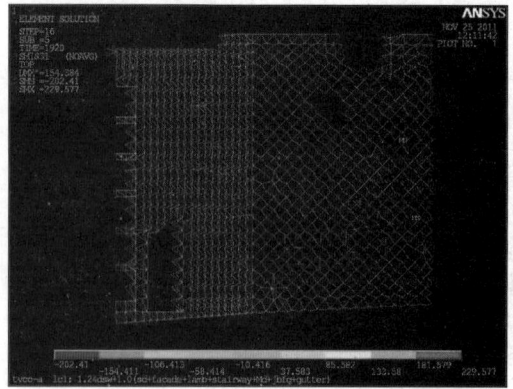

(d) t=1920s

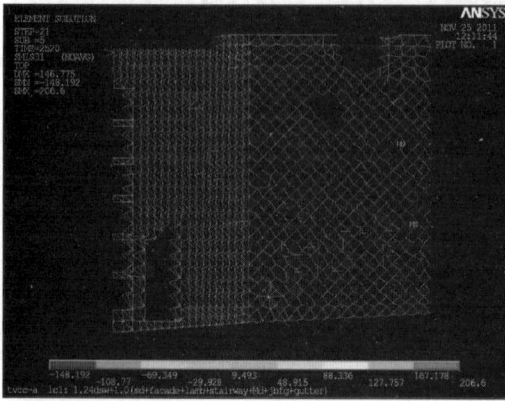

(e) t=2520s

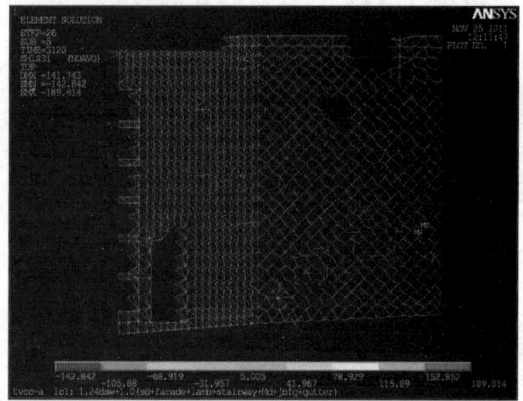

(f) t=3120s

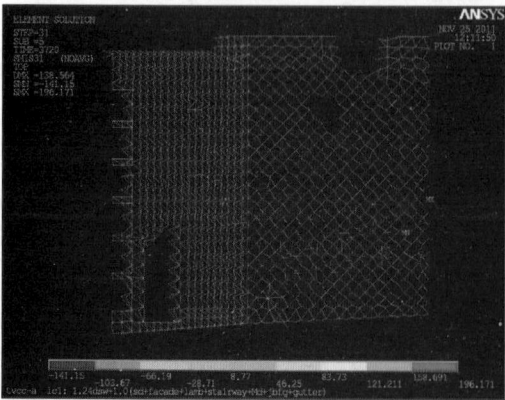

(g) t=3720s

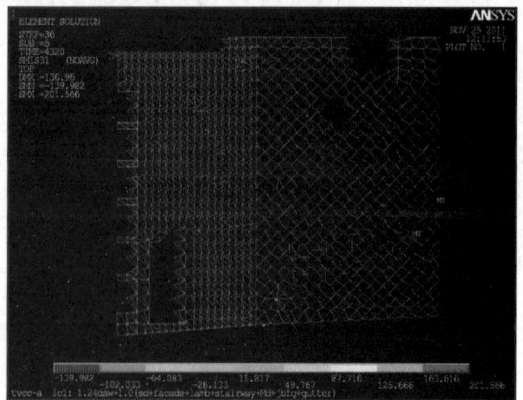

(h) t=4320s

图 1.78　腹杆构件的应力（单位：MPa）（二）

1.7.5.2　上弦杆应力

火灾下不同起火时刻网架结构上弦杆的应力分布情况如图1.79所示。

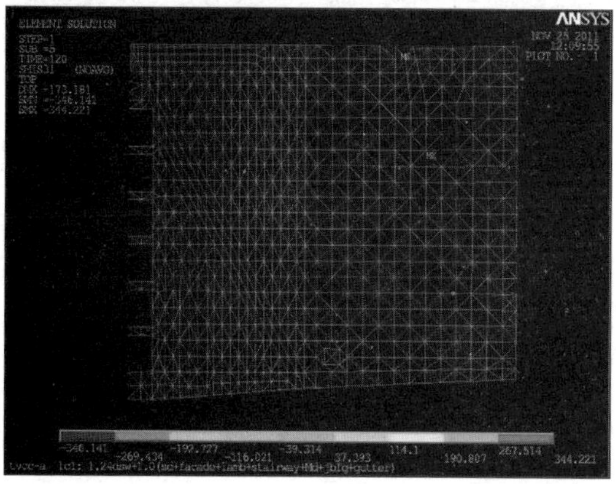

(a) $t=120$s

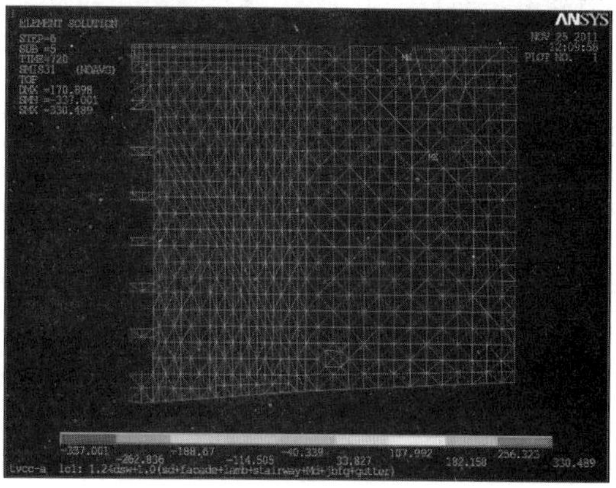

(b) $t=720$s

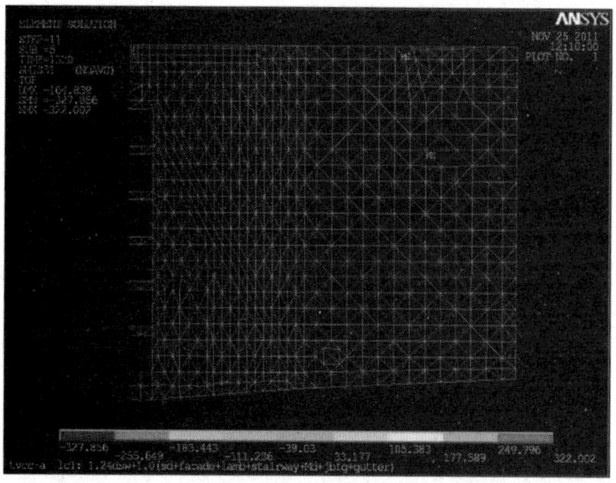

(c) $t=1320$s

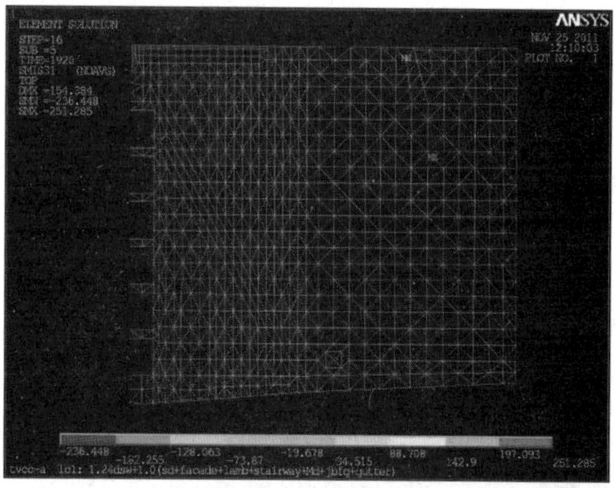

(d) $t=1920$s

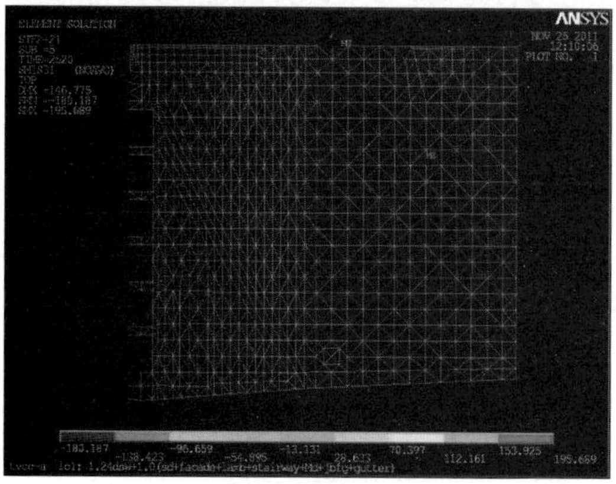

(e) $t=2520$s

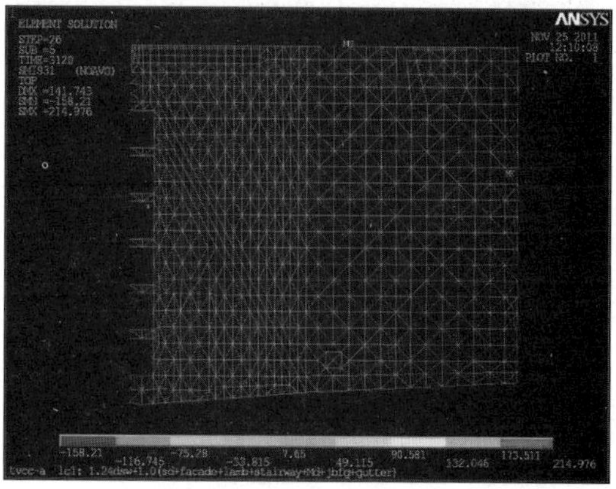

(f) $t=3120$s

图1.79　上弦杆构件的应力（单位：MPa）（一）

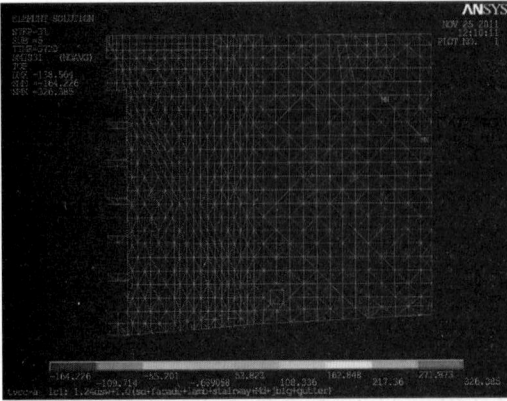

(g) *t*=3720s

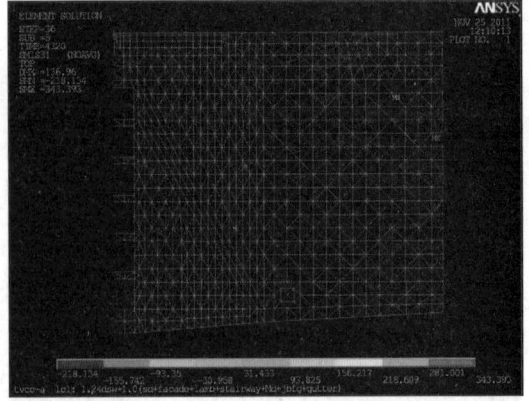

(h) *t*=4320s

图 1.79　上弦杆构件的应力（单位：MPa）（二）

1.7.5.3　下弦杆应力

火灾下不同起火时刻网架结构下弦杆的应力分布情况如图 1.80 所示。

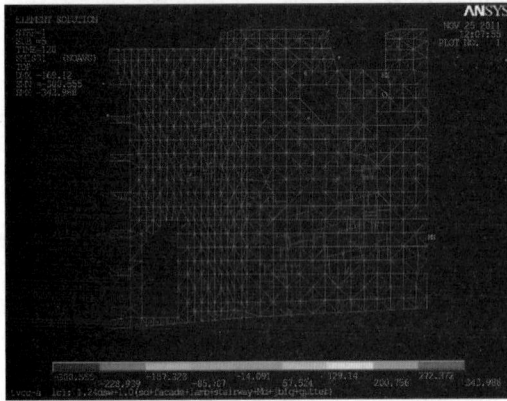

(a) *t*=120s

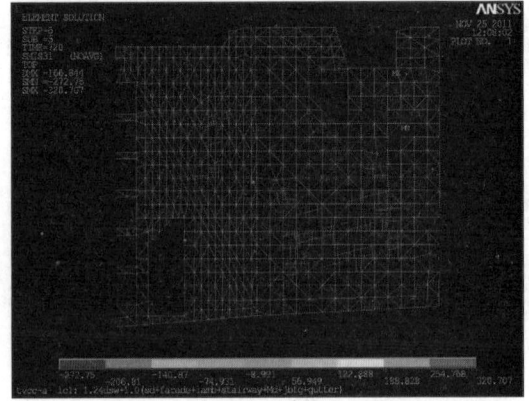

(b) *t*=720s

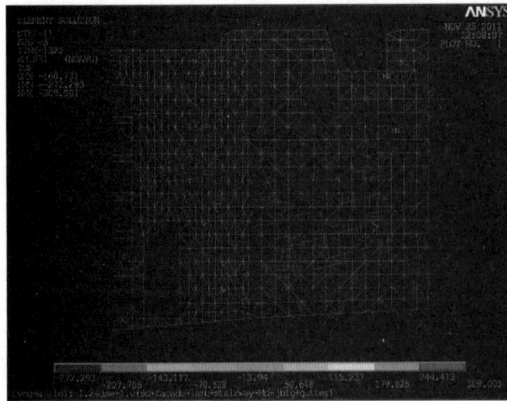

(c) *t*=1320s

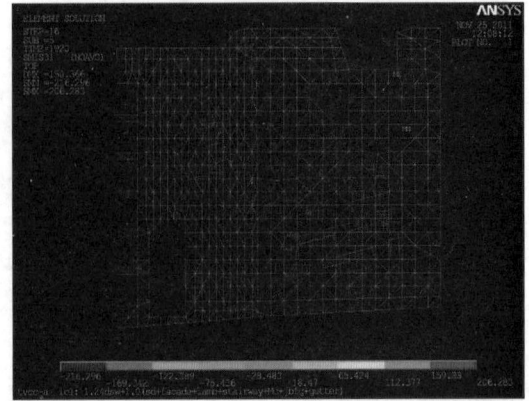

(d) *t*=1920s

图 1.80　下弦杆构件的应力（单位：MPa）（一）

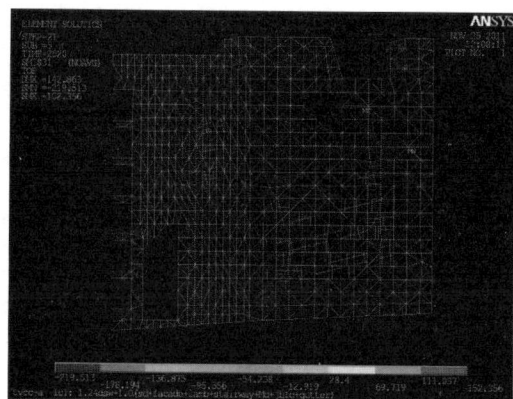

(e) t=2520s

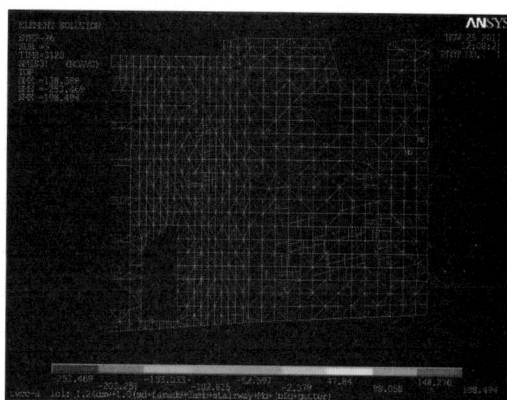

(f) t=3120s

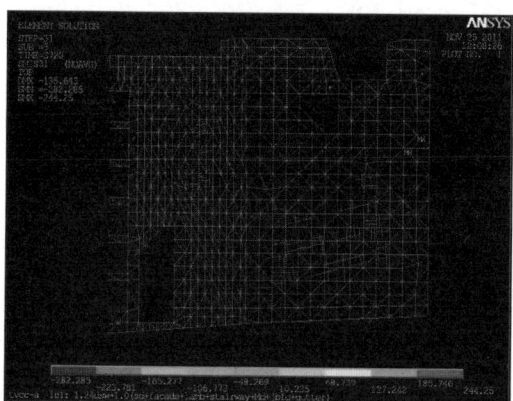

(g) t=3720s

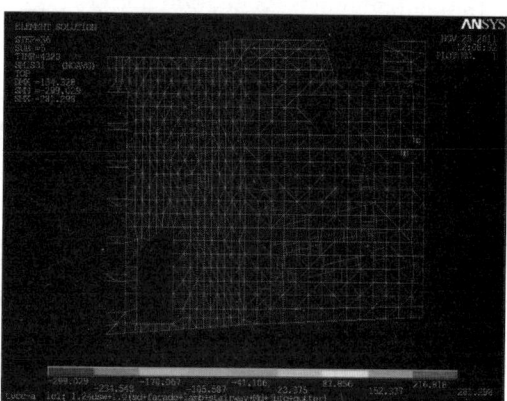

(h) t=4320s

图1.80　下弦杆构件的应力（单位：MPa）（二）

1.7.6　网架杆件现状应力测试结果与计算结果的对比

可通过测试火灾后网架杆件的实际应力对评估方法进行验证，进一步确定网架火灾后评估方法的正确性。按照本书提出的火灾全过程分析方法计算出火灾后网架杆件的轴力后，选取4根网架下弦杆件进行现状应力测量，并把测量的应力转变成杆件轴力。根据杆件应力大小、对结构受力特征的代表性、构件所在位置等因素，在⑥~⑦轴之间的网架上选取杆件进行应力测量，选取的杆件位置见图1.81中加粗杆件，应变计安装见图1.82。

测试过程中，先在选定的所有杆件上同时安装应变测量传感器，待安装好所有的传感器后连接到数据采集节点上，然后测得初始结构的应变值，接下来逐根将杆件应力释放，由此可测得杆件应力释放后的应变值，进而可计算出每根杆件的应力释放值。每根杆件在同一截面的正上方和侧面布置2个应变测量传感器。

将计算得到的构件轴力与火灾现场实测应力换算得到的构件轴力进行对比，如表1.4所示。可见，计算结果与实测结果基本吻合。另外，计算结果与实测结果还存在部分误差，这些误差是由于实际温度场较复杂，模拟温度场与实际温度场存在误差导致的。

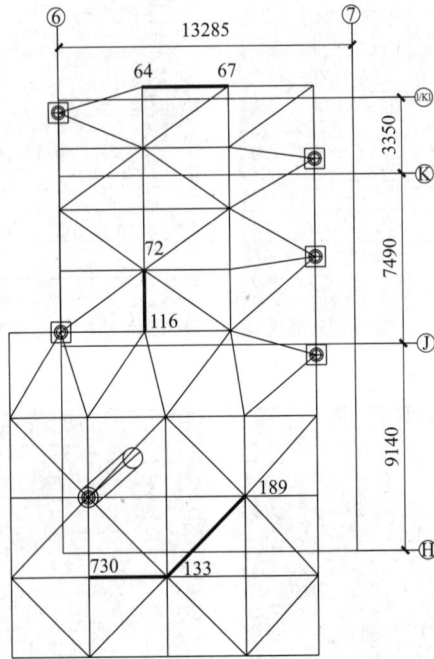

图 1.81　测试杆件分布

图 1.82　应变计安装图

计算结果与实测结果对比 表1.4

测试杆件位置（见图1.79）	ANSYS模型中编号	位置	原规格	中心长度/mm	球1尺寸/mm	球2尺寸/mm	ANSYS计算残余轴力/kN	测试结果（应力）/（N/mm²）	测试结果轴力/kN
64–67	1758	下弦	Φ121×5	3902	Φ450×16	Φ450×16	118.2	45.4	82.7
								46.0	83.8
116–72	2116	下弦	Φ121×5	2755	Φ450×16	Φ450×16	−200.2	−109.5	−199.5
								−115.5	−210.4
189–133	2479	下弦	Φ121×5	5186	Φ700×30	Φ450×16	−103	−38.6	−70.3
								−42.1	−76.7
730–133	2708	下弦	Φ121×5	3602	Φ500×25	Φ700×30	−100	−87.0	−158.5
								−78.3	−142.7

1.7.7 结论

根据现场火灾荷载和过火温度的调查，建立央视电视文化中心（TVCC）A区网架建筑的火灾温度场计算模型，对TVCC火灾A区网架的温度场进行了数值模拟，并得到了火灾现场的验证。同时，基于火灾模拟结果，对TVCC中A区网架结构火灾过程中及火灾后的变形及应力进行了计算评估，评估结论为网架修复加固提供了直接依据。

参考文献

［1］中国工程建设标准化协会.建筑钢结构防火技术规范：CECS 200：2006［S］.北京：中国计划出版社，2006.

［2］李国强，韩林海，楼国彪，等.钢结构与钢-混凝土组合结构抗火设计［M］.北京：中国建筑工业出版社，2006.

［3］Eurocode 1：Actions on structures–Part 1-2：General actions–Actions on structures exposed fire：BS EN1991-1-2：2002［S］.2002.

［4］Eurocode 3：Design of steel structures–Part 1-2：General rules–Structural fire design：BS EN1993-1-2：2005［S］.2005.

［5］Fire resistance tests–elements of building construction–Part 1：General requirements：ISO 834-1［S］.1999.

［6］中华人民共和国住房和城乡建设部.空间网格结构技术规程：JGJ 7—2010［S］.2010.

［7］严慧，董石麟.板式橡胶支座节点的设计与应用研究［J］.空间结构，1995，1（2）：33-40.

［8］曹文衔.损伤累积条件下钢框架结构火灾反应的分析研究［D］.上海：同济大学，1998.

［9］王广勇，张东明.大跨钢结构抗火设计方法［J］.消防科学与技术，2017，36（9）：1236-1238.

［10］王广勇，王娜. 网架结构耐火性能分析［J］. 北京工业大学学报，2013，39（10）：1509-1515.

［11］王广勇，郑蝉蝉，张东明. 火灾下预应力网架结构的力学性能［J］. 建筑科学，2013，29（7）：80-84.

［12］王娜，王广勇，薛素铎，等. 网架结构实用防火保护方法研究［J］. 建筑科学，2013，29（1）：20-24+32.

［13］王广勇，王金平. 大空间建筑大跨钢结构防火安全评估方法研究［C］// 2015中国消防协会科学技术年会论文集. 北京：中国科学技术出版社，2015：19-21.

第2章
大跨索结构抗火设计原理及工程应用

2.1 钢拉索耐火性能试验研究及理论计算模型

2.1.1 引言

钢拉索是一种柔性结构，为轴心受拉构件。轴心受拉构件可以充分利用钢材的抗拉强度，具有很大的承载力优势。拉索常采用高强钢丝或钢绞线制作而成，具有受拉承载力高的优点，在大跨或超大跨建筑结构中应用广泛。例如，索穹顶结构、悬索结构、张弦结构以及斜拉桥、悬索桥均采用拉索作为主要承重构件。制作拉索的高强度钢丝一般通过钢材冷拉获得较高强度，而在高温作用下这种通过冷拉获得的较高强度很快消失，高温下拉索的强度降低系数要较普通钢材小很多。另外，索锚固或连接时，需要锌铜合金将高强度钢丝锚固，而锌铜合金的熔点只有400℃，索锚固处的耐火能力更差。上述特性决定了拉索的耐火能力差，需要寻找有效的拉索防火保护方法。

目前，关于拉索结构的研究成果主要集中在常温下结构的设计分析方法及其应用上，对拉索的防火保护方法和耐火性能方面的研究相对较少。FAN等[1]早期开展了高温下钢绞线的力学性能研究，提出了高温下钢绞线屈服强度、极限强度以及弹性模量的计算模型。郑向红[2]开展了高温下不同直径的高钒索的力学性能试验，提出了高温下高钒索的弹性模量、极限强度及应力–应变关系的计算模型，为高钒索的耐火性能计算提供基础数据。Du等[3]提出了考虑受局部火灾的预应力索的索单元计算模式，该单元可考虑热膨胀变形，通过与有限元分析结果对比，证明提出的方法足够精确。Du等[4]开展了高温下拉索的力学性能试验，提出了高温下拉索的弹性模量、热膨胀变形、屈服强度及极限强度的计算模型。

目前关于拉索结构耐火性能的研究成果主要集中在高温下拉索的本构关系模型及其耐火性能分析方法两方面。且现有关于索结构耐火性能的研究多针对无防火保护拉索，而工程中的拉索有耐火极限的要求，多数需要进行防火保护，而关于有防火涂料保护拉索的耐火性能研究还很少。此外，现有研究多针对小直径索开展，关于大直径索耐火性能的研究成果匮乏。因此，应针对不同防火涂料保护下较大直径拉索的耐火性能开展研究。本章通过涂覆非膨胀型和膨胀型钢结构防火涂料拉索的耐火性能试验，对高温下拉索试件的温度场、伸长变形、耐火极限及破坏形态进行研究。同时，对拉索耐火性能温度场计算模型进行试验和理论研究，并对索桁架结构的耐火性能开展理论研究。最后，本章还介绍了拉索耐火性能和抗火设计理论在石家庄国际会展中心的应用。本章内容可为索结构的耐火性能理论研究及工程应用提供参考。

2.1.2 试验概况

2.1.2.1 试件设计

试验中，设计并制作了2个拉索试件，索试件材料为高矾索。选择工程常用的中等直径拉索进行试验，拉索试件公称直径为75mm。索试件在高温炉内的总长度为3.25m，其中锚固端长度1.13m，拉索的长度为2.12m。拉索材质为高钒索，拉索由高强度钢丝绕捻而成，钢索结构 1×217[①]，索有效截面面积3300mm^2，高强度钢丝的抗拉强度标准值为1670MPa，常温下实测的DN75拉索试件破断力的平均值为4850kN。

实际工程中，索通过锚具锚固，这里采用热铸锚，浇铸材料为锌铜合金，锌铜合金的熔点只有400℃，锌铜合金一旦熔化将会导致锚具失效，钢索的锚具是拉索耐火性能薄弱点之一。为了给实际工程应用提供参考，拉索试件一端设计了锌铜合金热铸锚，进行索及锚具的共同试验，锚具为圆锥体，底端直径为300mm，上端直径为100mm，为厂家定型产品，其外形轮廓尺寸如图2.1（a）所示。

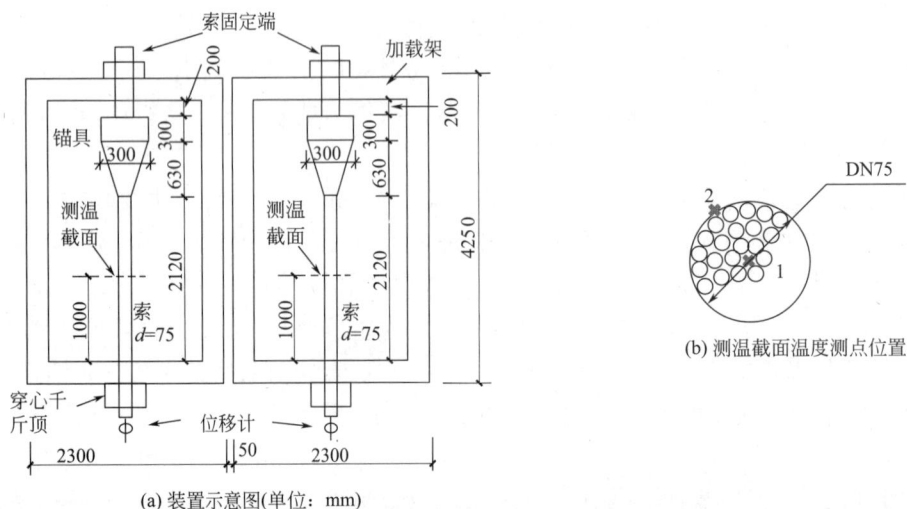

(a) 装置示意图(单位: mm)

(b) 测温截面温度测点位置

(c) 涂覆非膨胀型涂料拉索试件

(d) 涂覆膨胀型涂料拉索试件

图 2.1 试验试件

---

① 索结构的术语，表示索由 217 根钢丝组成。

为了考察防火涂料类型的影响，一个试件采用非膨胀型防火涂料，涂料厚度40mm，该厚度为通过计算初始拟定的厚度。即首先根据索的三维传热计算确定索的温度，然后按照后文索高温下的本构关系，经多次试算确定使索具有3h耐火极限的厚度。考虑到理论计算误差，在计算厚度基础上增加10mm，即为试验时采用的厚度。另一个试件采用膨胀型防火涂料，涂料厚度10mm，该厚度值是根据涂料3h耐火极限对应厚度的工程经验值确定。试验中采用了非膨胀型和膨胀型两种商用防火涂料。经测试，40d龄期时，非膨胀型和膨胀型防火涂料的粘结强度分别为0.15MPa和0.35MPa，符合《钢结构防火涂料》GB 14907—2018[5]对防火涂料粘结强度的要求。

为了对锚具进行保护，在钢索锚固端外侧首先加设一锥形的保护罩，保护罩内填塞非膨胀型防火涂料，在保护罩外再按照和钢索相同的方法进行防火保护。这样，钢索锚固件就成为一锥形构件，如图2.1所示。

2.1.2.2　试验方案

采用恒荷载升温试验，即在索试件所受拉力不变的条件下给索施加高温作用，直至索在高温下破坏或者达到耐火极限。两个试件试验荷载均取953kN，按最小破断力计算的荷载比为0.2，由于建筑工程中索的安全系数为2，试件的设计荷载比为0.4。工程中常用的荷载比约为0.3，该荷载比并不小。

采用恒荷载升温试验测试拉索试件的耐火性能。进行拉索构件的耐火极限测试时，首先需要给拉索施加一定的拉力，这就需要承载力较高的加载架。箱形截面梁稳定性好，承载能力高，将其作为承载构件，制作一承载能力较大的矩形加载架。该加载架采用循环水和防火岩棉双重保护，以保证高温下加载架有足够的承载能力和刚度。索试件所受拉力通过穿心千斤顶加载系统施加，并保持试验期间荷载值不变。试验装置如图2.2所示。

图2.2　试验进行及完毕后

试验时，首先在加载架上安装拉索试件，将索试件一端固定，称为固定端。之后，在张拉端利用穿心千斤顶施加拉力。同时，在索固定端及张拉端安装位移计，测试拉索轴向位移，上述两个位移之差即为索的拉伸变形，位移计位置如图2.2所示。为了测试索试件的温度，在索的平直段选取一截面作为测温截面，在测温截面的周边和中心各设置1个温度测点，在测点处布置热电偶测量试验过程中的温度变化。截面周边测点的编号为1，截面中心测点的编号为2。测温截面及温度测点的布置如图2.1所示。

高温炉点火并按照ISO 834标准升温曲线升温，升温过程中保持张拉力不变。最后，当索的拉伸变形量及变形增加速度达到《建筑构件耐火试验方法 第1部分：通用要求》GB/T 9978.1—2008[6]关于受压构件耐火极限的变形标准时停止试验，即同时满足：（1）变形量$C=h/100$；（2）变形速率$dC/dt=3h/1000\,mm/min$。其中h为试件受火长度，单位mm。

2.1.3 试验结果及分析

2.1.3.1 破坏形态

目前，相关规范尚没有给出拉索试件耐火极限的判定标准。根据结构极限状态的一般定义，高温下，当索的伸长变形较大，且变形的增加速率较大，千斤顶难以补充压力保持恒定拉力时，表示拉索发生了受拉破坏，拉索构件到达耐火极限状态。试验结束时，索的变形量和变形速率已经超过《建筑构件耐火试验方法 第1部分：通用要求》GB/T 9978.1—2008中关于受压构件的耐火极限标准。文中重点关注索的破坏形态，当索的受拉变形及其增加速率超过上述标准时，认为索达到破坏状态。此时，停止试验，打开炉盖，拉索试件的破坏形态分别如图2.3、图2.4所示。

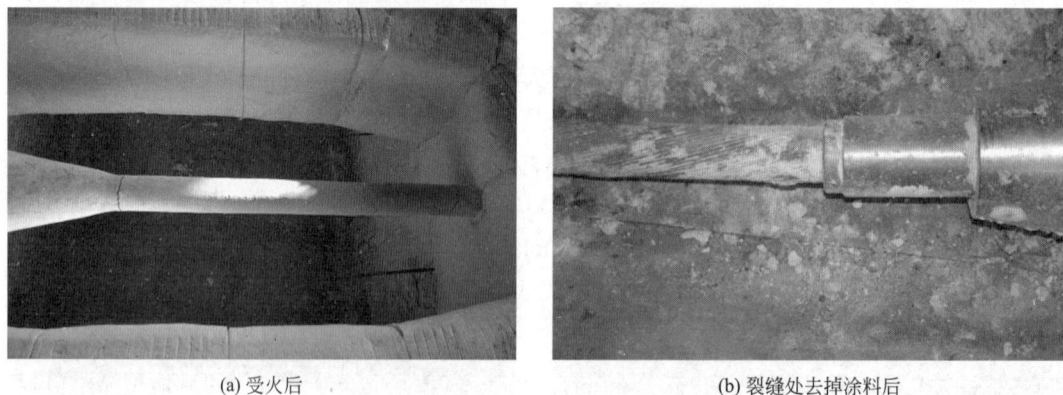

(a) 受火后

(b) 裂缝处去掉涂料后

图 2.3 非膨胀型防火涂料试件破坏形态

图 2.4 膨胀型试件破坏形态

从图2.3、图2.4可见，非膨胀型防火涂料在拉索的钢索锚固端附近及张拉端附近各出现一条较宽裂缝，裂缝平均宽度分别为16mm和11mm，但索并未在涂料裂缝处断裂。从图2.3可见，去除涂料后，裂缝处的索没有发生明显的集中伸长变形。沿索纵向，防火涂料也出现一贯通裂缝。非膨胀型防火涂料成型并经过养护后，涂层具有一定的强度。当索遭受高温作用后，索伸长，防火涂料涂层也伸长，当防火涂料达到极限强度时防火涂料断裂，防火涂料破坏后就会进一步加快索试件的升温。

高温下，膨胀型防火涂料发泡，但发泡不太均匀，而且索向下的一面防火涂料发泡后发生部分脱落。经测量，薄涂型涂料平均发泡厚度为20mm。防火涂料涂层在钢丝锚固处发生断裂。防火涂料涂层具有一定强度，由于应力集中，容易在截面变化处断裂。

试验后，去除防火涂料后两个拉索试件的情形如图2.5所示。可见，两个试件均没有发生索断裂，但发生了明显的、均匀的伸长。其中薄涂型防火涂料试件索断裂是拆除索的过程中人为割断的，试验过程中索并未断裂。可见，高温下，索首先发生了塑性流动而导致索伸长变形快速增加，试验未持续到索断裂的时刻。

图2.5　去除防火涂料后索的形态

2.1.3.2　温度

（1）炉温

按照《建筑构件耐火试验方法 第1部分：通用要求》GB/T 9978.1—2008，高温炉按照ISO 834标准升温曲线升温。试验中测试的高温炉升温曲线如图2.6所示，图中 T 为炉温，t 为受火时间。可见，高温试验炉实测升温曲线与ISO 834标准升温曲线吻合较好。

（2）试件测点温度

膨胀型涂料拉索试件测温截面两个测点（图1b）实测温度（T）-时间（t）关系曲线如图2.7所示。可见，索截面中心测点2的温度略低于截面周围测点1的温度。测点1位于截面外边缘，首先升温。测点2位于截面中心，升温滞后，温度较低。另外，对于索截面，温度通过索截面钢丝固体之间的热传导和钢丝空隙的空腔辐射从截面周围向截面中心传热，导致截面中心的升温滞后。从图2.7可见，两测点温度差从受火初期的50℃降至受火后期的30℃。

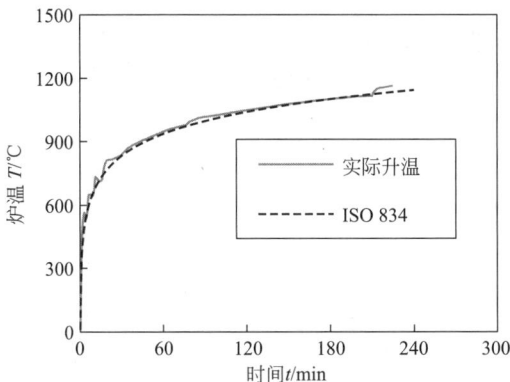

图2.6　试验炉温（T）-时间（t）关系

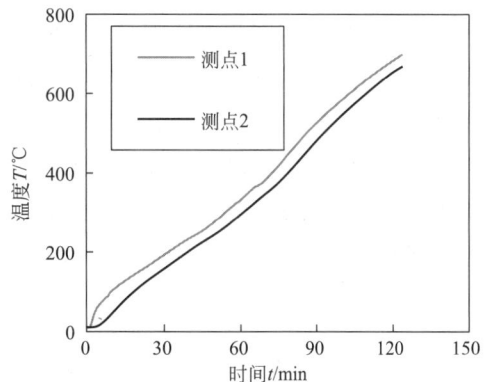

图2.7　膨胀型涂料拉索试件测点温度（T）-时间（t）关系曲线

非膨胀型防火涂料拉索试件测温截面两个测点温度（T）-时间（t）关系曲线如图2.8所示。可见，非膨胀型试件的升温过程与膨胀型涂料试件基本一致，但非膨胀型试件测

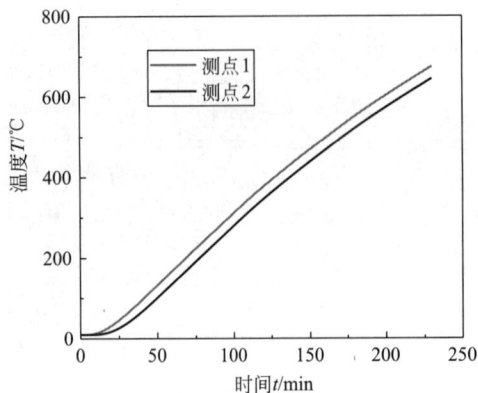

图 2.8 非膨胀型涂料拉索试件测点温度（T）–
时间（t）关系曲线

点升温过程中曲线更加均匀平滑。这是因为非膨胀型防火涂料厚度较大，达到40mm，涂料稳定性好，导致升温稳定性好，而膨胀型涂料膨胀不均匀且随时间变化，导致升温曲线出现起伏变化。受火过程中，膨胀型防火涂料试件测点1和测点2的温度差变化规律同膨胀型防火涂料，但变化幅度较小，最后阶段温度差在30℃左右。

综上，对于涂覆膨胀型防火涂料及非膨胀型的索试件，由于温度差的绝对值较小（受火后期只有30℃），升温滞后对索的耐火极限影响较小，可采用平均温度考虑升温滞后的影响。关于索截面沿直径温度的分布规律，本节后文将采用温度场分析模型确定。

2.1.3.3 耐火极限

目前尚没有关于拉索试件耐火极限的判定标准，由于轴心受拉与受压构件均为受轴向力较大试件，采用《建筑构件耐火试验方法 第1部分：通用要求》GB/T 9978.1—2008关于受压构件的耐火极限的判定标准判断拉索的耐火极限。按照此标准，试验得到的涂覆非膨胀型和膨胀型防火涂料拉索试件的耐火极限分别为211min和124min。可见，非膨胀型防火涂料试件的耐火极限更大。由于非膨胀型防火涂料稳定性好，非膨胀型防火涂料试件的耐火极限更大，而膨胀型防火涂料受热膨胀后脱落，其对结构的防火保护效果不够稳定。

2.1.3.4 索的拉伸变形

试验过程中索伸长变形 Δl 与受火时间 t 的关系曲线如图2.9所示。可见，受火前期，索的伸长变形增加缓慢。受火后期，随索温度升高，索的变形增加较快。最后，拉索因伸长变形快速增大而破坏，索达到耐火极限状态。膨胀型防火涂料拉索试件的伸长变形达到93mm，非膨胀型防火涂料拉索试件的伸长变形达到63mm。可见，索最终是因为伸长变形过大，且索变形速率过大而发生整体破坏，试验中拉索整体破坏时尚未达到被拉断的程度。

索的拉伸变形包括热膨胀变形、弹性变形、塑性变形以及高温蠕变变形，受火过程中，上述变形均占一定的比例，高温蠕变不可忽略。

文献［7-8］提出了钢材的高温蠕变模型：

$$\dot{\varepsilon}_{cr}=C_1\sigma^{C_2}e^{-C_3/T} \tag{2.1}$$

式中 $\dot{\varepsilon}_{cr}$ 为蠕变应变率；σ 为应力（Pa）；T 为热力学温度（K）；对于Q345钢材，$C_1=4.0902\times10^{-17}$，$C_2=2.1$，$C_3=10660$。

文献［3］中通过试验数据拟合提出了索的高温蠕变计算公式：

$$\varepsilon_{cr}=\frac{C_1}{C_3+1}\sigma^{C_2}t^{C_3+1}e^{-C_4/T} \tag{2.2}$$

式中 t 为时间；C_1、C_2、C_3 和 C_4 为拟合参数。

可见，高温蠕变变形是温度、时间和应力的函数。当索接近耐火极限状态时，在索拉伸变形急剧增长的过程中，索的温度基本为一定值，应力保持基本不变。由于时间增量很小，高温蠕变变形的增量很小。在这个过程中，温度增量很小，热膨胀变形也很小。因此，耐火极限状态时，索急剧增加的变形主要为塑性变形，索的拉伸变形主要是由索的塑性流动变形引起的。

拉索由高强度钢丝缠绕而成，拉索锚固处需要将高强度钢丝与拉索的锚固件连接，通常采用锌铜合金将高强钢丝进行锚固。拉索锚固处为变直径构件，而且直径较大。另外，由于进行了良好的保护，拉索穿过加载架处温度较低，这两处由于升温产生的变形较小，可以忽略。索试件除了这两处外的受火长度为2.12m，根据此长度计算得到索试件的拉伸应变 $\Delta l/l$ 与受火时间 t 的关系曲线，如图2.10所示。可见，受火前期，拉索的拉伸应变增长速度较小。受火后期，随着索温度的升高，拉索拉伸应变增加的速度逐渐增大。最后，拉伸应变快速增大，表明拉索达到破坏状态。可见，拉索到达耐火极限状态时，拉索没有拉断，而是出现了塑性流动，拉索的拉伸应变快速增加，膨胀型涂料试件和非膨胀型涂料试件的拉伸应变分别达到了4%和3%，索因为拉伸应变过大而达到破坏状态，此时索还未被拉断。

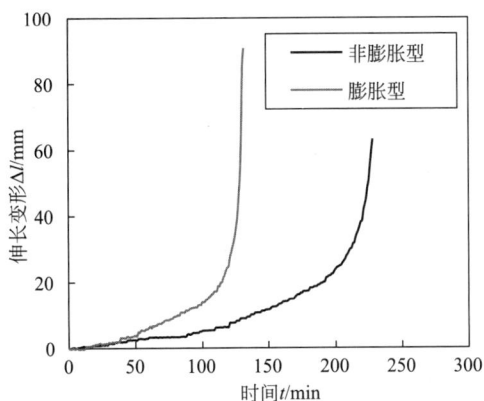

图2.9 索伸长变形（Δl）–时间（t）关系曲线　　图2.10 索伸长应变（$\Delta l/l$）–时间（t）关系曲线

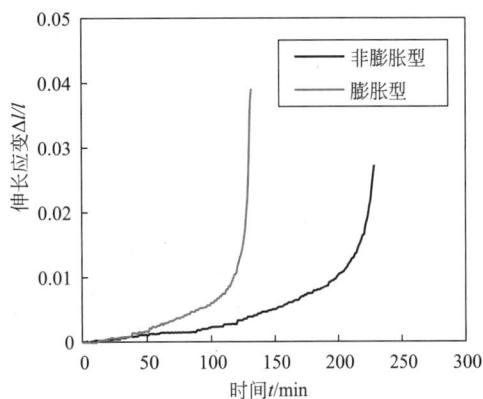

2.1.4 有限元计算模型

2.1.4.1 模型建立

文献［3］中进行了高温下高钒索力学性能试验研究，提出了高温下高钒索的弹性模量、比例极限、断后伸长率等材料性能参数。同时，提出了四折线应力–应变关系计算模型。其中高温下高钒索的极限强度降低系数与温度的关系见下式：

$$f_{puT}(T)/f_{pu}=0.994-9.047\times10^{-6}T+2.218\times10^{-6}T^2-2.079\times10^{-8}T^3+2.192\times10^{-11}T^4 \quad (2.3)$$

式中　T 为拉索的温度（℃）；f_{puT} 为高温下拉索的极限强度；f_{pu} 常温下拉索的极限强度，取拉索的破断力与其有效截面面积的比值。

高温下拉索的弹性模量及应力–应变关系计算模型其他参数可参考文献［3］，这里不再赘述。

进行拉索耐火性能分析时，采用文献［3］提出的四折线应力–应变关系、弹性模量以及极限强度计算模型。索的热膨胀系数采用《建筑钢结构防火技术规范》GB 51249—2017给出的钢材的热膨胀系数计算公式。索的高温蠕变模型采用文献［3］提出的计算公式［式（2.2）］。采用软件ABAQUS的桁架单元T3D2模拟索结构，单元长度0.1m。

模拟试验的受力和受火顺序，计算过程分为2步，第1步施加荷载，第2步保持索的荷载不变，施加随时间变化的温度，计算恒荷载升温条件下索的变形，计算至索在高温下破坏。取实测的截面温度平均值作为索单元的温度。如前所述，索截面周边和索截面中心的温差较小，可取索截面周边和中心温度的算术平均值作为索的平均温度。

2.1.4.2 分析结果及对比

有限元分析得到的拉索伸长变形 Δl 与受火时间 t 的关系曲线与试验的对比如图2.11所示。可见，有限元分析值与试验值基本吻合，本章提出的分析方法基本合理。有限元分析得到的受火过程中的索变形略大于试验结果。由于防火涂料粘结于索试件，防火涂料具有一定的抗拉强度和粘结强度，在一定程度上增大了索试件的刚度，但有限元模型没有考虑防火涂料在试件刚度和强度方面的贡献，导致计算的索变形略偏大。

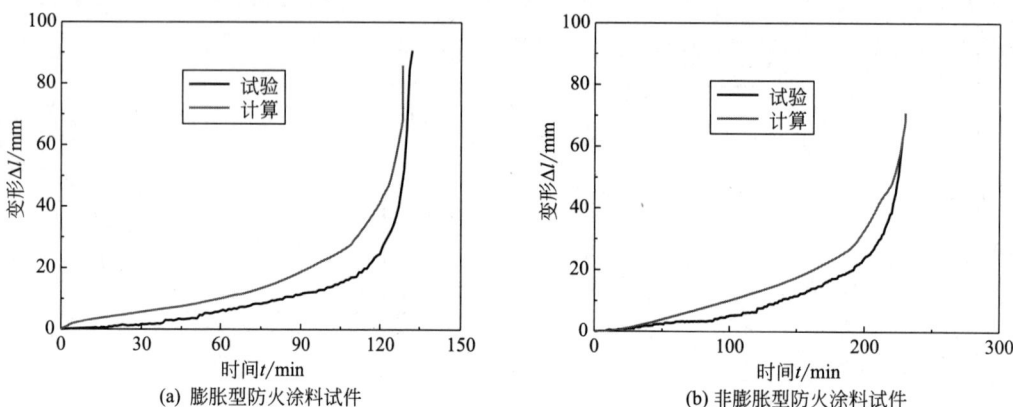

(a) 膨胀型防火涂料试件　　　　(b) 非膨胀型防火涂料试件

图2.11　试件受拉变形有限元分析结果与试验结果的比较

2.1.5 拉索耐火性能的参数分析

由于试验中变化的参数较少，采用前述有限元模型进一步扩展参数，对拉索的耐火性能进一步分析。采用试验中的索建模，模型中索的直径、长度以及常温下索的力学性能与试验相同。由于防火涂料类型和荷载比（L_R）是影响索耐火性能的主要因素，分析涂料类型及荷载比两个参数。涂料类型有膨胀型和非膨胀型防火涂料两种类型，并采用与试验相同的厚度，每种防火涂料条件下索的温度采用试验的实测值。

分析得到的不同荷载比、不同防火涂料索的伸长变形与时间的关系曲线，如图2.12所示。从图中可见，对于每一种防火涂料类型，受火前期，索的伸长变形–时间关系曲线基本重合，伸长变形基本相同。受火后期，受火时间相同时，索的荷载比越小，伸长变形越小。荷载比越小，变形增长越缓慢。当荷载比较小时，索的应力较小，应变较小，索的伸长变形较小。

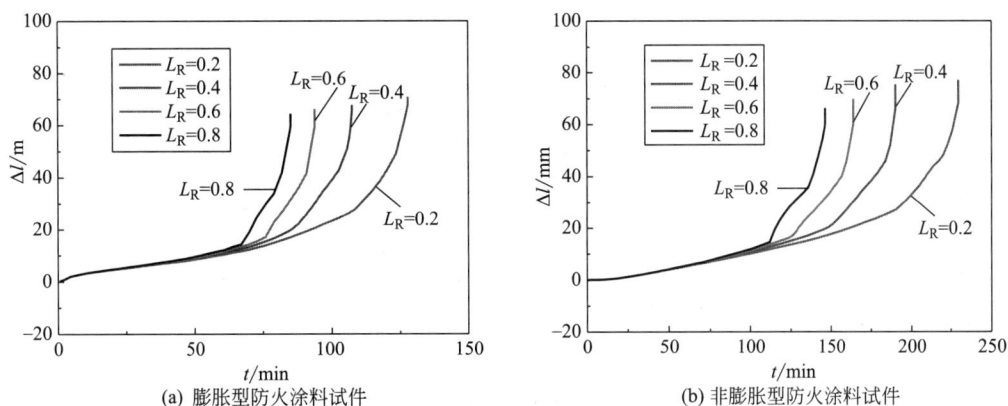

(a) 膨胀型防火涂料试件

(b) 非膨胀型防火涂料试件

图2.12　不同荷载比索受拉变形 – 时间关系

分析得到的两种防火涂料索的耐火极限（T_R）与荷载比（L_R）的关系曲线如图2.13所示。从图中可见，荷载比相同时，膨胀型防火涂料的耐火极限小于非膨胀型。同一种防火涂料时，索的耐火极限随荷载比增大而减小。例如，当荷载比为0.8时，膨胀型和非膨胀型索的耐火极限分别为79min和135min，耐火极限降低幅度较大。可见，荷载比和防火涂料类型是影响索结构耐火性能的主要因素。

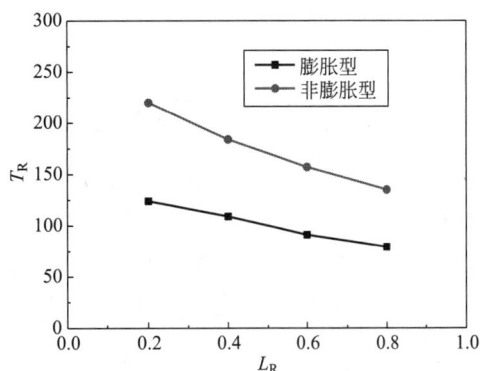

图2.13　防火涂料不同时耐火极限（T_R）– 荷载比（L_R）关系

2.1.6　结论

（1）提出了涂覆防火涂料拉索的耐火极限测试方法，并完成了工程中常用较大直径拉索的耐火极限测试。基于试验提出了涂覆防火涂料拉索耐火性能计算的有限元计算方法，可用于拉索耐火性能计算及分析。

（2）试验表明，火灾下，索截面周围测点的温度高于索截面中心的温度，这种温差在受火前期较大，受火后期逐渐减小。高温下拉索受拉破坏时，没有拉断，而是发生了较大的塑性变形，索由于塑性变形过大而破坏。高温下，非膨胀型防火涂料稳定性好，保护效果好，

（3）拉索的耐火极限较高，而膨胀型防火涂料发泡不均匀，保护效果较差，拉索的耐火极限较低。

（4）分析结果表明，受火前期，不同荷载比条件下索的伸长变形–时间关系曲线基本重合。受火后期，受火时间相同时，索的荷载比越小，伸长变形越小。荷载比越大，耐火极限越小。荷载比和防火涂料类型是影响索结构耐火性能的主要因素。

2.2 高矾索温度场试验研究及计算模型

2.2.1 引言

本节通过涂覆膨胀型防火涂料的高矾索（建筑工程用锌-5%铝-混合稀土合金镀层拉索）温度场试验，对高矾索结构温度场的分布和发展规律及温度场计算模型开展研究。同时，针对典型的高矾索索桁架整体结构，对其高温下的力学性能和破坏形态开展研究，成果可为索结构的耐火性能分析及抗火设计方法提供参考。

2.2.2 试验概况

2.2.2.1 试件设计

索桁架结构常用于展览类建筑，根据某典型展览大厅屋盖的索桁架结构相关设计资料，选取索试件的类型及直径。该项目索的形式为平行钢丝束。试验中，索试件公称直径DN分别为26mm、63 mm、86 mm、97 mm、113 mm、133 mm，涵盖工程中多数索直径。

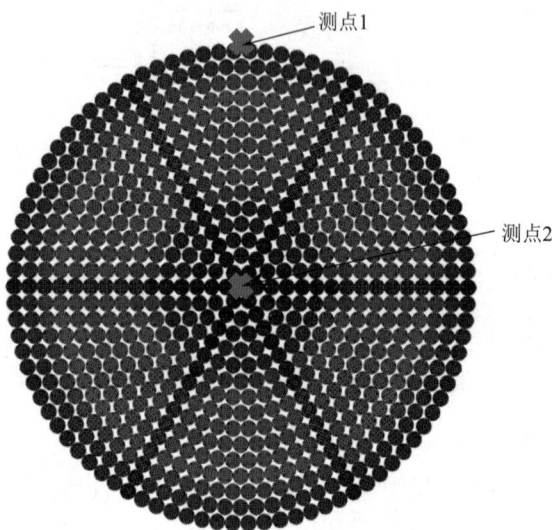

图 2.14 高矾索截面构成

其中公称直径为97mm、113mm、133mm的试件2个，其余直径试件各1个。共进行9个索试件的温度场试验，试件编号分别为DN26、DN63、DN86、DN97-1、DN97-2、DN113-1、DN113-2、DN133-1和DN133-2，编号中第一个数字表示公称直径，"-"之后的数字表示相同直径试件的序号。上述索试件的类型为高矾索，索截面组成分别为$1×61$、$1×69$、$1×271$、$1×397$、$1×469$和$1×721$，钢丝直径4.3mm（第1个数字表示钢索由单根钢丝束组成，第2个数字表示索截面中钢丝根数）。钢丝的屈服强度等级为1670MPa。典型的索截面钢丝的布置如图2.14所示。

实际工程中，索作为主要的结构受力构件，《建筑设计防火规范》GB 50016—2014（2018年版）对其耐火极限有明确的要求。要满足耐火极限要求，拉索需要涂覆防火涂料，而且为了美观需要，索结构一般涂覆膨胀型钢结构防火涂料。对于典型的展览建筑，可燃物为纤维素类，而且火灾荷载较大，索的耐火极限一般为2h。

试件长度选取1.5m，试件全长均涂覆膨胀型防火涂料，涂料厚度5mm。另外，试件端部20cm的长度采用防火岩棉对端部裸露钢丝截面进行有效保护。这样，试件中部1.1m长度内受火均匀，可保证索周围均匀受火条件。索试件如图2.15所示。

在试件长度中间截面布置热电偶测试索截面的温度，分别在截面圆心和截面周边通过用热电偶替换一根钢丝的方法各布置一个热电偶，热电偶分布如图2.14所示。

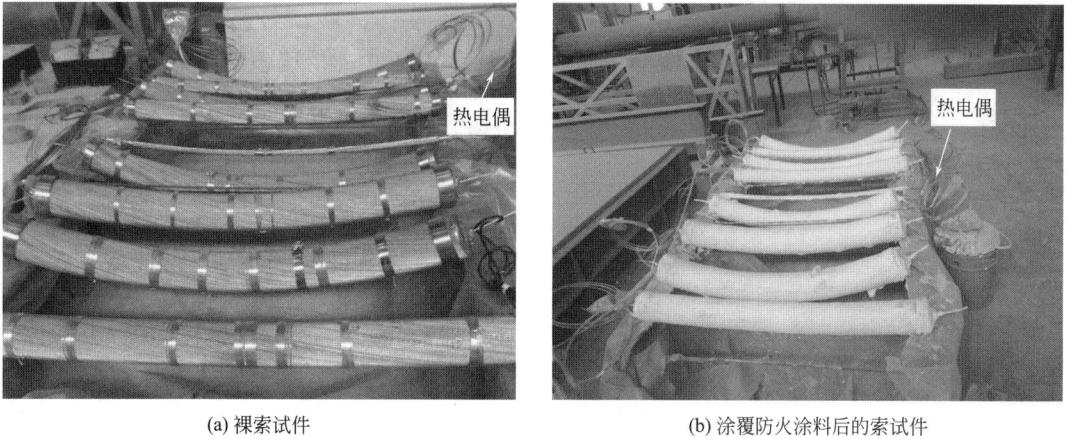

(a) 裸索试件

(b) 涂覆防火涂料后的索试件

图 2.15 高矾索试件

2.2.2.2 试验方法

根据《建筑设计防火规范》GB 50016—2014，建筑火灾升温采取ISO 834标准升温曲线。本项目为展览建筑，火灾荷载较大，可采用ISO 834标准升温曲线。高温炉实际升温曲线如图2.16所示，图中T为炉内平均温度，t为时间。可见，高温炉实测平均炉温的升温曲线与ISO 834标准升温曲线吻合较好。试验炉采用的烧嘴流量能随升温曲线而调节，可保证升温初期平均炉温与ISO 834标准升温曲线吻合较好。由于索结构通常用于屋盖结构，耐火等级一级的屋盖结构耐火极限要求为2h，试验中升温时间采用2h。高温炉中的索试件如图2.17所示。

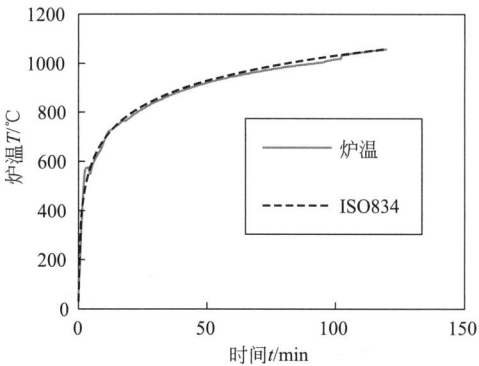

图 2.16 炉温（T）-时间（t）关系曲线

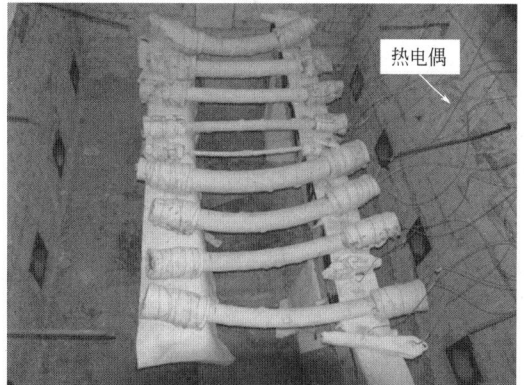

图 2.17 高温炉内的索试件

2.2.3 试验结果及分析

2.2.3.1 试件形态

试验测试完毕打开炉盖，各索试件的形态详图如图2.18所示。从图中可见，受火后，试件DN26的涂料脱落较为严重，涂料脱落后试件表面颜色接近黑色。其余试件的涂层基本保持完整，没有发生明显脱落，而且涂料膨胀程度较为均匀。此外，沿索轴向涂料出现若干条纵向裂缝。

(a) 试验后索试件

(b) 试验后索试件涂层详图

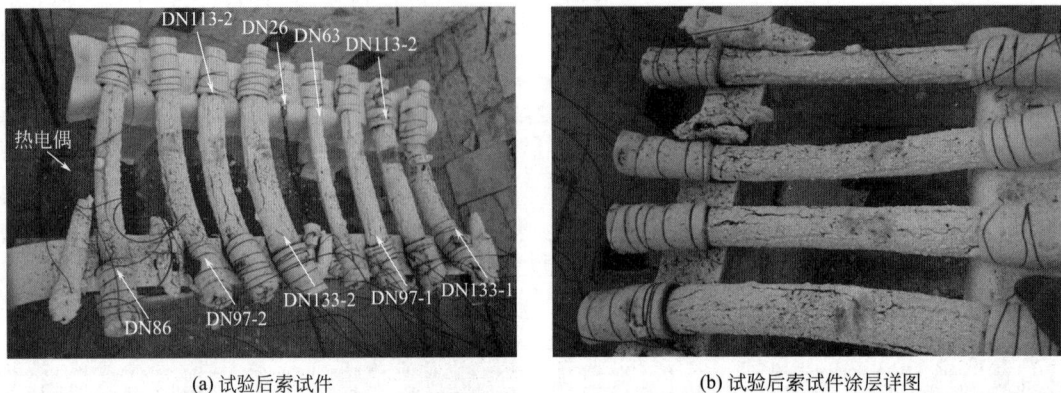

图 2.18　高温后的索试件

2.2.3.2　试件升温

试验得到的各试件中部截面两测点的温度（T）-时间（t）关系曲线如图 2.19 所示。从图中可见，DN26 试件两测点温度-时间关系曲线几乎重合，表明两测点的升温基本一致。DN26 试件直径较小，其测点 1 和测点 2 的温度基本一致。DN26 试件受火过程发生了明显的涂层脱落，脱落的时刻具有随机性，导致测点温度（T）-时间（t）关系波动。受火后期，涂层脱落殆尽，测点温度-时间曲线与升温曲线接近，曲线比较平缓。其余试件测点 1 的温度均高于测点 2 的温度，测点 1 和测点 2 的升温曲线存在差别，表明两测点的温度有差别。而且，随索直径的增大，两测点的温差逐渐增大。

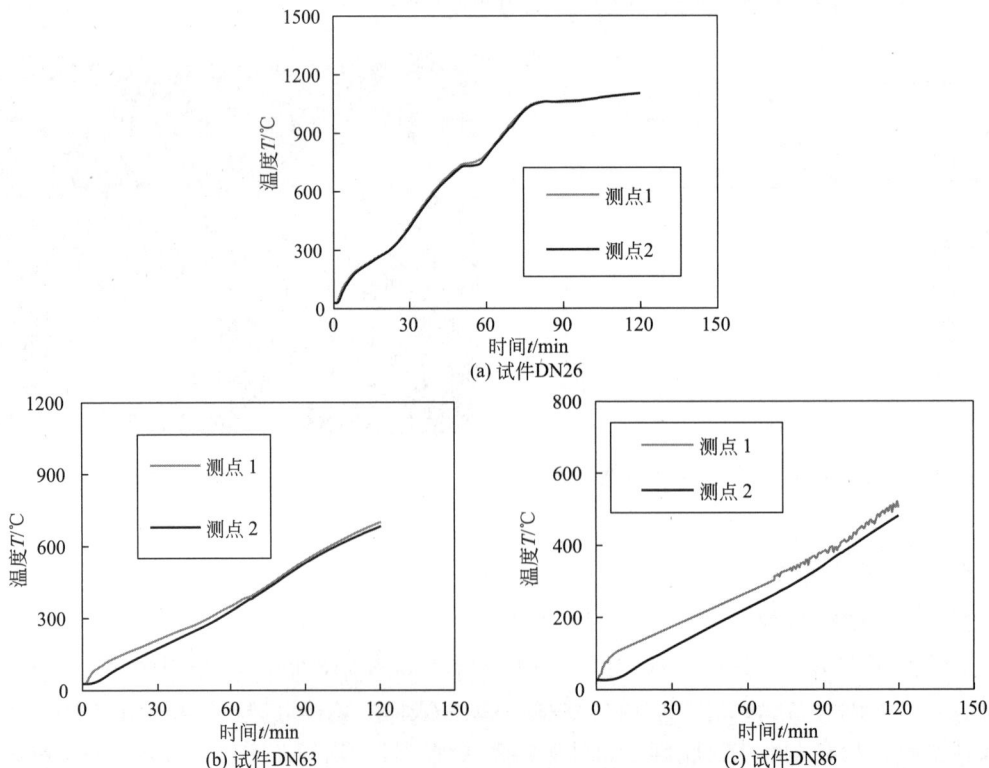

(a) 试件DN26

(b) 试件DN63

(c) 试件DN86

图 2.19　试件温度（T）-时间（t）关系曲线（一）

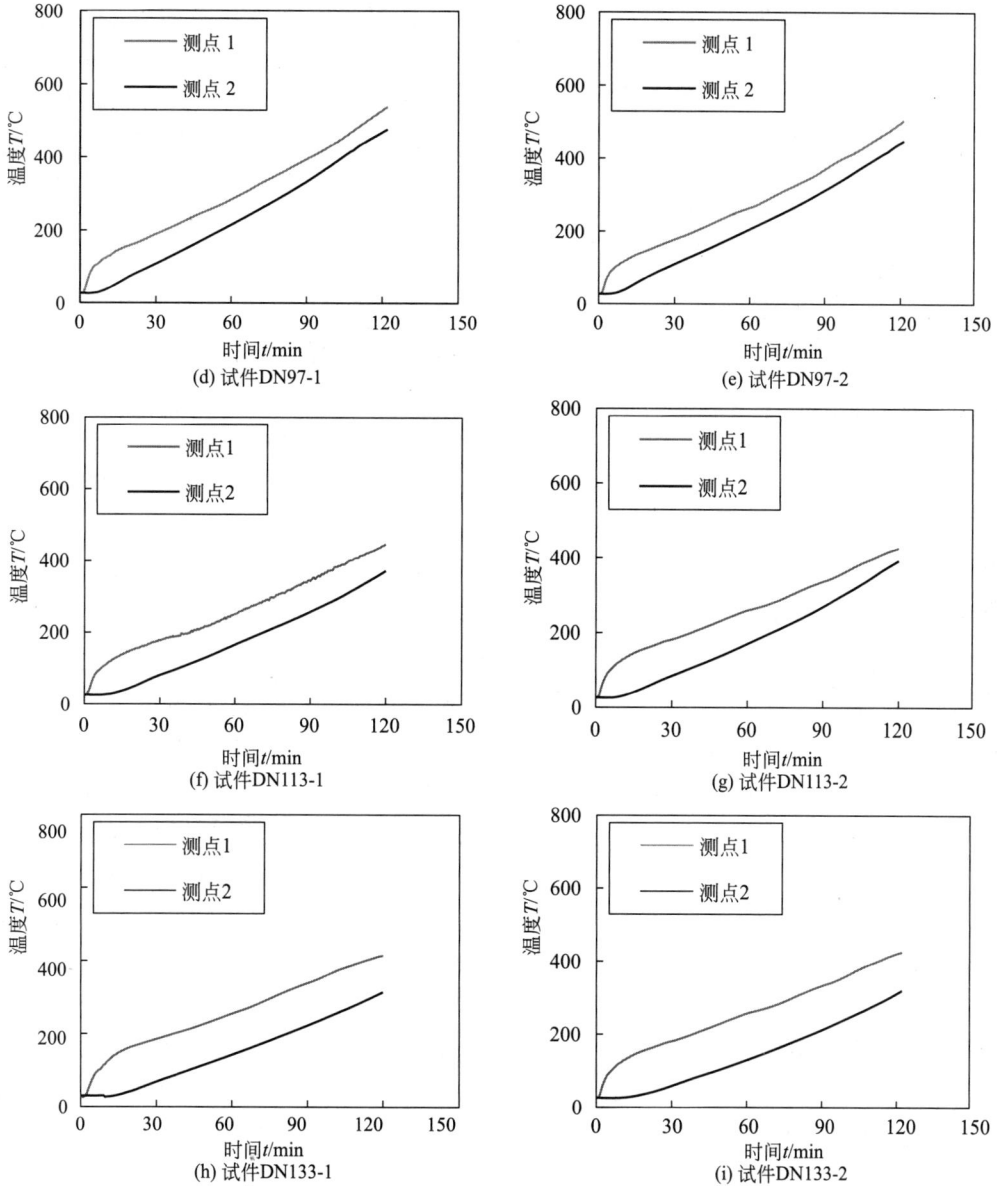

(d) 试件DN97-1

(e) 试件DN97-2

(f) 试件DN113-1

(g) 试件DN113-2

(h) 试件DN133-1

(i) 试件DN133-2

图2.19　试件温度（T）–时间（t）关系曲线（二）

各试件测点1、测点2的温差（ΔT）–时间（t）关系曲线如图2.20所示。由于试件DN26的两测点温差接近0，图中没有表示出。从图中可见，试件直径越大，两测点温差越大，其中DN63试件的最大温差为55℃，DN133试件的最大温差为121℃。另外，受火前期两测点的温差较大，受火后期，两测点的温差总体上有减小的趋势。由于索材料力学性能在温度较低时的劣化程度已经比较大，有必要考虑温差对索力学性能的影响。

一方面，两测点分别位于圆形截面周边和圆心，热量自索周边向圆心传播，索截面自周边至圆心存在温度梯度。因此，索截面周围的温度高于圆心的温度。另一方面，索截面由多根钢丝组成，钢丝之间存在空隙。索截面的热传导方式包括传导传热、辐射传热和对

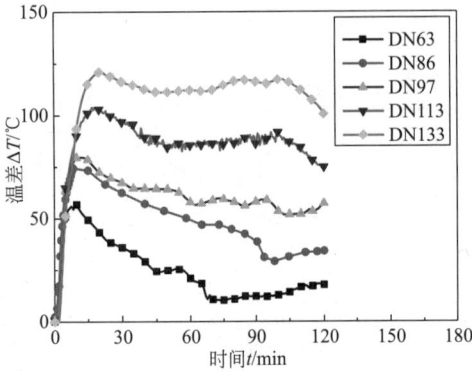

图2.20 索试件截面测点1、2的温差（ΔT）—
时间（t）关系曲线

流传热。上述几种传热方式较连续截面热传导传热的效率有所滞后，可以认为索截面内部存在热阻，使得索截面周边与圆心的温差进一步增大。由于上述两个方面的因素，测点2的温度低于测点1，而且随索直径增大，测点1与测点2的温差也增大。

2.2.4 索截面温度场计算模型

2.2.4.1 索温度场计算模型

沿索轴向各截面的温度相同，索传热为二维传热。索截面由圆形钢丝组成，由于索的特殊构造，索截面中含多个空腔，如图2.14所示。

从图2.14可见，钢丝之间的热辐射为空腔辐射，与钢丝之间辐射面的视角系数有关，即与空腔的形状有关。由于索截面中的空腔形状、大小有多种，而且空腔的数量繁多，按二维空腔辐射传热计算的计算量大，难以实现。这里采用简化方法进行索截面的传热分析。

建立索截面的二维传热计算模型，模型中考虑各根钢丝的具体位置及截面大小。考虑典型空腔的形状及尺寸，在各根钢丝截面之间设置接触对以实现钢丝之间的传热。接触对可设置热传导和热辐射。钢丝之间的辐射传热近似不考虑空腔形状的影响，将辐射传热的视角系数简化为钢丝间隙的函数，近似考虑钢丝之间的辐射传热。如图2.14所示，对于钢丝束索截面，根据其截面组成特性，仅考虑一根钢丝同其周围直接接触的6根钢丝通过空腔进行传热。不直接接触辐射传热关系不紧密，不考虑辐射传热。视角系数表示从物体A辐射出去的热量中被物体B吸收的份额。因为一根钢丝与周围的6根钢丝接触，辐射传热的角系数设为1/6。视角系数与钢丝间隙的关系设定为分段线性函数。当钢丝间隙在0和极限值之间时视角系数设为1/6，当钢丝间隙超过极限值时，视角系数设为0。该极限值为发生接触关系的两根钢丝表面之间的最大距离，通过空腔的典型形状确定。

考虑钢丝之间的热传导时，首先将热传导系数设置成钢丝间隙的线性函数，当距离小于0.1倍特征距离时取钢丝材料的热传导系数，当距离超过0.1倍特征距离后，热传导系数取为0。该特征距离为钢丝直径。

通过上述方法即可近似确定钢丝之间的传热计算方法，进而建立索截面二维传热计算模型，如图2.14所示。索截面传热还包括膨胀型防火涂料的传热计算，由于Li等[9]已经提出膨胀型防火涂料等效为厚型防火涂料的计算方法，计算中如果有膨胀型防火涂料，可以采用上述方法进行涂料传热分析。

采用上述方法建立了试验索试件的传热计算模型，模型中不考虑涂料，将测点1的温度作为索圆形截面周边的温度边界条件，计算测点2的温度（T）—时间（t）关系曲线，并与试验中测点2的实测结果进行对比。计算得到的部分试件测点2的温度（T）—时间（t）关系曲线分别如图2.21所示。从图中可见，计算结果与试验结果基本吻合。由于模型中各参数取值存在一定误差，而且模型内部没有考虑空气对流和空气传导传热，计算结果与试验结果存在一定误差，但计算结果与试验结果基本吻合。

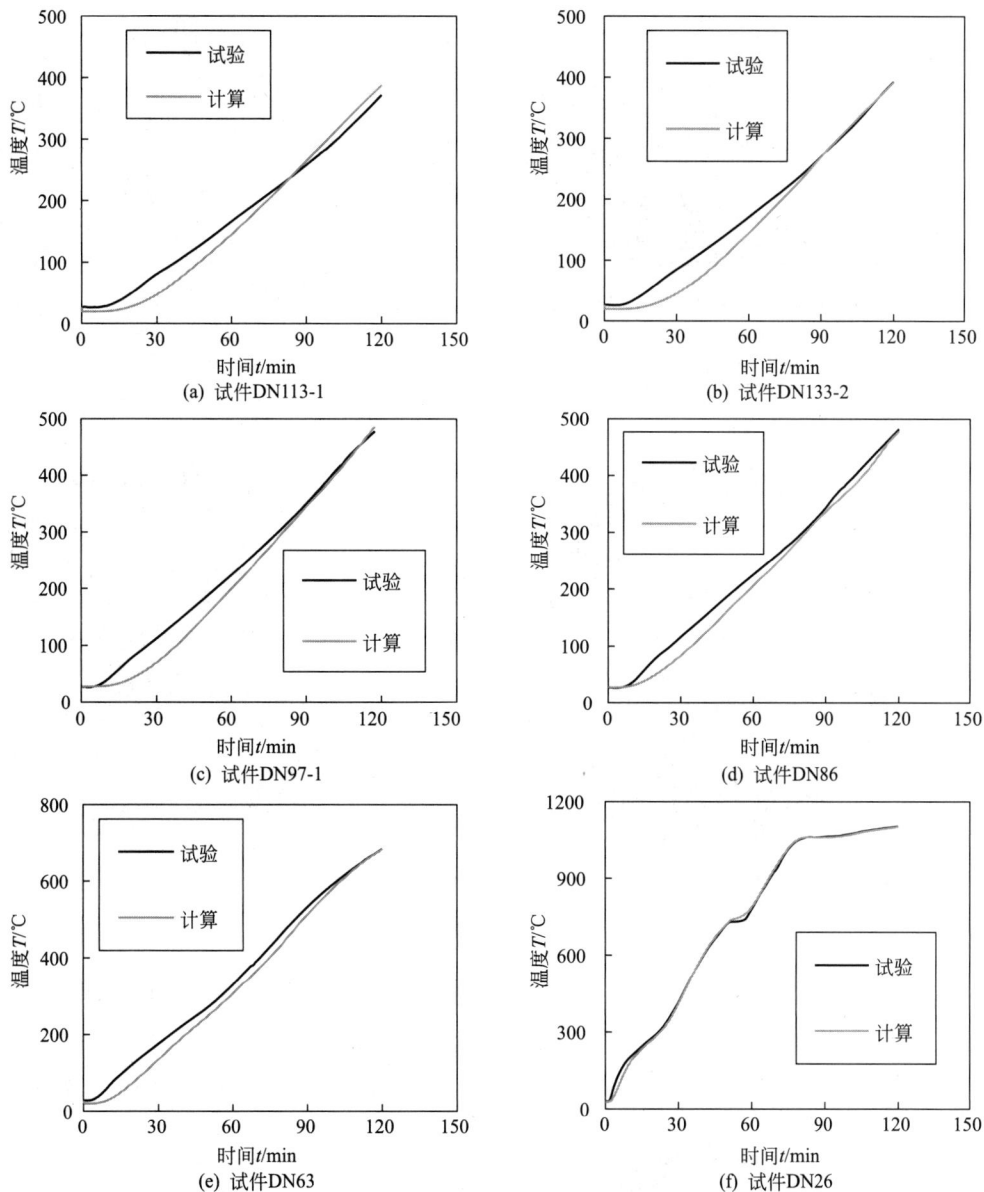

(a) 试件DN113-1

(b) 试件DN133-2

(c) 试件DN97-1

(d) 试件DN86

(e) 试件DN63

(f) 试件DN26

图2.21　试件温度试验结果与计算结果的比较

2.2.4.2　索截面温度场分布规律

以试件DN133-1和试件DN113-1为例说明索截面温度场的分布规律，不同时刻两试件截面温度云图分别如图2.22、图2.23所示。从图中可见，索截面圆心与周边温度存在明显差别。与均质钢截面的传热计算对比可知，与均质截面的热传导相比，空腔的存在减缓了热量自外向内的传递速度，导致截面内外存在明显的温差。

截面温度沿截面环向呈60周期对称。由于索截面钢丝的特殊布置，索截面钢丝不是严格的轴对称分布，而是沿环向由6个圆心角为60°的扇形组成，导致温度沿环向60°周期对称。

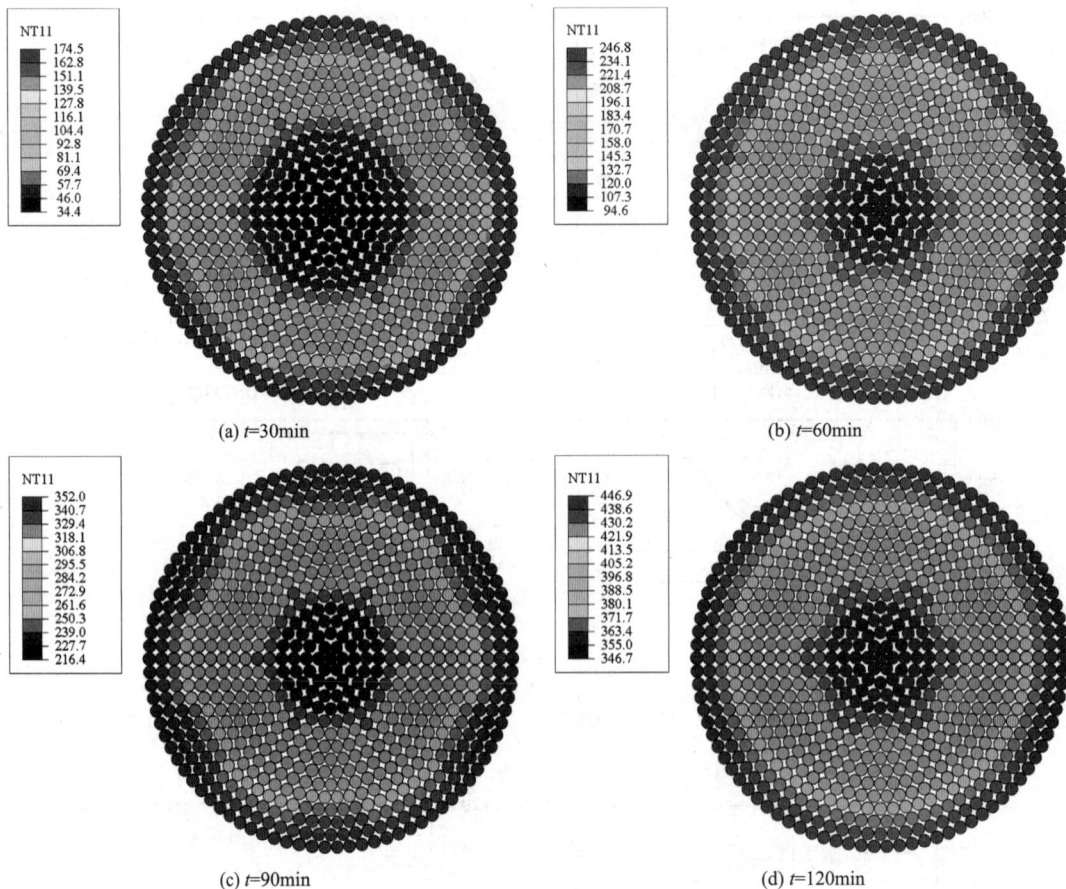

(a) t=30min (b) t=60min

(c) t=90min (d) t=120min

图 2.22　试件 DN133-1 各时刻温度分布（单位：℃）

　　索截面沿截面径向温度分布十分重要，不同受火时刻 DN133-1 试件和 DN113-1 试件沿径向（r表示测点至圆心的径向距离）的温度分布分别如图 2.24 和图 2.25 所示。从图中可见，各时刻两试件沿截面径向温度按曲线分布。另外，当t=60min 时，两试件温度沿截

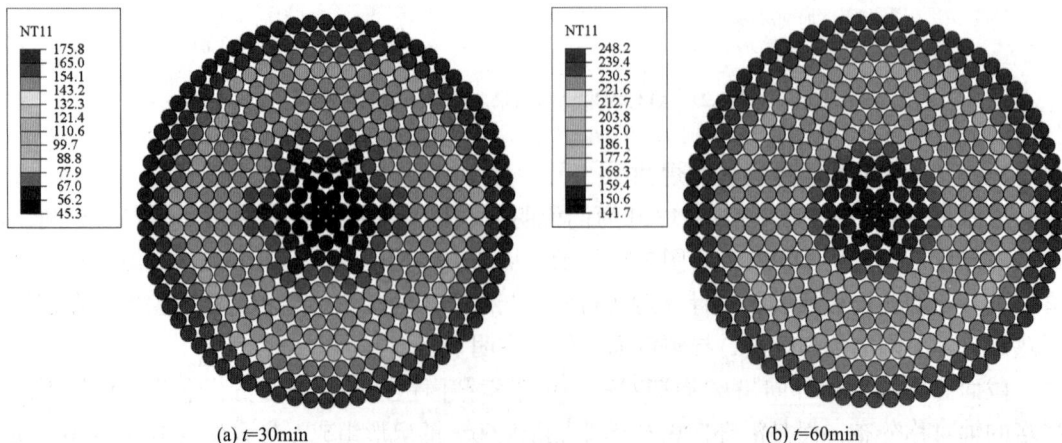

(a) t=30min (b) t=60min

图 2.23　试件 DN113-1 各时刻温度分布（单位：℃）（一）

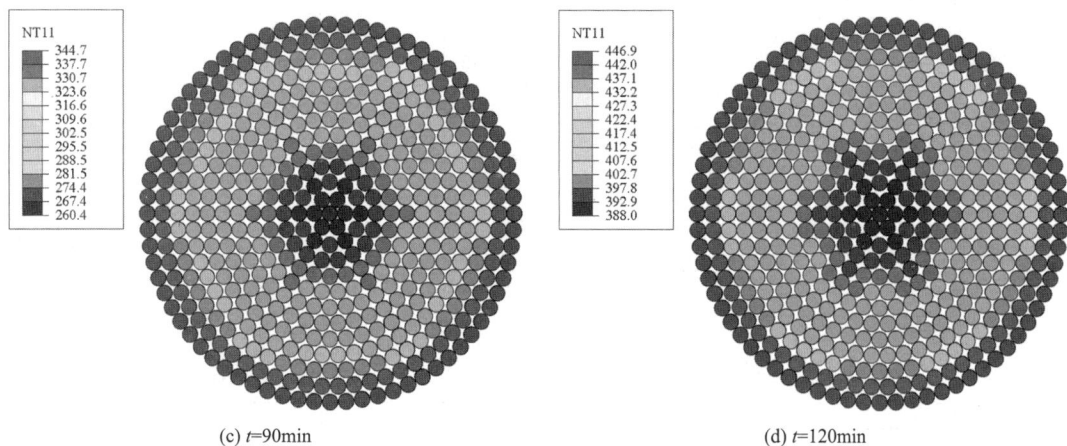

(c) *t*=90min   (d) *t*=120min

图 2.23 试件 DN113-1 各时刻温度分布（单位：℃）（二）

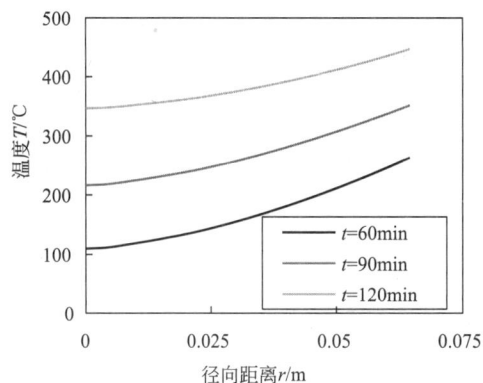

图 2.24 试件 DN133-1 索截面沿径向的温度分布   **图 2.25 试件 DN113-1 索截面沿径向的温度分布**

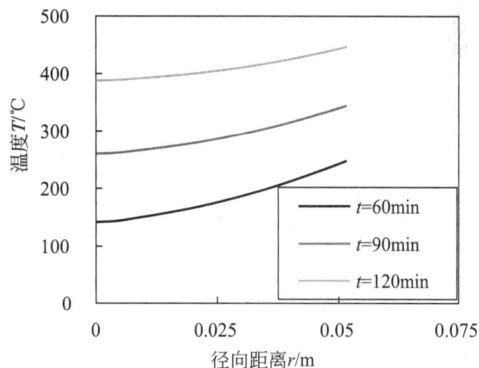

面径向分布曲线的曲率最大，当 *t*=120min 的曲率最小。这表明，随时间增加，索截面热阻有减小的趋势。

2.2.5 索截面温度场简化计算模型

上述考虑索截面钢丝之间传导和辐射传热的计算模型较为精确，但建模工作量较大，需要提出更加简化的索温度场计算模型。如前所述，索截面中的空腔以及钢丝之间的接触降低了传热效率，增大了截面热阻。如果将索截面视为连续介质，只考虑热传导，采用等效热传导系数综合考虑钢丝之间的传导、对流和辐射传热，则可以使计算简化。

按照索试件直径建立圆截面连续介质二维传热计算模型。首先假定热传导系数，计算测点 2 的温度-时间关系，并将计算结果与试验结果进行比较，以判断等效热传导系数是否合适。通过不断变化热传导系数进行试算，当所有试件测点 2 温度-时间关系曲线的计算值与试验值均吻合良好时，这时的热传导即为等效热传导系数。经试算，本节试验索的等效热传导系数为 2W/（m·K），典型试件计算结果与试验结果的比较如图 2.26 所示。从图中可见，计算结果与试验结果基本吻合。

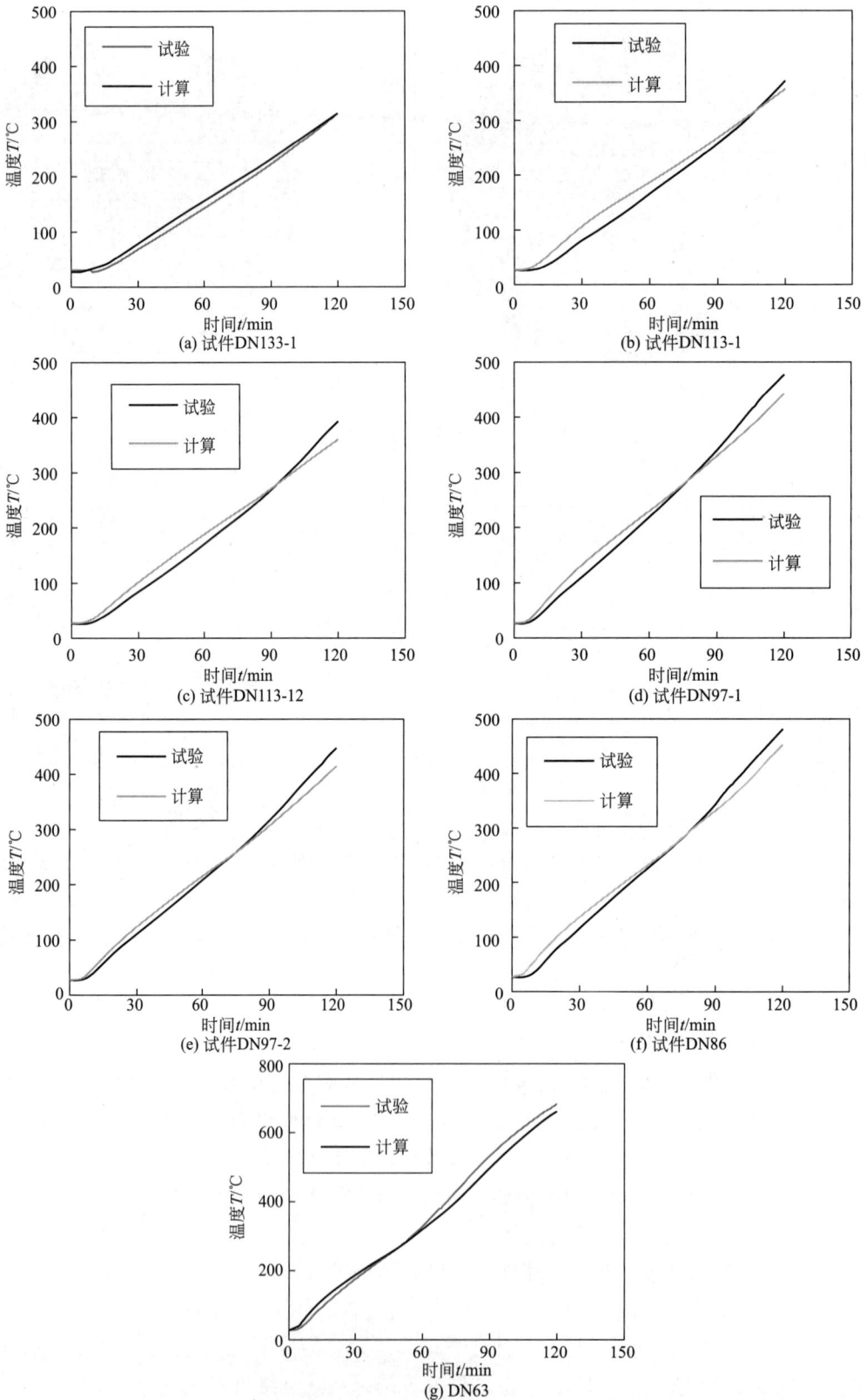

图 2.26 试件测点温度（T）–时间（t）关系计算结果与试验比较

2.2.6　结论

本节进行了涂覆膨胀型防火涂料的索结构温度场试验，研究了索结构温度场的分布和发展规律。基于试验结果，提出了考虑钢丝之间传热的索结构温度场精细计算模型，计算结果与试验结果基本吻合。针对典型的索桁架整体结构，对其高温下的力学性能和破坏形态开展研究。基于上述工作，可得如下结论：

（1）由于钢丝之间存在热阻，索试件中心测点升温比周围测点升温滞后，随索直径增大，这种滞后作用越明显。例如，DN63试件两测点的最大温差为55℃，DN133试件两测点最大温差为121℃。

（2）分析表明，各时刻索试件沿截面径向温度按曲线分布，随时间延长，索截面热阻有减小的趋势。

2.3　索桁架结构耐火性能分析

2.3.1　高温下索桁架力学性能计算模型

2.3.1.1　典型的索桁架结构

仍选取前述某典型展览大厅某榀平面索桁架为研究对象，对其耐火性能进行分析。屋盖结构如图2.27（a）所示。屋盖结构由数榀平行的平面索桁架和横向钢框架结构组成，横向钢框架作为索桁架的支座，对索桁架起支撑作用。横向钢框架两端由钢塔架支撑。为简化，图中略去钢塔架，视作钢框架铰支座，如图2.27（a）所示。钢塔架和钢框架的耐火极限设计为3h，比索桁架的耐火极限要求大较多，其防火保护层厚度较大，火灾下其变形很小。这里主要研究索桁架的耐火性能，为简化，忽略钢框架的变形，假定索桁架与钢框架连接处索桁架的为不动铰支座。屋盖在索桁架方向的总跨度为180m，共4跨。垂直于索桁架方向钢框架的跨度为130m，每榀索桁架之间的间距为15m。

索桁架的承重索直径为97mm，稳定索直径为63mm，竖向联系杆受拉力，也采用索，称为竖索，竖索直径为26mm。索桁架之外的斜拉索为DN133索，钢柱为□850×500×14×18。钢柱的耐火极限3h，涂覆50mm厚非膨胀型防火涂料。除索桁架外，其余索均锚固于基础，其边界条件为铰接，用圆圈表示铰接。

2.3.1.2　有限元计算模型

索桁架为平面受力大跨度结构，分析中取一榀索桁架进行分析，如图2.27（b）所示。索桁架与钢框架相交处近似视为不动铰支座。分析过程中首先进行找形分析，根据预应力分布确定索结构的形状，采用非线性有限元法进行找形。稳定索预应力640MPa，受力索的预应力为100MPa，索桁架结构找形后如图2.27（b）所示。

然后，施加静荷载获得静荷载作用下结构的形态。之后，在荷载不变条件下施加温度作用，分析高温作用下结构的耐火性能。分析工具采用ABAQUS软件，采用桁架T3D2单元划分网格，采用只能受拉不能受压的材料模型。

展览类建筑通常用于各种商品的展览，可燃物较多，火灾规模较大。根据《建筑设计防火规范》GB 50016—2014（2018年版）的要求，火灾模型采用ISO 834标准升温曲线，

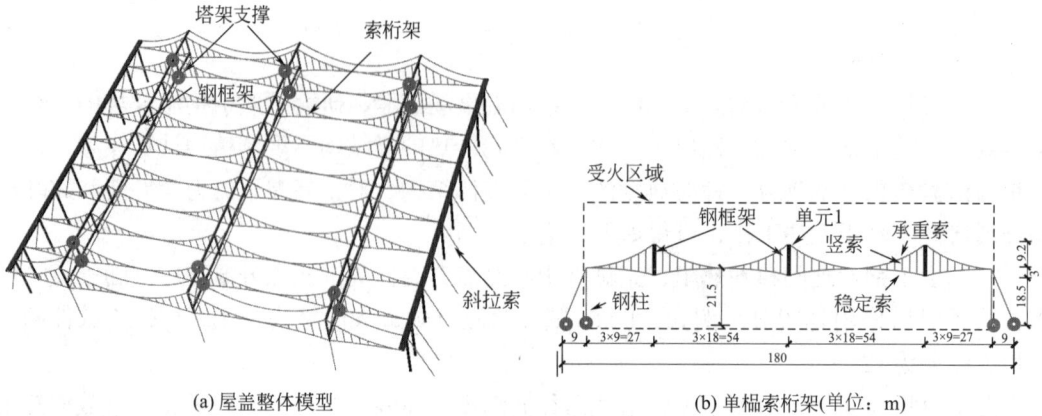

(a) 屋盖整体模型　　　　　　　　　(b) 单榀索桁架(单位：m)

图 2.27　索桁架计算模型

并在整个建筑空间采用均匀的火灾温度场。施加温度作用时，按前述各索试件内外两测点实测温度的平均值施加给索构件。因为试验采用的ISO 834标准升温曲线，这样就相当于展厅的火灾温度按照ISO 834标准升温曲线升温，受火区域如图2.27（b）所示。进行索结构耐火性能分析时，采用第2.1节提出的高温下平行钢丝束拉索的本构关系[10]，该计算模型得到了第2.1节拉索耐火性能试验验证。

2.3.1.3　典型工况的选取

为研究荷载大小对索桁架整体结构耐火性能的影响，分析中采用2个荷载参数。第一个荷载参数为索自重+屋面静荷载1（2.70kN/m²），导荷载至所分析的索桁架上的线荷载为索自重+40.5 kN/m，记为荷载工况Ld1。第二个荷载参数为索自重+屋面静荷载2（3.44kN/m²），导荷载至所分析的索桁架上的线荷载为索自重+51.6 kN/m，记为荷载工况Ld2。

稳定索的预应力大小是索桁架整体结构稳定性的参数之一。为了考虑预应力对索桁架结构耐火性能的影响，稳定索预应力分别取640MPa、800MPa和1000MPa，进行参数分析。

2.3.2　火灾下索桁架结构破坏形态

首先以稳定索预应力640MPa、荷载工况Ld1作为基本工况进行分析。

（1）破坏形态

分析表明，当稳定索预应力为640MPa时，且当采用荷载工况Ld1时，火灾作用下索桁架整体结构的破坏过程如图2.28所示。当时间t=116.4min时，索桁架的第3跨承重索首先发生断裂。该跨索桁架发生较大的挠曲变形，致使索桁架发生反转。

（2）应力及应变

受火过程中各典型时刻，首先破坏的第3榀索桁架的应力云图如图2.28所示。图中应力单位为Pa。从图中可见，当t=0时，即施加荷载后升温前，稳定索和承重索的应力均较大，而竖索的应力较小，稳定索较大的拉应力可以使整个结构在常温下保持稳定。此时，三类索均为绷紧状态。

从图2.28可见，受火过程中，稳定索及竖索的拉应力明显减小。承重索拉应力缓慢减小，承重索仍为绷紧状态，而稳定索和竖索的形状为松弛状态。可见，当索温度升高时，索发生热膨胀变形,导致索发生应力松弛。尽管承重索也会发生热膨胀变形,但承重索为主要的承载结构,其所受荷载总体不变,但内力分布有变化。

综上所述,火灾作用下,稳定索和竖索发生应力松弛,而承重索应力基本不变。单榀索桁架的破坏形态为承重索拉断,拉断的位置为位于承重索与支撑钢框架连接处的承重索单元1,如图28(a)所示,该位置索拉应力最大。当数榀索桁架承重索断裂之后,支撑索桁架的钢框架在断索引起的不平衡力作用下发生平面外受弯破坏,从而导致整体结构倒塌。

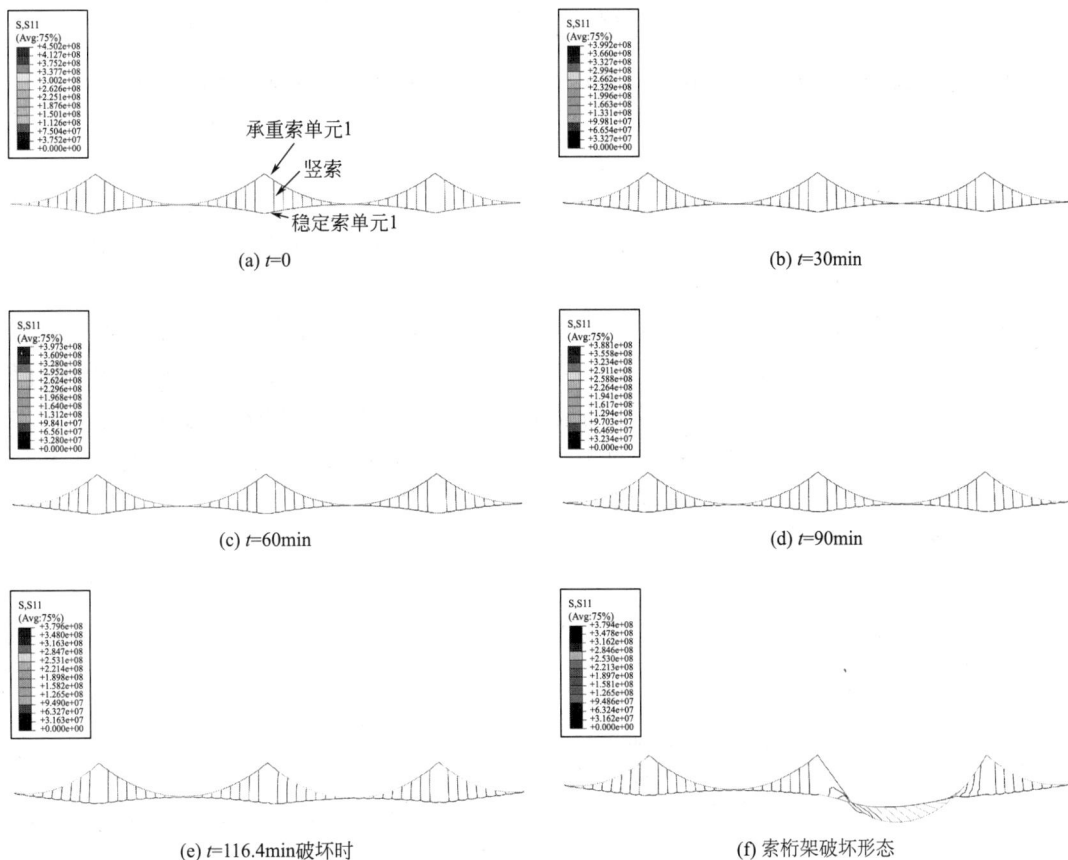

(a) t=0

(b) t=30min

(c) t=60min

(d) t=90min

(e) t=116.4min破坏时

(f) 索桁架破坏形态

图2.28　第3榀索桁架的应力及破坏形态(应力单位:Pa)

荷载工况Ld1下,发生断裂的第3榀第3跨承重索跨中的竖向位移(v)-时间(t)关系曲线如图2.29所示。图中同时给出了稳定索预应力640MPa、荷载工况Ld2时的位移(v)-时间(t)关系曲线。从图中可见,随时间增加,温度升高,索桁架跨中向下的竖向位移逐渐增大。至承重索破坏时,跨中竖向位移向下快速增大,达到了索桁架的耐火极限。

荷载工况Ld1下,发生断裂的第3榀第3跨承重索端部单元(图2.22中承重索单元1)应力(σ)-时间(t)关系曲线如图2.30所示。从图中可见,受火过程中,索中应力逐步降低。由于承重索是承担荷载的主要受力构件,受火过程中承担的荷载不变,应力变化是

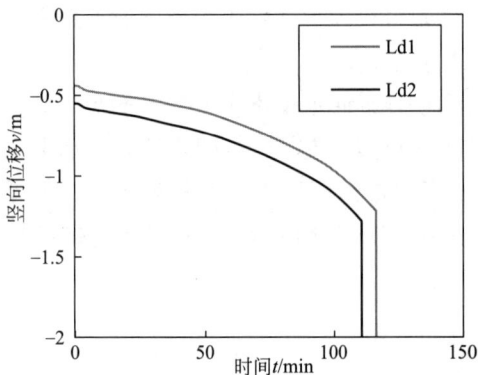

图2.29 索桁架跨中竖向位移 (v) – 时间 (t) 关系曲线

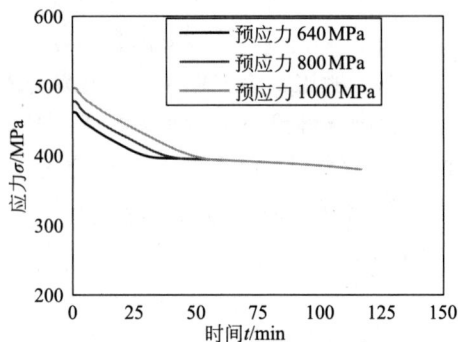

图2.30 承重索应力 (σ) – 时间 (t) 关系曲线

由温度导致的荷载在索轴向的重新分配以及结构预应力的重分布导致的。该索端部单元1的应变 (ε) – 时间 (t) 关系曲线如图2.31所示。从图中可见，受火过程中，应变逐渐增大，至耐火极限时，索单元应变急剧增加，表明索发生断裂。

图2.28中索桁架稳定索单元1位于该跨左端，稳定索单元1及该跨最左竖索的应力 (σ) – 时间 (t) 关系曲线如图2.32所示。从图中可见，受火过程中，稳定索的应力快速降低至零，竖索的应力也很快降低至零。高温作用下，稳定索与竖索发生热膨胀变形，发生预应力松弛，最后预应力损失殆尽。可见，由于高温导致的热膨胀变形，引起稳定索和竖索的应力快速降低至零，致使稳定索失去稳定结构的作用。

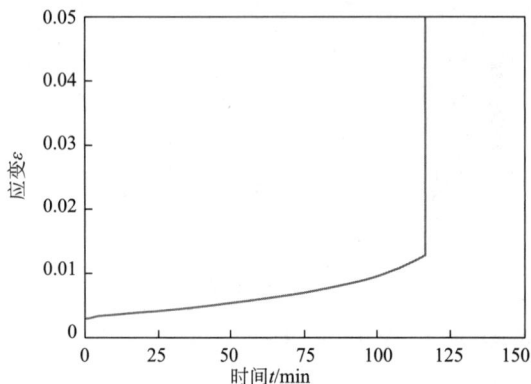

图2.31 承重索应变 (ε) – 时间 (t) 关系曲线

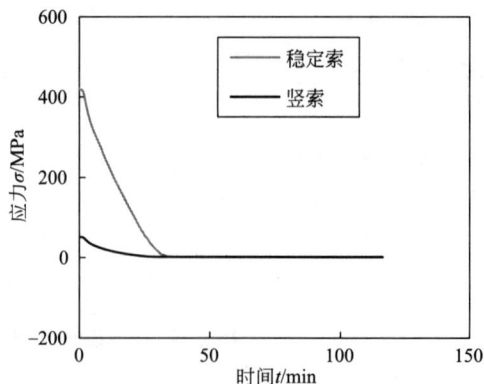

图2.32 稳定索、竖索应力 (σ) – 时间 (t) 关系曲线

2.3.3 耐火性能的参数分析

（1）荷载的影响

这里以稳定索预应力640MPa作用时的索为例进行分析。如图2.29所示，荷载工况Ld1时索桁架的耐火极限为116.4min。当荷载增大至Ld2时，受火过程中，索桁架跨中向

下的竖向位移较Ld1进一步增大,索桁架的耐火极限降至110.8min。可见,随荷载增大,索桁架的耐火极限降低。

（2）预应力的影响

索结构依靠预应力提供刚度。索桁架中,稳定索在整体结构内部建立预应力,保持稳定索中具有一定的拉应力对保持整体结构的稳定性至关重要。

仍以索桁架第3跨为例进行分析。分析表明,在荷载工况Ld1条件下,稳定索预应力分别为640MPa、800MPa和1000MPa时,索桁架的耐火极限分别为116.5min、116.6min和116.5min,耐火极限基本相同。在荷载工况Ld2条件下,当稳定索的预应力分别为640MPa、800MPa和1000MPa时,索桁架的耐火极限均为110.9min,耐火极限相同。可见,稳定索预应力大小对索桁架结构的耐火极限没有影响,而荷载大小对索桁架的耐火极限有影响。稳定索的作用为限制承重索的空间位置,保持承重索的稳定性,一般不承受荷载。索桁架到达耐火极限状态时,稳定索发生应力松弛失去作用,荷载仍由承重索承担。因此,稳定索的预应力大小对索桁架结构的耐火极限影响很小。

在荷载工况Ld1条件下,当稳定索的预应力分别为640MPa、800MPa和1000MPa时,受火过程中,索桁架稳定索单元的应力（σ）–时间（t）关系曲线如图2.33所示,承重索单元的应力–时间关系曲线如图2.30所示。上述预应力在施加静荷载之前施加,施加静荷载之后,稳定索的预应力会减小,图2.30和图2.33中时间为0时的预应力为施加静荷载之后的应力。可见,受火过程中,预应力较大的索仍保持较大的应力,而且应力为拉应力（即不松弛）的时间较长。这说明,受火过程中,施加较大预应力的稳定索保持较好工作状态的时间较长,有利于高温环境下索桁架整体结构的稳定。可

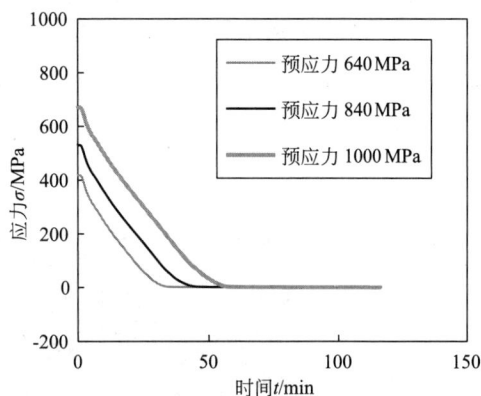

图 2.33　预应力不同时稳定索的应力（σ）–时间（t）关系曲线

见,尽管稳定索的预应力大小对整体结构的耐火极限没有影响,但较大的预应力使索桁架在较长时间保持较好的工作性能,间接提高结构的抗火能力。

由图2.30可见,当稳定索预应力不同时,受火55min之前,承重索的应力各不相同。受火55min之后,承重索的应力趋于一致,承重索破坏的时间相同。受火55min之后,稳定索预应力损失殆尽,稳定索预应力使承重索产生的预应力消失,承重索的应力只由荷载产生,稳定索初始的预应力对其应力不再有影响,不再影响其耐火极限。可见,索桁架的初始预应力对其耐火极限几乎没有影响。

2.3.4　结论

分析表明,随荷载增大,索桁架结构的耐火极限降低。稳定索的预应力增大,索桁架结构的耐火极限不变,但索桁架结构保持较好工作状态的时间较长。

2.4 大跨索结构抗火设计方法的工程应用

2.4.1 项目简介

索结构是大跨度结构的一种主要形式。由于采用拉索作为主要受力构件，拉索承受拉力，为轴心受拉构件，索结构的跨度更大。红军长征中飞夺泸定桥战役的发生地的泸定桥即为悬索结构。随着科技进步，悬索结构、索穹顶结构、索桁架结构等发展较快，均为典型的大跨度索结构。这里介绍大跨度索结构抗火设计方法在石家庄国际会展中心大跨度索桁架结构中的应用情况。

石家庄国际会展中心总建筑面积35.9万 m²，项目总体效果如图2.34所示。中心共有A、B、C、D、E、F、G和H共8个展厅，展厅屋盖结构采用索桁架结构。项目耐火等级为二级，耐火极限要求为2h。该结构为索张拉成型结构，为预应力结构，预应力结构依靠结构的拉力形成的刚度承受荷载，结构形状与受力大小密切相关，几何非线性和材料非线性十分明显，结构受力复杂，火灾高温下的性能更加复杂。

为了美观，该项目拟采用薄型防火涂料。项目A、D展厅为该项目两类典型的结构形式，A展厅两个方向的结构尺寸分别为198m和135.6m，D展厅两个方向的结构尺寸分别为180m和130.8m，上述两个展厅钢拉索结构跨度均超过120m，为典型的大跨度索结构。A展厅索结构整体如图2.35所示。

图 2.34　石家庄国际会展中心总体布置图

图 2.35　A 展厅索桁架结构

A、D展厅均采用索桁架作为承重结构，索桁架支撑在预应力钢框架上，A、D展厅索桁架结构承重体系及索编号分别如图2.36、图2.37所示。A展厅各索的特性见表2.1，D展厅各索的特性见表2.2。

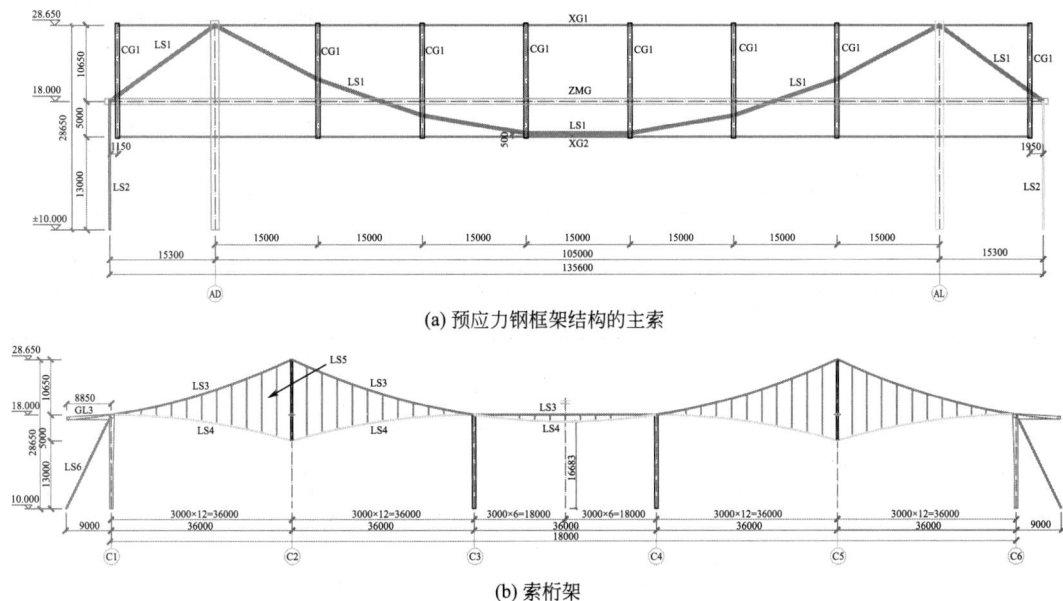

(a) 预应力钢框架结构的主索

(b) 索桁架

图2.36 A展厅索桁架结构承重体系及索编号

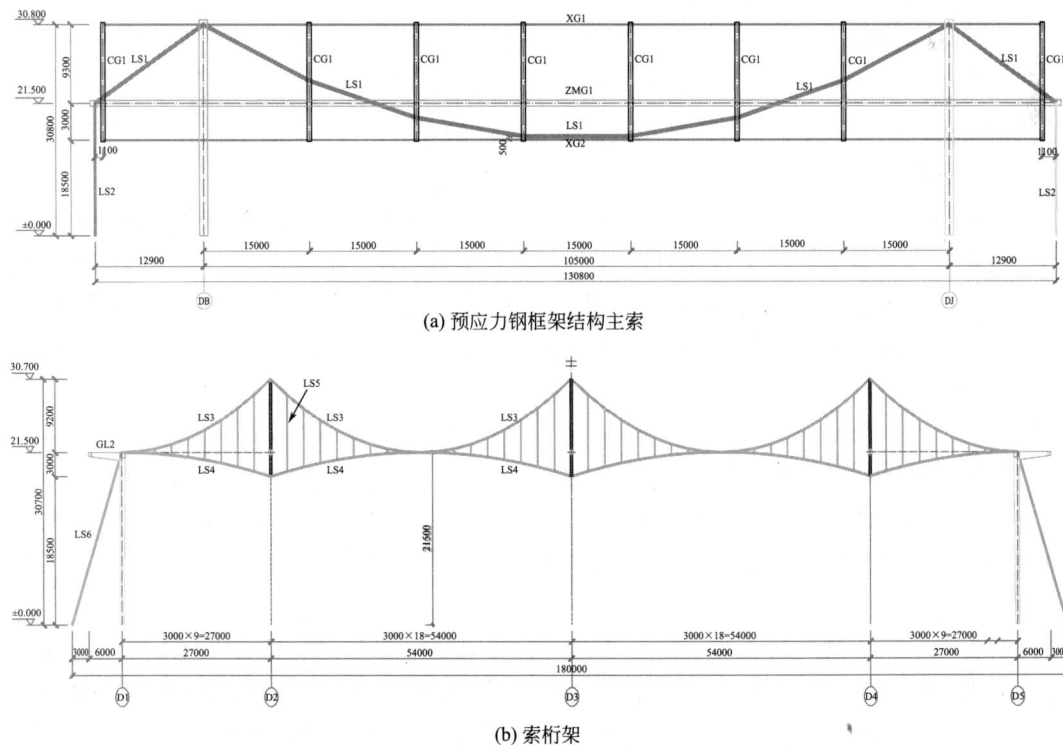

(a) 预应力钢框架结构主索

(b) 索桁架

图2.37 D展厅索桁架结构承重体系及索编号

A 展厅各索的特性　　　　　　　　　　　　　　　　　表 2.1

序号	编号	截面	材质	备注
1	LS1	4×DN133	钢绞线	高钒拉索
2	LS2	4×DN97	钢绞线	高钒拉索
3	LS3	2×DN97	钢绞线	高钒拉索
4	LS4	1×DN63	钢绞线	高钒拉索
5	LS5	1×DN26	钢绞线	高钒拉索
6	LS6	2×DN133	钢绞线	高钒拉索

D 展厅各索的特性　　　　　　　　　　　　　　　　　表 2.2

序号	编号	截面	材质	备注
1	LS1	4×DN113	钢绞线	高钒拉索
2	LS2	4×DN86	钢绞线	高钒拉索
3	LS3	1×DN97	钢绞线	高钒拉索
4	LS4	1×DN63	钢绞线	高钒拉索
5	LS5	1×DN26	钢绞线	高钒拉索
6	LS6	2×DN113	钢绞线	高钒拉索

2.4.2　索桁架结构抗火设计方法概述

索桁架结构抗火设计的目的是通过耐火计算和耐火性能分析确定防火保护层厚度。本项目采用高温下拉索结构的本构关系及索桁架整体结构耐火性能建模方法，建立本项目整体结构耐火性能计算模型，模型考虑高温下索强度的降低以及高温导致的预应力损失及结构内力重分布。

本项目采用膨胀型钢结构防火涂料。火灾高温作用下，防火涂料要发泡膨胀，厚度不断变化，本项目通过耐火试验方法确定火灾下拉索构件的温度随火灾作用时间的变化规律，分别测试本项目中所有直径索构件在 ISO 834 标准升温作用下温度–时间关系曲线，为索结构耐火性能分析提供温度数据。膨胀型防火涂料厚度为 5mm，温度场试验及测试结果见 2.2 节。

2.4.3　索桁架结构抗火计算模型

首先利用 ABAQUS 软件建立索桁架整体结构计算模型，建立的 A、D 展厅悬索结构计算模型分别如图 2.38、图 2.39 所示。模型在保留结构主要受力和传力特征的基础上做了适当简化。

根据《建筑钢结构防火技术规范》GB 51249—2017，火灾工况下荷载效应组合需要考虑频遇组合和准永久组合，在准永久组合中还要考虑风荷载。本项目按照 GB 51249—2017 第 3.2.2 条进行荷载组合，进行整体结构耐火性能分析，风荷载根据风洞试验结果取值。

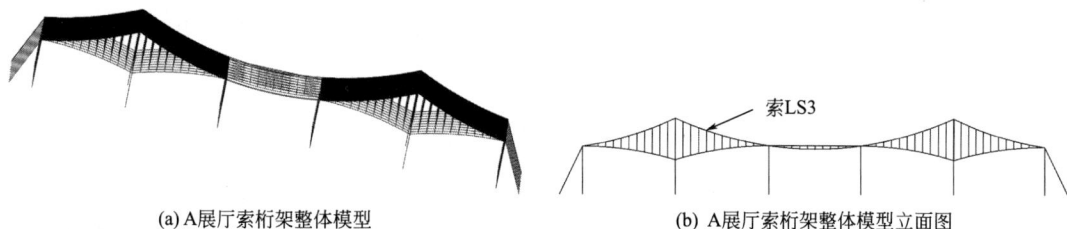

(a) A展厅索桁架整体模型

(b) A展厅索桁架整体模型立面图

图2.38　A展厅索桁架整体结构耐火性能计算模型

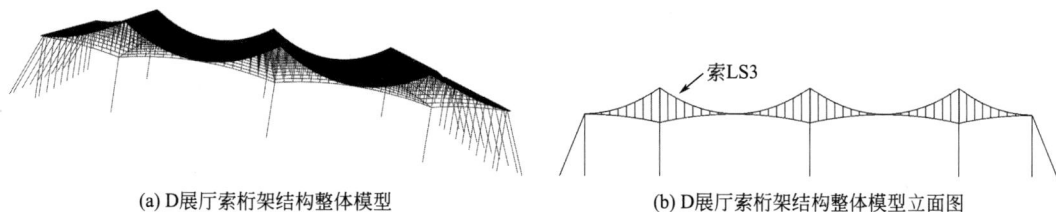

(a) D展厅索桁架结构整体模型

(b) D展厅索桁架结构整体模型立面图

图2.39　D展厅索桁架整体结构耐火性能计算模型

索桁架结构是张拉成型结构，首先进行找形分析，根据预应力大小确定索结构的形状。之后，按照加载的先后顺序，在结构模型分别施加恒荷载、活荷载（或风荷载）组合后的设计荷载以及温度作用。

2.4.4　索桁架整体结构耐火性能分析

设计荷载作用下，计算得到的ISO 834标准升温作用1h和2h时A展厅索桁架屋盖整体结构的竖向位移U_3云图分别如图2.40（a）、（b）所示，图中位移向上为正。从图中可见，受火过程中，随受火时间增加，索整体结构的竖向位移增加。火灾作用下，随索温度升高，钢索材料的弹性模量和强度逐步降低，拉索构件发生热膨胀变形，导致结构整体的变形增大。从图中还可看出，横向跨度中部索桁架的竖向位移较大，而位于边部的索桁架竖向位移较小，这是因为横向钢框架在火灾下发生竖向位移，导致横向中部索桁架的竖向位移增大。另外，从图中还可看出，受火过程中稳定索和竖向联系索逐步松弛。

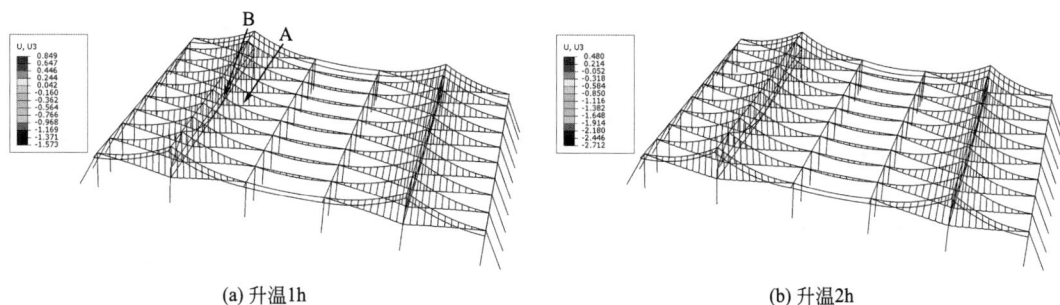

(a) 升温1h

(b) 升温2h

图2.40　升温过程中A展厅竖向位移云图（单位：m）

ISO 834标准升温作用1h和2h时A展厅钢悬索结构的应力云图分别如图2.41（a）、（b）

所示。从图中可见，受火过程中，索的应力总体上有一定变化。这是因为索桁架系柔性结构，高温作用会导致结构材料性能的劣化，索结构发生应力重分布，索中拉应力会发生变化。

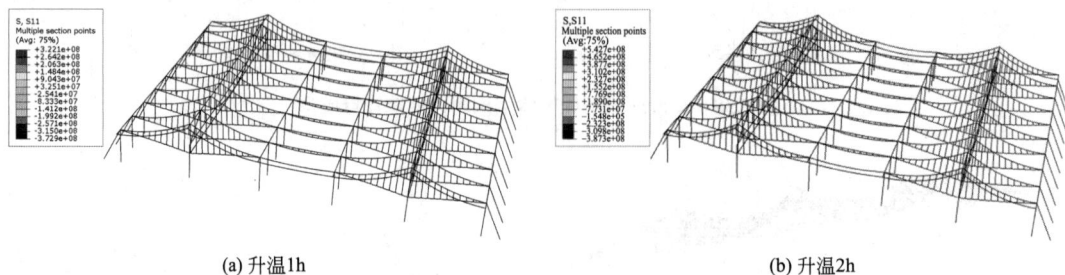

(a) 升温1h   (b) 升温2h

图 2.41　升温过程中 A 展厅索构件轴向应力云图（单位：Pa）

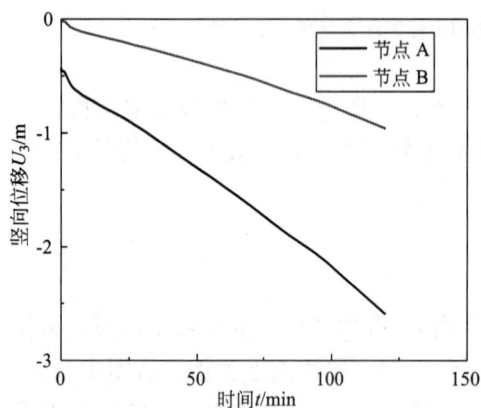

图 2.42　A 展厅索桁架屋盖特征点的竖向位移 (U_3) –时间 (t) 关系

选取悬索整体结构中两个典型的节点考察整体结构火灾下的位移变化情况，其中A点是屋面竖向位移最大的点，B点是主索竖向位移最大的点，A、B两点的位置如图2.40（a）所示。A、B两点的竖向位移（U_3）–受火时间（t）关系曲线如图2.42所示。从图中可见，随受火时间增加，温度升高，两个特征点的竖向位移逐步增大。至受火2h时，索桁架自钢框架至中柱的跨度为36m，跨中挠度为1.63m，跨中挠度与跨度之比为4.5%。

ISO 834标准升温作用1h和2h时，频遇组合设计荷载作用下，D展厅索桁架屋盖整体结构的竖向位移U_3云图分别如图2.43（a）、（b）所示。从图中可见，受火过程中，随受火时间增加，钢悬索整体结构的竖向位移增大。火灾作用下，随索构件的温度升高，材料的弹性模量和抗拉强度降低，再加上热膨胀导致的索松弛，使得结构整体变形增大。

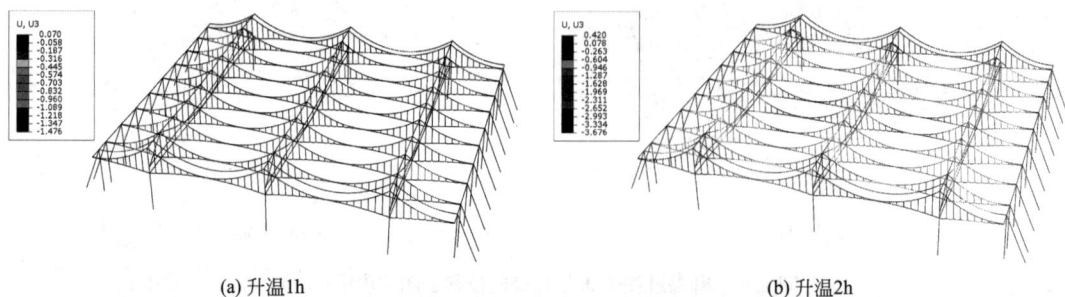

(a) 升温1h   (b) 升温2h

图 2.43　升温过程中 D 展厅索结构竖向位移 U_3 云图（单位：m）

从上面分析可知，当采用5mm厚非膨胀型防火涂料时，ISO 834标准升温作用2h以内，A、D展厅的屋盖的索桁架整体结构发生了较大的变形，但结构没有发生倒塌破坏，火灾下结构满足承载能力极限状态的安全性。

2.4.5　防火保护设计

根据上述索桁架结构耐火性能的分析结果，可知采用5mm厚非膨胀型防火涂料时，在ISO 834标准升温作用2h时，A和D展厅索桁架结构发生了明显的变形，但结构没有发生倒塌破坏，整体结构仍保持安全。因此，索桁架结构可采用5mm厚实验用防火涂料进行防火保护，可满足耐火极限不低于2h的耐火要求。

参考文献

［1］Jin Fan, Zhitao Lu. Experimental study on the prestressed steel strand at high temperature ［J］. Building Structure, 2002, 32（3）：81–86.

［2］郑向红.高钒索火灾作用下（后）力学性能试验研究［D］.北京：北京工业大学，2018.

［3］Yong Du, Richard Liew, Jian Jiang, et al. Pre–tension steel cables exposed to localized fires ［J］. Advanced Steel Construction, 2018, 14（2）：206–226.

［4］Yong Du, Jingzhan Peng, Richard Liew, et al. Mechanical properties of high tensile steel cables at elevated temperatures ［J］. Construction and Building Materials, 2018, 182（6）：52–65.

［5］中华人民共和国应急管理部.钢结构防火涂料：GB 14907—2018［S］.北京：中国计划出版社，2018.

［6］全国消防标准化技术委员会建筑构件耐火性能分技术委员会.建筑构件耐火试验方法 第1部分：通用要求：GB/T 9978.1–2008［S］.北京：中国标准出版社，2009.

［7］王卫永，何平召.考虑蠕变的约束钢梁抗火性能分析方法［J］.重庆大学学报，2017，41（11）：64–71.

［8］王卫永，张琳博，周弘扬.考虑蠕变和残余应力释放的Q460钢柱抗火设计方法［J］.建筑结构学报，2022，43（2）：76–84.

［9］Guoqiang Li, Jun Han, Guobiao Lou, et al. Predicting intumescent coating protected steel temperature in fire using constant thermal conductivity ［J］. Thin–Walled Structures, 2016, 98：177–184.

［10］王广勇，孟亚丹，刘人杰，等. 钢拉索耐火性能研究［J］. 建筑结构学报，2023，44（11）：247–254.

第3章

密封索耐火性能试验研究

3.1 引言

密封索是一种新型的索结构，具有较好的形状稳定性、易于施工张拉、承载力高的优点，广泛应用于体育场馆的大跨钢结构、索结构或桥梁结构的拉索中。密封索外部为Z形钢丝，内部为圆形钢丝，如图3.1所示。

索结构建筑多为公共建筑，其火灾危险性较高，需要对其耐火性能开展研究。本章开展了高温下密封索试件的耐火性能试验，通过试验研究密封索的承载力（破断力）随高温的变化规律、密封索高温下的破坏形态，以及密封索高温下的应力–应变关系、弹性模量、热膨胀应变等高温力学性能参数。通过本项试验，获得高温下密封索的基本力学性能指标，为密封索的耐火性能分析和抗火设计提供基础数据资料。同时，本章还进行了密封索的恒荷载升温试验，对火灾下密封索结构的耐火性能开展研究，以了解密封索火灾下的耐火试件、变形等规律。

图 3.1　密封索的形状

3.2　密封索高温力学性能试验

3.2.1　试件设计

试验采用密封索试件，索净长800mm，密封索公称直径为35mm，索有效截面面积780mm²。索中钢丝的公称抗拉强度等级为1570MPa。密封索两端通过热铸锚与锚头锚固，密封索试件的构造如图3.2所示。试件的详细技术参数如下，其余参数见表3.1。

（1）钢丝绳结构、规格：φ35.0mm–168：1×19+21Z4+28Z4；

（2）钢丝绳直径公差：0 ～ +3%，直径35.0 ～ 36.05mm；

（3）钢丝绳公称抗拉强度：1570MPa；

（4）钢丝绳最小破断力：1170kN；

（5）钢丝绳表面、捻向：镀锌–5%铝–混合稀土合金，Z（右捻）；

（6）钢丝绳包装使用发货轮，钢轮内径不小于绳径的30倍；

（7）其余按 EN 12385–10–2003 标准及计划单要求执行。

钢丝绳配丝及捻制参数

表 3.1

捻制层	钢丝数量	钢丝尺寸/mm	股径/mm	捻距/mm	捻向	捻缩率	钢丝重量/(kg/100m)
中心丝	1	4.00	—	—	—		10.03
第一层	6	3.70	11.40	79.2	S		53.85
第二层	12	3.70	18.80	155.2	S		107.70
第三层	21	Z4C	26.80	208.0	S		204.45
第四层	28	Z4E	34.80	316.5	Z		276.22
金属面积：780mm²					参考重量		652

注：Z4C 钢丝周长 15.12mm，面积 11.53mm²；Z4E 钢丝周长 15.32mm，面积 11.82mm²。

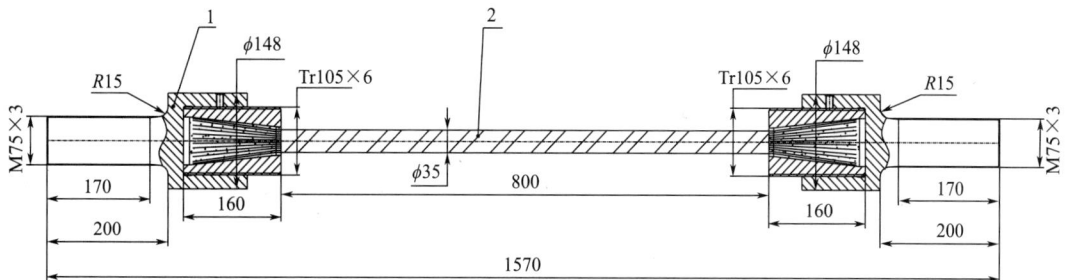

图 3.2 密封索试件的构造（mm）

分别进行室温（20 ~ 23℃）、100℃、200℃、300℃、400℃、500℃、600℃温度下的应力-应变关系试验和高温下破断力试验，上述温度称为目标温度。除300℃时采用1个试件外，其余每个目标温度值进行2个索试件试验，共进行13个索试件的高温力学性能试验。

3.2.2 试验方案

3.2.2.1 试验装置

试验在2000kN拉力试验机上进行，拉力试验机配置高温电炉，可完成密封索高温下的受力性能试验。试验中在索的中部安装高温引伸计测量密封索的伸长变形，引伸计的标距长度为215mm。同时，拉力试验机上端可以自动测量并记录试验加载端的伸长变形和荷载大小。试验采用的高温加载系统如图3.3所示，图中3.3（a）为试验装置的照片，图3.3（b）为试验装置示意图。为了测试密封索表面的温度，在高温炉内沿索长度方向等间距布置5个热电偶，测试升温过程中的索表面的温度，热电偶布置如图3.3（b）所示。高温炉采用电炉，高温炉的尺寸如图3.4所示。

3.2.2.2 试验过程

试验按如下过程进行：

（1）首先进行反复张拉，以消除索生产阶段产生的初始弯曲等残余变形。采用3次反复张拉，最大拉力为破断力的50%。

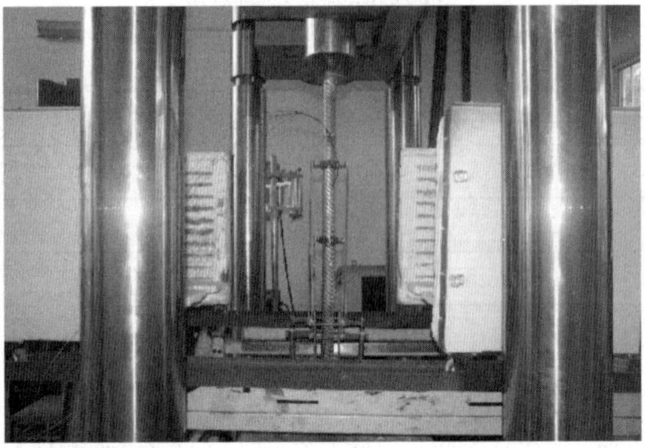

(a) 试验装置

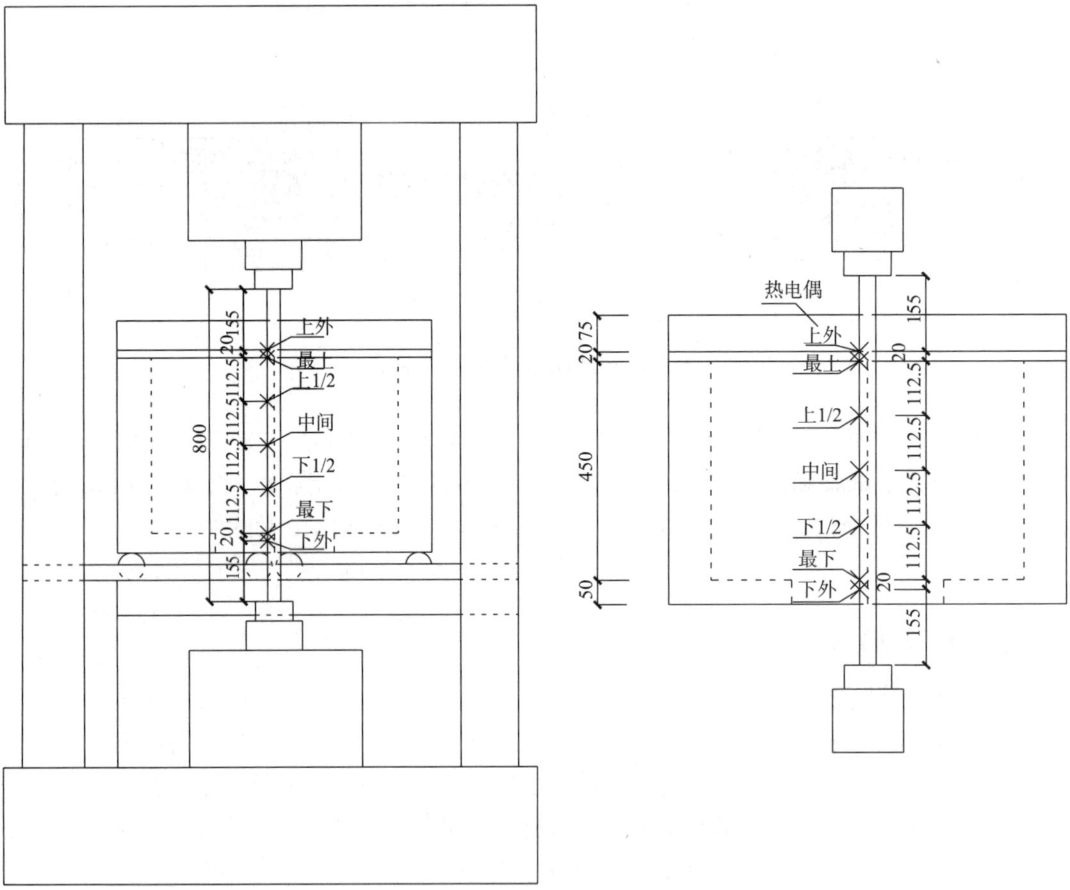

(b) 试验装置及热电偶布置(×表示热电偶位置)

图3.3 密封索高温力学性能试验装置

（2）之后按预定目标温度对高温炉进行升温，升温至预定目标温度后保持恒温50min，以使索试件内外整体温度均匀。在炉温升温阶段，为节约升温时间，对于目标温度较高的试件，炉温升温速度采用较大数值，对于目标温度较低的试件，炉温升温速度采用较小数值。

90

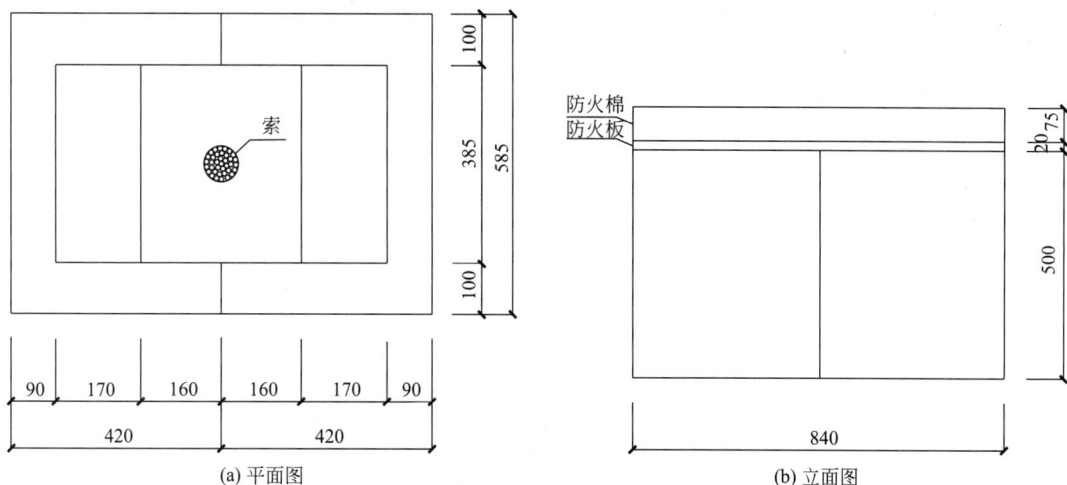

(a) 平面图 (b) 立面图

图3.4 高温电炉尺寸

（3）索试件保持恒温50min后，按0.0002s^{-1}的拟静力加载速率加载，直至将索拉断。试验中测试索加载端的位移、荷载以及引伸计的伸长变形。

3.2.3 试验结果及分析

3.2.3.1 温度场试验结果

（1）炉温

试验用电炉的最大升温速度为15℃/min，试验时综合考虑目标温度和保温时间确定升温速度，目标温度低时升温速度较慢，目标温度高时升温速度较快。升温至预定目标温度后保持炉温恒定50min，以确保索试件内部温度均达到预定的目标温度，各试件的实测炉温（T）–时间（t）关系曲线如图3.5所示。图3.5中，试件编号为：目标温度–试件序号。例如，200-1试件表示目标温度为200℃的第一个试件。

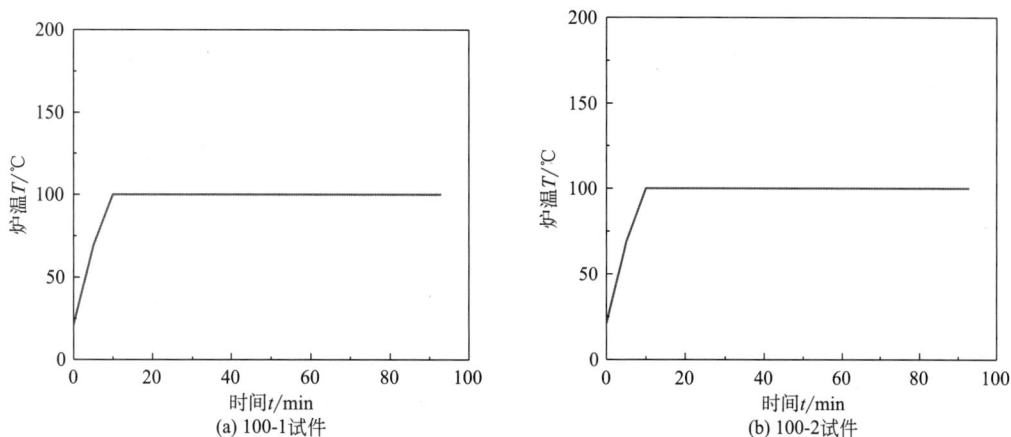

(a) 100-1试件 (b) 100-2试件

图3.5 试验炉温（T）–时间（t）关系曲线（一）

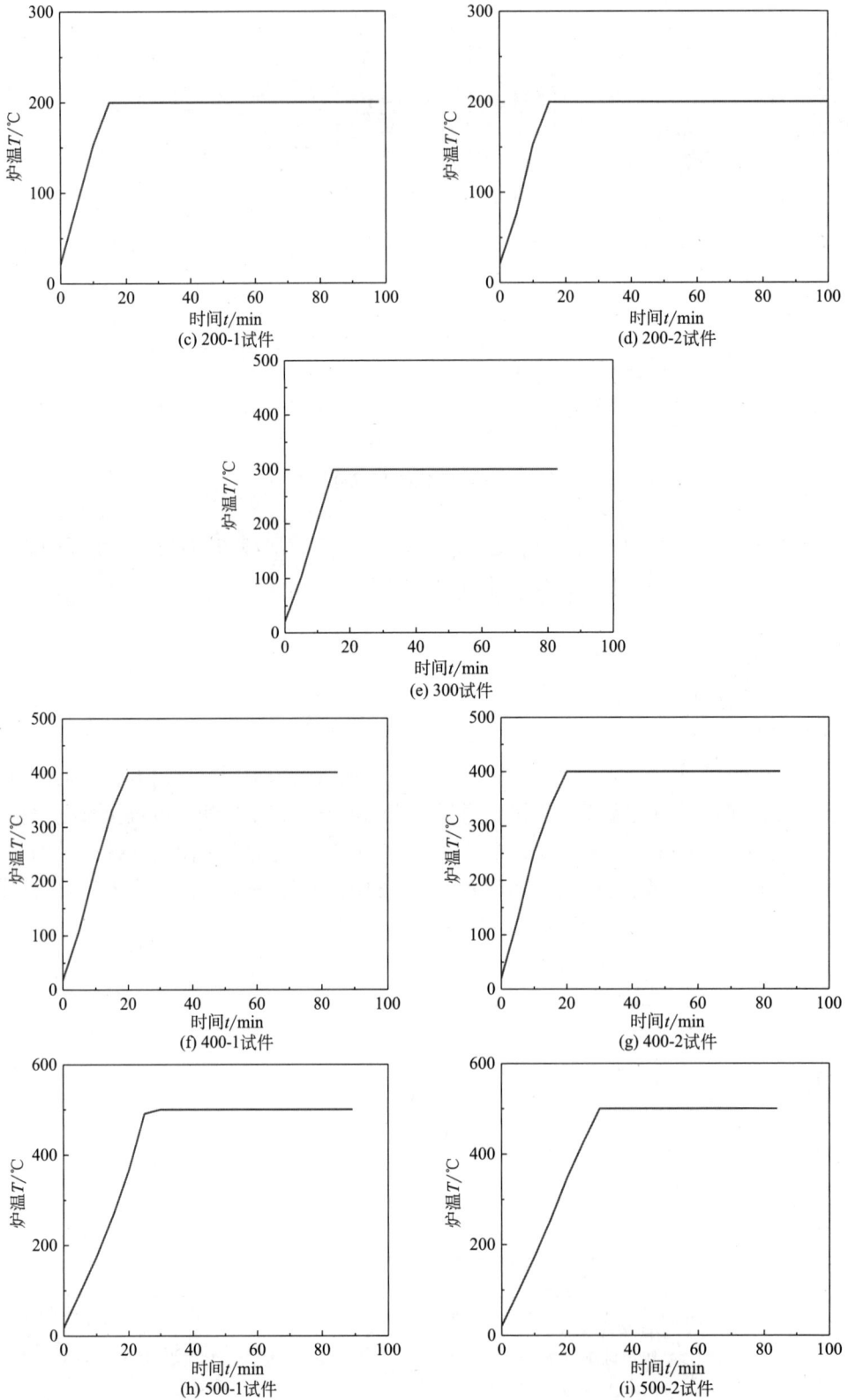

(c) 200-1试件

(d) 200-2试件

(e) 300试件

(f) 400-1试件

(g) 400-2试件

(h) 500-1试件

(i) 500-2试件

图 3.5 试验炉温（T）-时间（t）关系曲线（二）

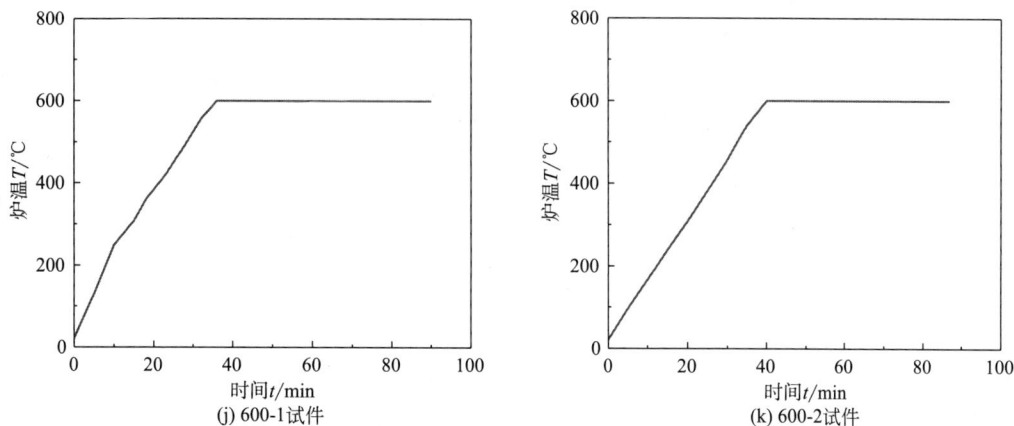

(j) 600-1试件   (k) 600-2试件

图3.5 试验炉温（T）–时间（t）关系曲线（三）

（2）试件温度–时间关系

试验中测得的索试件表面各测点的温度（T）–时间（t）关系曲线如图3.6所示。从图中可见，最下测温点比其他测温点温度低，其余测点温度在保温50min后基本达到目标温度。

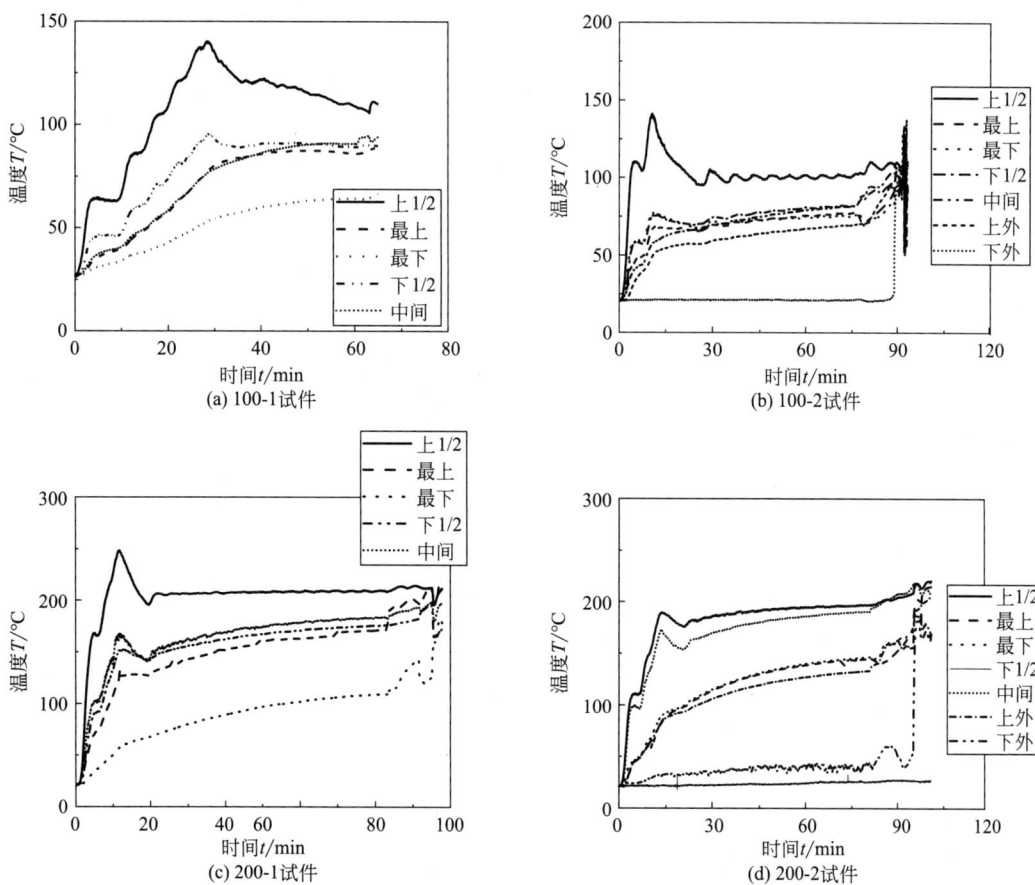

(a) 100-1试件   (b) 100-2试件

(c) 200-1试件   (d) 200-2试件

图3.6 索表面测点实测温度（T）–时间（t）关系（一）

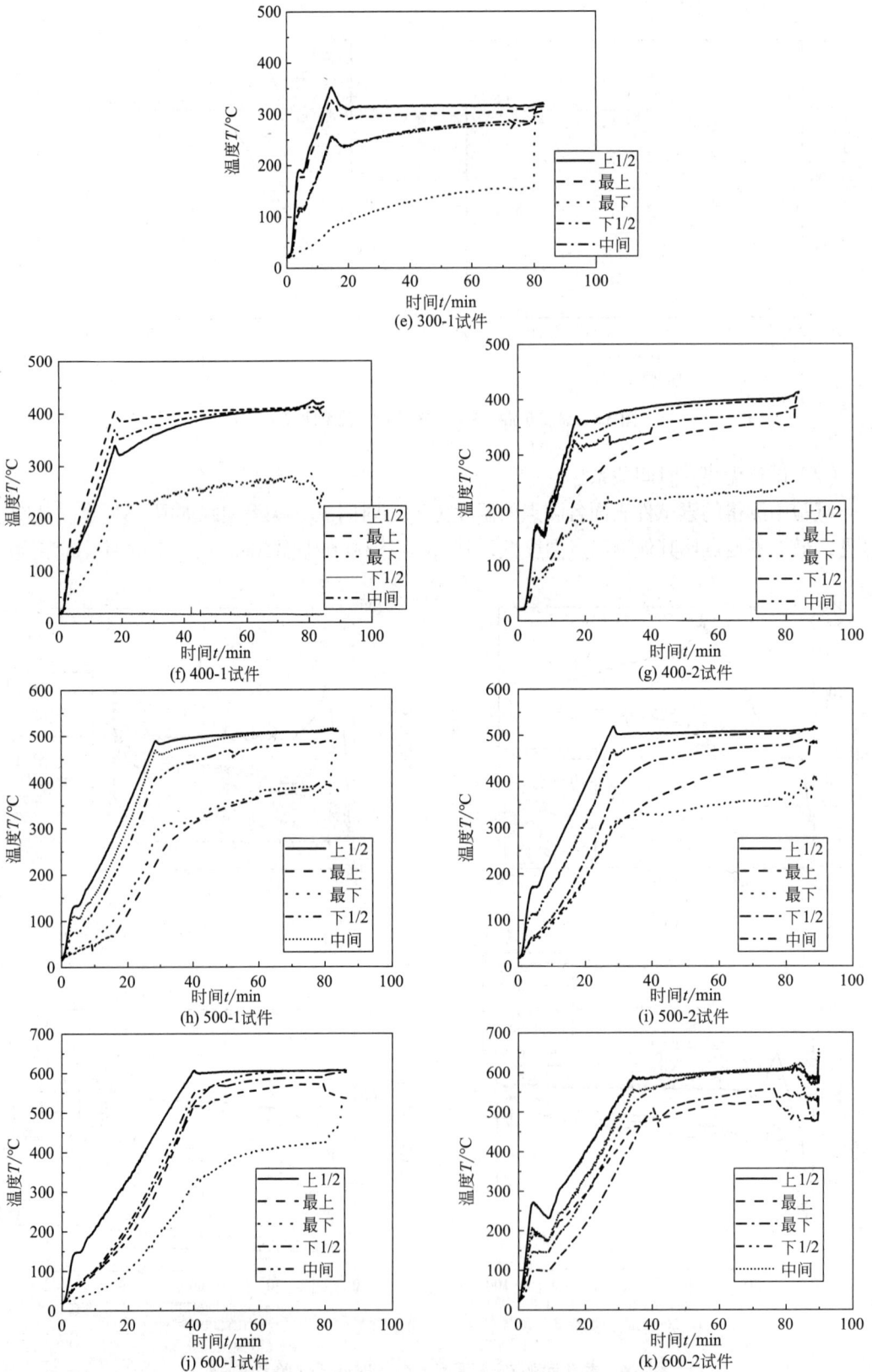

(e) 300-1试件

(f) 400-1试件

(g) 400-2试件

(h) 500-1试件

(i) 500-2试件

(j) 600-1试件

(k) 600-2试件

图3.6 索表面测点实测温度（T）–时间（t）关系（二）

3.2.3.2 破坏形态

试验后各目标温度下索试件的破坏形态分别如图3.7、图3.8所示。图3.7为索试件在试验机上的原始破坏状态，图3.8为索试件的破坏形态细节。从图3.7和图3.8可见，当温度低于300℃时，试件中断裂的钢丝总体上比较凌乱，而且索外层钢丝拉断，而内层部分钢丝还未被拉断。当目标温度大于等于300℃时，钢丝全部拉断，索的破断面愈发整齐。可见，随目标温度升高，索的破断面从凌乱到整齐。而且，当温度小于300℃时，索钢丝从外层开始断裂，截面中心尚有钢丝没有断裂。从图3.7、图3.8还可看出，自500℃试件开始，索试件断裂部位出现了明显的颈缩现象。而且，随温度升高，索断裂时的直径更小，而且颈缩段的长度更长。

(a) 室温-1试件

(b) 室温-2试件

(c) 100-1试件

(d) 100-2试件

(e) 200-1试件

(f) 200-2试件

图3.7 索试件的破坏形态（一）

(g) 300-1试件

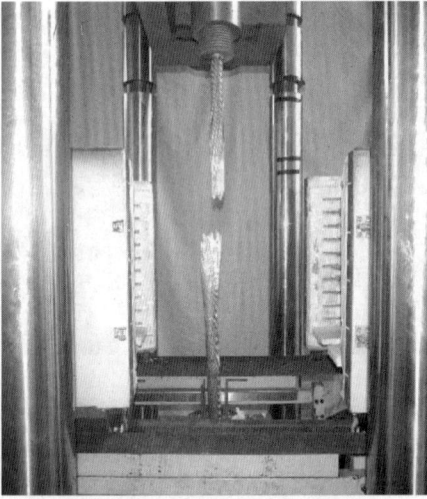

(h) 400-1试件

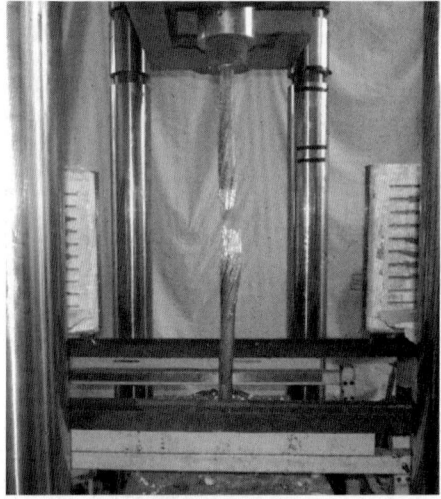

(i) 400-2试件

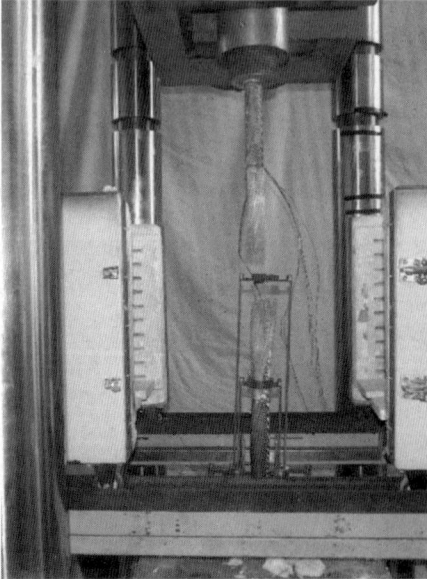

(j) 500-1试件

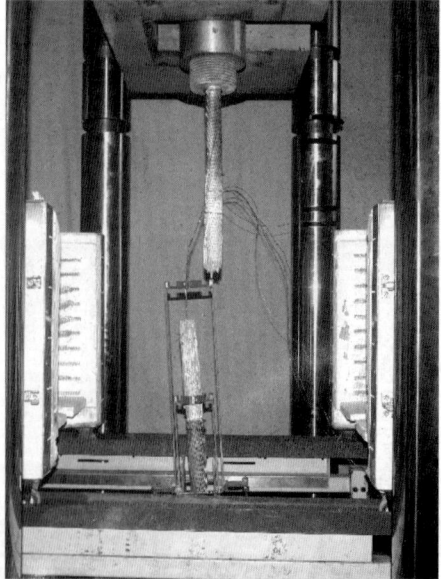

(k) 试件500-2

图 3.7　索试件的破坏形态（二）

(l) 600-1试件   (m) 600-2试件

图3.7 索试件的破坏形态（三）

(a) 室温-1试件

(b) 室温-2试件

(c) 100-1试件

(d) 100-2试件

图3.8 索试件的破坏形态细节（一）

(e) 200-1试件

(f) 200-2试件

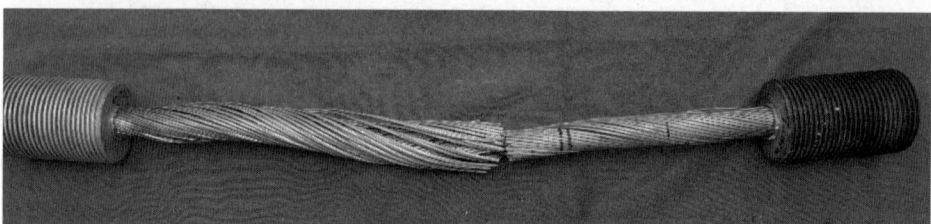

(g) 300-1试件

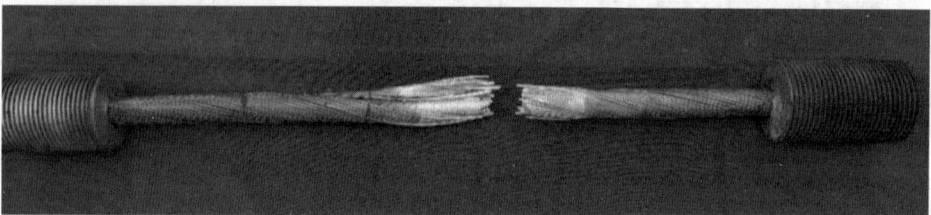

(h) 400-1试件

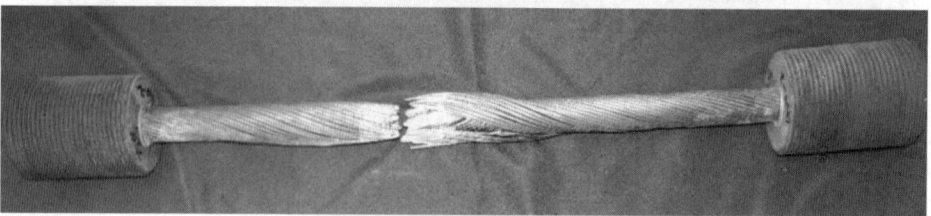

(i) 400-2试件

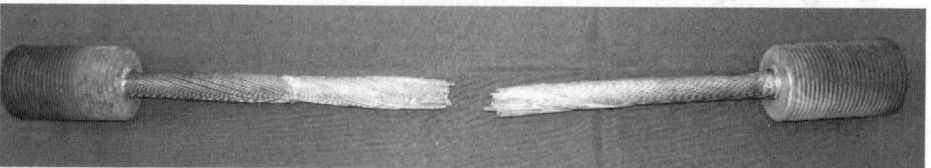

(j) 500-1试件

图 3.8 索试件的破坏形态细节（二）

(k) 500-2试件

(l) 600-1试件

(m) 600-2试件

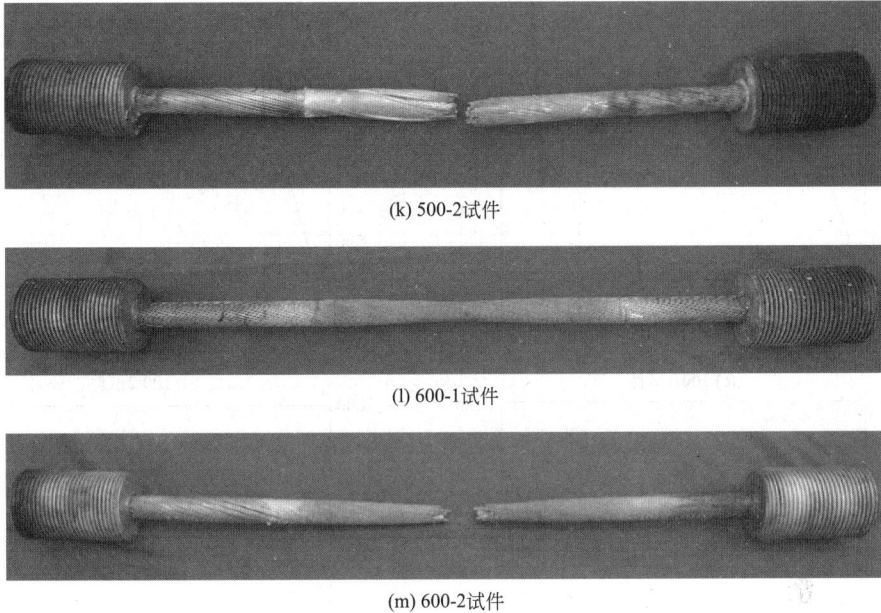

图3.8 索试件的破坏形态细节（三）

3.2.3.3 高温下密封索试件的受拉应力-应变关系曲线

试验测得的各目标温度下密封索试件的应力（σ）-应变（ε）关系如图3.9所示，各目标温度下索试件应力（σ）-应变（ε）关系如图3.10（a）所示。从图3.8（g）可见，典型的高温下索试件的应力-应变关系曲线可分为4段：第1段为线性段；第2段为非线性上升段，可称为屈服段；第3段为下降段；第4段为最后的直线段，该阶段中索中钢丝开始断裂，是比较危险的阶段，称为断裂段。从图3.9可见，各试件上升阶段较长，表明高温下索的线性阶段较长。温度较低试件的下降段不很明显，而温度较高试件的应力-应变下降段比较明显。如前所述，当温度小于300℃时，在断裂阶段索试件钢丝逐渐断裂，断裂阶段钢丝的断裂数量具有较大的偶然性，断裂阶段的应力-应变关系曲线也具有较大的偶然

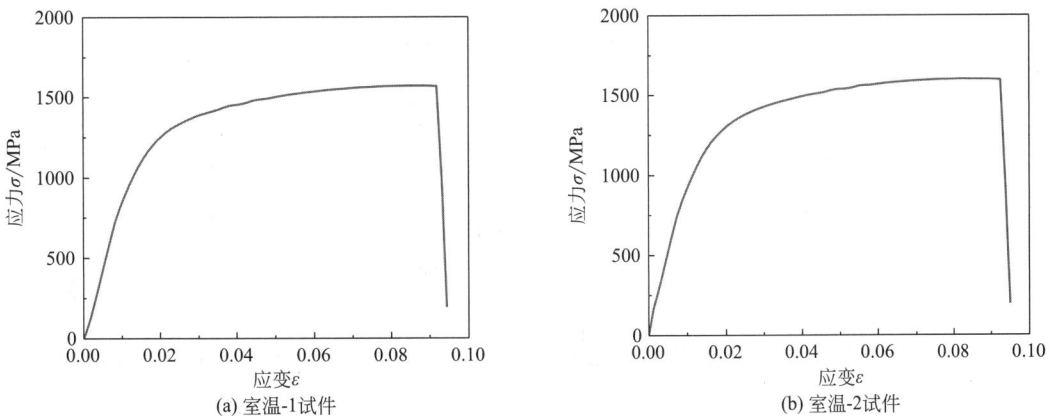

(a) 室温-1试件

(b) 室温-2试件

图3.9 高温下索试件的应力（σ）-应变（ε）关系（一）

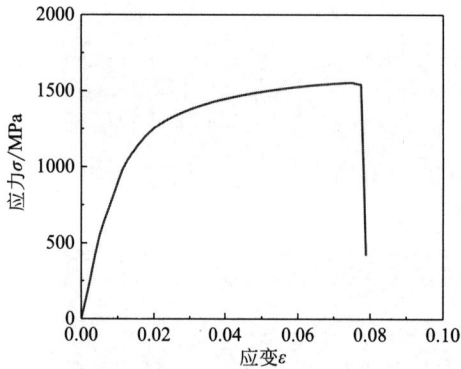

(c) 100-1试件

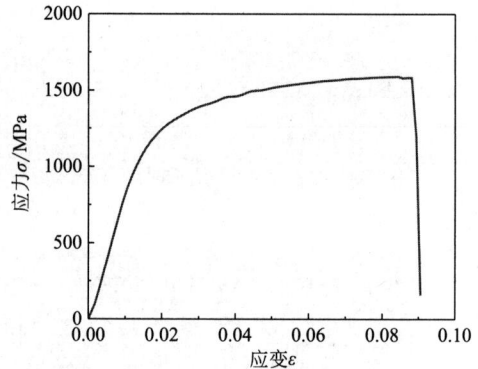

(d) 100-2试件

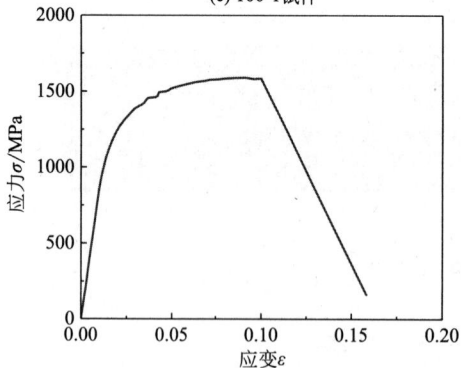

(e) 200-1试件

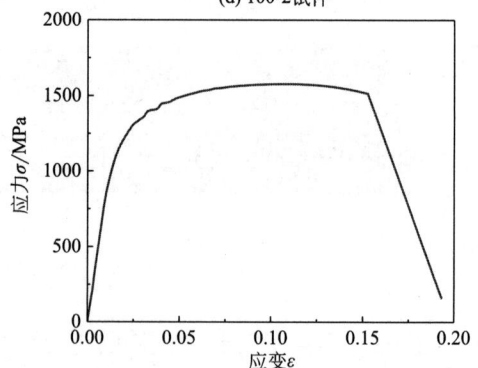

(f) 200-2试件

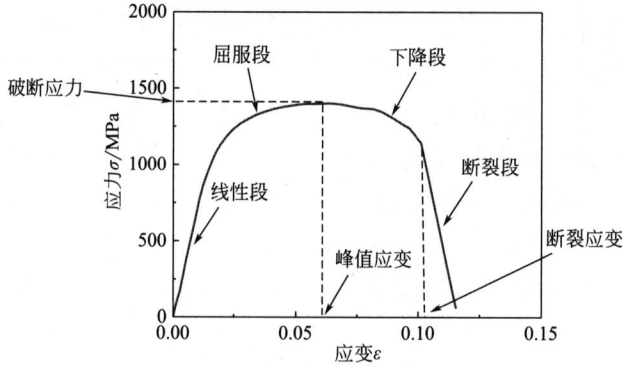

(g) 300℃试件

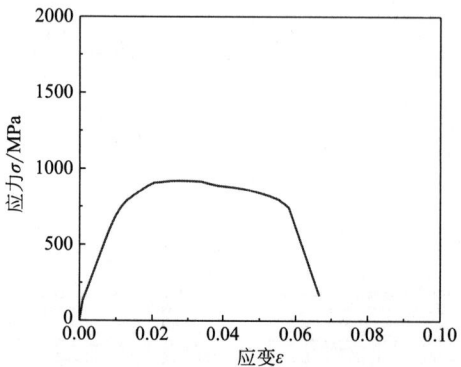

(h) 400-1试件

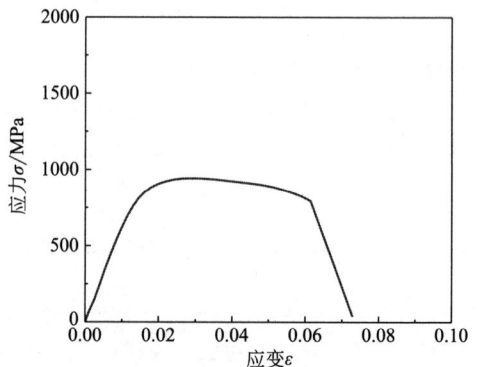

(i) 400-2试件

图3.9 高温下索试件的应力（σ）-应变（ε）关系（二）

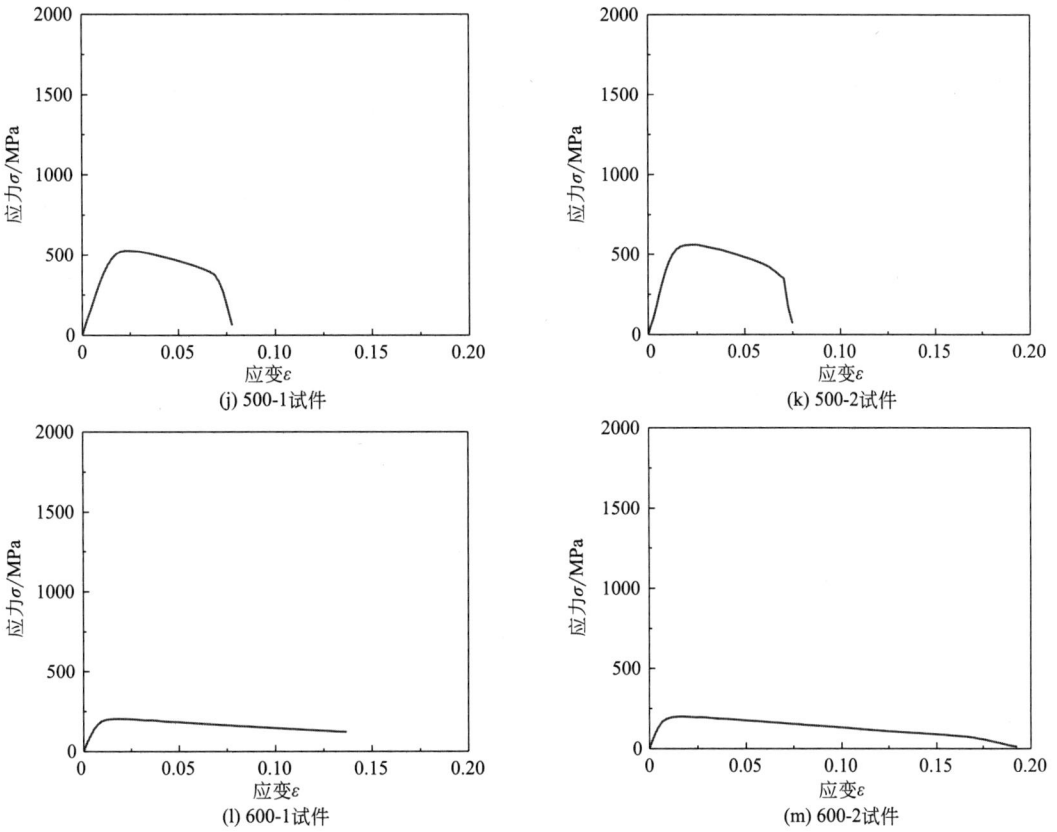

(j) 500-1试件

(k) 500-2试件

(l) 600-1试件

(m) 600-2试件

图3.9　高温下索试件的应力（σ）－应变（ε）关系（三）

性。当温度大于等于300℃时，索试件的钢丝一起断裂，其断裂阶段的应力应变曲线则较为稳定。

当索试件破断时的应力称为索的破断应力，此时的应变称为峰值应变，如图3.9（g）所示。索试件应力－应变曲线断裂阶段的起点为索开始拉断的时刻，这时的应变称为断裂应变。从图3.10（a）可见，随温度升高，索试件的峰值应变降低。随温度升高，极限应变首先减小，而后再增大。为便于应用选择，同时提供去掉断裂阶段后的索高温应力－应变曲线，如图3.10（b）所示。

3.2.3.4　高温下密封索热膨胀应变

试验测得高温下密封索试件的热膨胀应变（ε_{th}）－温度（T）关系如图3.11所示。从图3.11可见，试验数据有些离散，但规律明显，即试件的热膨胀应变总体上随温度升高而增大。根据试验数据，经线性拟合得到索试件热膨胀应变（ε_{th}）与温度（T）的关系式（3.1），试验值与拟合直线的比较如图3.11所示。从图中可见，拟合公式（3.1）与试验值吻合较好。

$$\varepsilon_{\text{th}} = 1.51618 \times 10^{-4} + 2.007 \times 10^{-5} T \tag{3.1}$$

(a) 高温下索试件的应力(σ)-应变(ε)曲线关系的比较   (b) 去掉断裂阶段后索高温应力(σ)-应变(ε)关系曲线

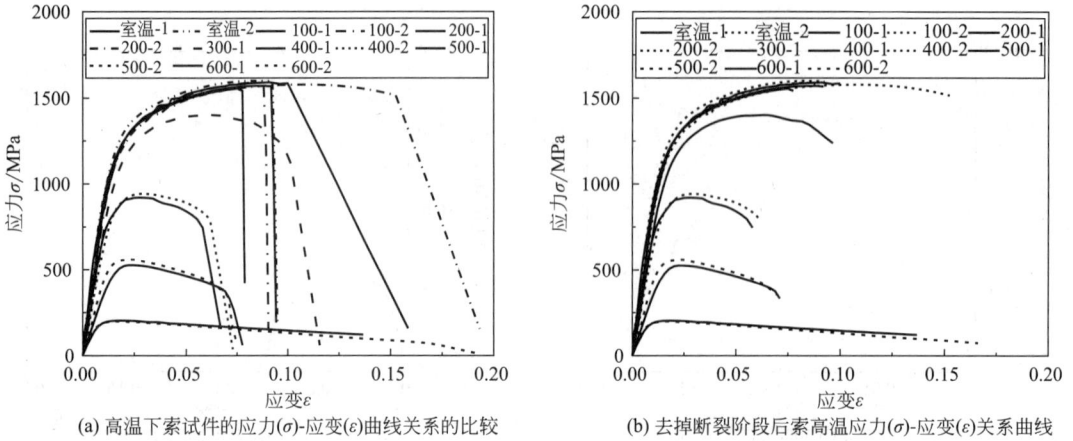

图 3.10   高温应力（σ）-应变（ε）关系曲线

3.2.3.5   高温下密封索破断力折减系数

试验测得了高温下密封索试件的破断力，高温下索的破断力与室温试件破断力平均值的比值定义为高温下索的破断力折减系数（η_T）。试验测得的索试件高温下破断力折减系数（η_T）与温度（T）的关系如图 3.12 所示。从图 3.12 可见，当温度不超过 200℃时，破断力折减系数基本为 1.0。当温度大于 200℃时，破断力折减系数随温度升高快速降低。根据试验数据，经拟合得到索试件破断力折减系数（η_T）与温度（T）的关系为公式（3.2），试验值与拟合值的比较如图 3.12 所示。从图 3.12 可见，拟合公式（3.2）与试验值吻合较好。

$$\eta_T = \begin{cases} 1.0, 0 \leqslant T \leqslant 200℃ \\ 0.55981 + 0.00559T - 2.00638 \times 10^{-5}T^2 + 1.59294 \times 10^{-8}T^3, 200℃ < T \leqslant 600℃ \end{cases} \quad (3.2)$$

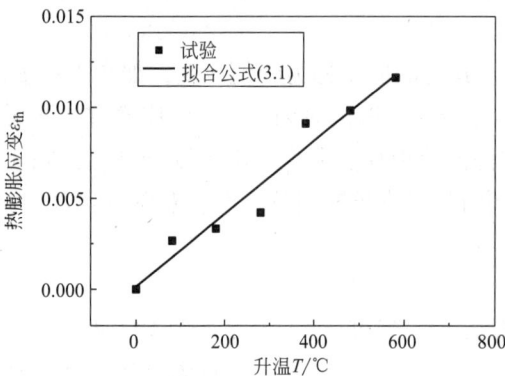

图 3.11   索热膨胀应变（ε_{th}）-温度（T）关系   图 3.12   索破断力折减系数（η_T）-温度（T）关系曲线

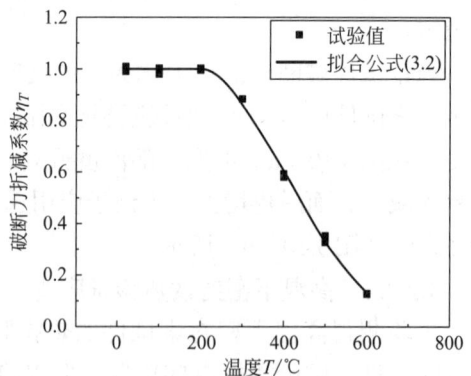

3.2.3.6   高温下密封索弹性模量折减系数

根据图 3.9 所示的高温下密封索试件的应力-应变关系可确定试件在高温下的弹性模量。从图 3.9 可见，密封索高温下的应力-应变存在较长的弹性段。为统一标准，将应力-应变关系曲线上应力为0.5倍破断力时的割线模量定义为密封索的弹性模量，高温下索试件的弹性模量与室温试件弹性模量平均值的比值定义为高温下索试件弹性模量折减系数（η_{ET}），各试件高温下弹性模量折减系数（η_{ET}）与温度（T）的关系如图3.13所示。从图3.13可见，弹性模量具有一定的离散性，但规律明显，随着温度升高弹性模量降低。根据试验数据，经拟合得到索试件弹性模量折减系数（η_{ET}）与温度（T）的拟合公式（3.3），试验值与拟合值的比较如图3.13所示。从图3.13可见，拟合公式（3.3）与试验值吻合较好。

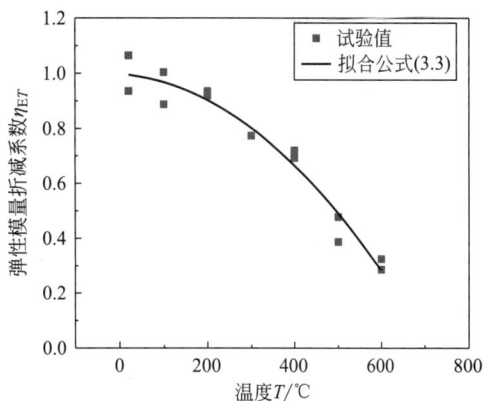

图3.13　索弹性模量折减系数（η_{ET}）–温度（T）关系曲线

$$\eta_{ET} = 0.99732 - 1.11532 \times 10^{-4} T - 1.80242 \times 10^{-6} T^2 \tag{3.3}$$

3.3　密封索恒荷载升温试验

上一节介绍了高温下密封索高温下的力学性能试验，主要研究高温下密封索的材料特性和本构关系，为索结构耐火性能分析提供基础数据。发生火灾时，结构一般承受使用荷载，承受的荷载一般保持恒定，而材料性能随温度升高劣化，结构的变形逐步增大，最后结构发生破坏。为了揭示随火灾温度升高，索结构变形增大直至结构破坏的机理，本节开展恒荷载升温试验。

3.3.1　试件设计

工程实际中，索结构一般采取简单的防火保护措施，本项试验测试不同防火保护措施下索的耐火性能。试件仍采用图3.2所示的公称直径为35mm的密封索试件，采用两个具有防火措施的密封索试件。试件1为薄型防火保护试件，表面缠绕纤维复合抗火带和密封带，并涂一层耐火胶。试件2为厚型防火保护试件，在薄型防火保护措施的基础上增加一层隔热布。

进行恒荷载升温试验，两根索试件施加的拉力荷载相同，均为526kN。同时，两试件炉温相同。

3.3.2　试验过程及温度场试验结果

首先加载并保持10min，以使加载系统保持稳定。之后，开始升温，炉温在20min内均匀升至600℃。由于防火保护层的存在，在炉温保持600℃期间，索的温度不断升高。试件1在炉温保持30min期间发生破坏。试件2在炉温保持70min期间没有发生破坏，之后增大荷载将试件2拉断。试件的炉温（T）–时间（t）关系曲线如图3.14所示。试件1表面相差180°角的两温度测点1、测点2的温度（T）–时间（t）关系曲线如图3.15（a）所示。

从图3.15（a）可见，升温过程中索表面的温度一直处于上升阶段。试件2索表面布置测点1测试索表面的温度，测点1的温度（T）-时间（t）关系曲线如图3.15（b）所示。

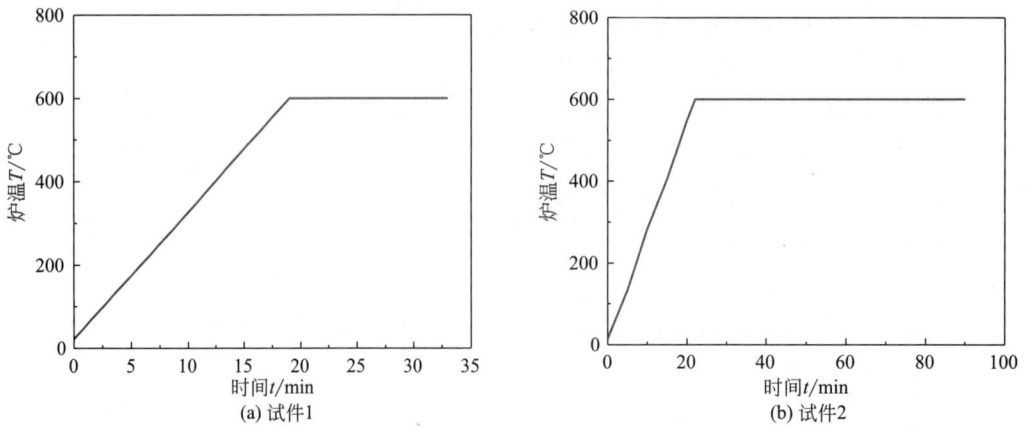

图3.14　试验炉温（T）-时间（t）关系曲线

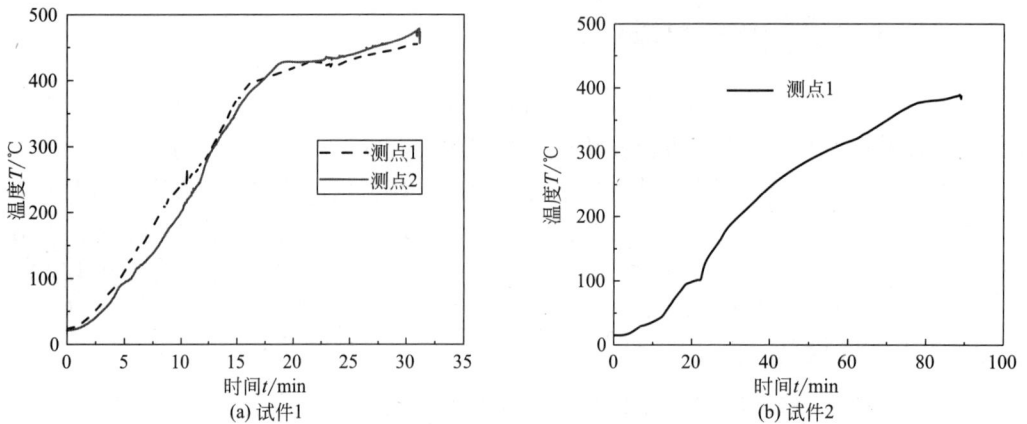

图3.15　试件1、2温度测点的温度（T）-时间（t）关系曲线

3.3.3　破坏形态

试验中试件的破坏形态分别如图3.16、图3.17所示，图3.16、图3.17也给出了升温前试件的形态，以便于比较。从图3.16、图3.17可以看出，试件断裂面比较整齐，所有钢丝一起断裂。可见，当索的温度较高时，断裂时所有钢丝基本同时断裂，断裂面较整齐。

3.3.4　力-变形关系

随试验中加载—升温—加载的试验过程，两试件的荷载（F）-受拉端位移（d）关系曲线、应力（σ）-受拉端应变（ε）关系曲线分别如图3.18、图3.19所示。从图3.18、图3.19可见，试件1在600℃恒温30min的过程中发生破坏，试验后期荷载保持恒定，而位移不断增大。在最终的破坏阶段，位移增大，而由于千斤顶补压慢，荷载降低。试件2在

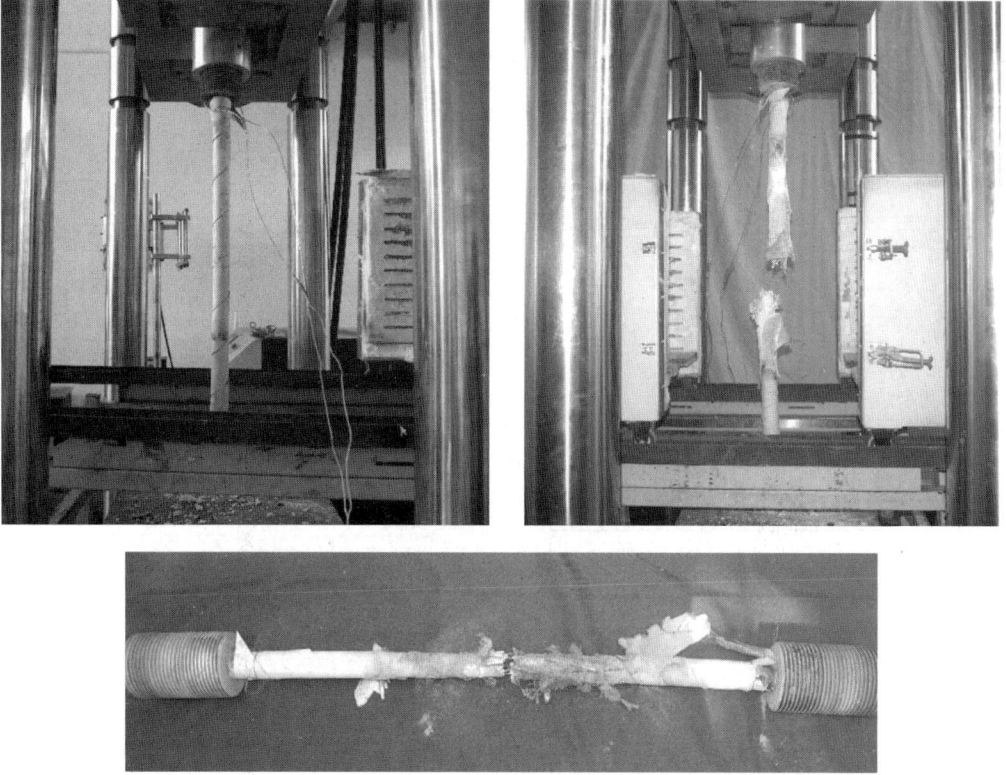

图3.16　试件1的破坏形态

图3.17　试件2的破坏形态

600℃恒温70min的过程中没有发生破坏，保温70min后增大荷载将索拉断。拉断时，索拉力峰值达到911kN，拉应力峰值达到1168MPa。可见，采取厚型防火保护措施的试件2的耐火性能得到了较大提升。

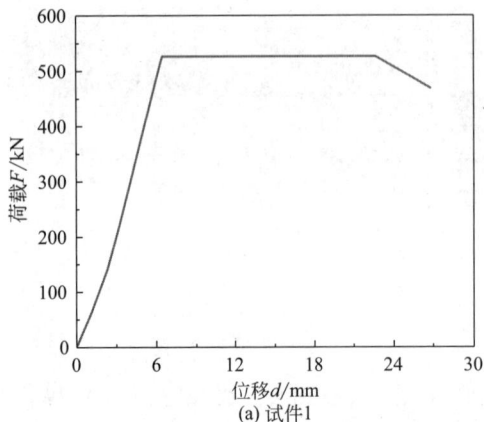

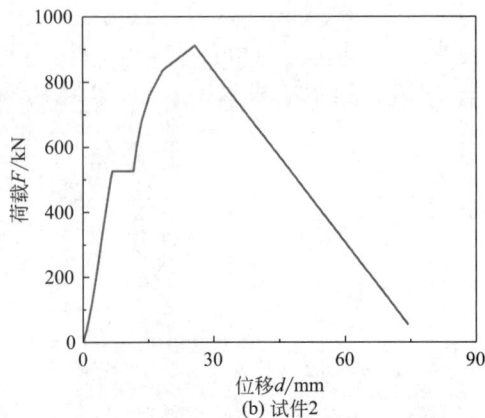

图 3.18 试件荷载（F）–位移（d）关系曲线

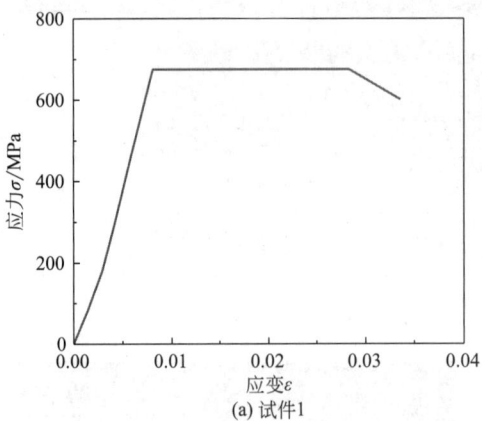

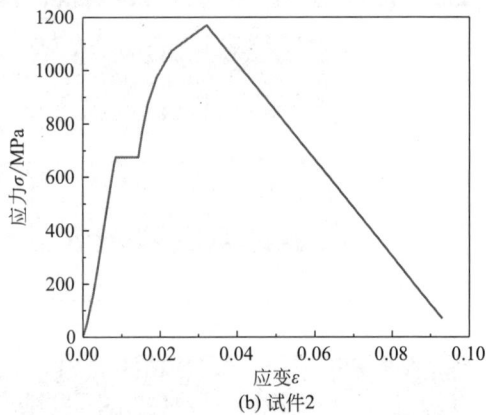

图 3.19 试件应力（σ）–应变（ε）关系曲线

3.3.5 位移–时间关系

试件 1 和试件 2 加载端的位移（d）–时间（t）关系曲线如图 3.20 所示。从图 3.20 可见，

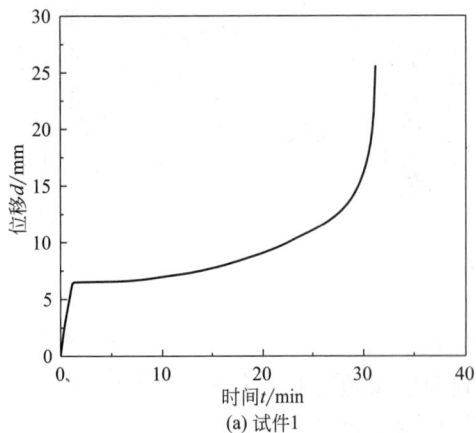

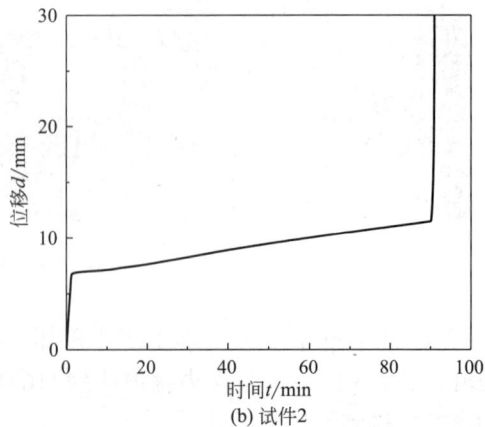

图 3.20 试件位移（d）–时间（t）关系曲线

试件1和试件2在升温过程中的位移随温度升高而增加。试件1在600℃恒温30min的后期，位移迅速增大，试件被拉断。试件2在保持600℃恒温70min内位移逐渐增大，但并没有破坏。最后，在高温下增大试件2的受拉荷载将其拉断。

3.4 结论

本章进行了密封索高温下的力学性能试验，包括恒温加载试验和恒荷载升温试验，研究了索高温下破坏形态、破断力折减系数、弹性模量折减系数以及热应变等材料特性。同时，研究了防火保护措施对索耐火性能提高的有效性。通过试验，可得如下结论：

（1）当温度低于300℃索被拉断时，索外层钢丝断裂，而内层钢丝尚有部分没有断裂。当温度大于等于300℃时，所有钢丝一起断裂，索断裂面较为整齐。

（2）高温下，随温度升高，与破断力对应的索峰值应变降低。索温度升高，索的断裂应变首先减小，之后增大。

（3）随防火保护措施加强，索试件的耐火能力可获得较大提升。

第4章

型钢混凝土框架结构耐火性能试验研究

4.1 引言

建筑火灾频繁发生，严重威胁着建筑结构和人民生命财产安全。火灾下建筑结构如果发生倒塌，将会造成更大的生命和财产损失。对高层建筑结构的耐火性能和火灾下的倒塌性能开展研究，对于保障高层建筑结构火灾下的安全十分重要。型钢混凝土柱–钢筋混凝土梁框架结构是一种典型的框架结构，在高层建筑结构中应用普遍，对火灾下型钢混凝土框架结构的力学性能和倒塌性能开展研究十分必要。

在型钢混凝土结构的耐火性能研究方面，现有成果集中在型钢混凝土柱和受约束的型钢混凝土柱的耐火性能等方面，而关于型钢混凝土框架结构的耐火性能的研究成果较少。Yu 等[1]和 Du 等[2]提出了型钢混凝土柱耐火性能分析的纤维模式法。Huang 等[3]发现型钢混凝土柱的耐火极限随荷载比增大而减小，随截面尺寸减小而降低。Huang 等[4]发现轴向约束降低了柱的耐火性能。Han 等[5]通过试验发现火灾下型钢混凝土框架结构出现了柱破坏和梁柱共同破坏两种典型的破坏形态。

关于框架结构耐火性能的成果主要集中在钢筋混凝土和钢管混凝土框架结构方面。Lu 等[6]提出高温下钢筋混凝土框架结构的典型破坏形态。Magisano 等[7]提出钢筋混凝土框架结构耐火性能分析的纤维模型法。Magisano 等[8]提出高温下钢筋混凝土梁柱截面的轴力–双向弯矩的屈服面模型，以此为基础建立钢筋混凝土框架结构的耐火性能分析方法。Elbayomy 等[9]分析发现高温下钢筋混凝土框架结构的变形比常温下大得多。Cvetkovska 等[10]发现受火的房间位置越高，框架结构整体的耐火极限越小。Yang 等[11]对单层单跨内部配置钢筋的钢管混凝土柱框架结构的耐火性能进行分析，发现框架柱的耐火极限介于端部有转动约束的柱和端部有铰接约束的柱之间。Han 等[12-13]进行了圆钢管混凝土柱–钢筋混凝土梁框架结构的耐火性能试验，并采用有限元方法对其耐火性能进行分析，发现框架结构的破坏形态与高温下梁柱截面的承载力相对大小有直接关系。Li 等[14]分析圆钢管混凝土柱–钢筋混凝土梁平面框架的耐火性能，发现合适的钢管混凝土防火保护层厚度可以使框架由柱破坏转变为梁破坏。Zheng 等[15]提出钢管混凝土柱–钢混凝土组合梁框架结构火灾下倒塌分析的多尺度模型。

当前，火灾下建筑结构的倒塌性能的研究越来越受到重视，这些成果主要集中在钢框架结构方面。Cardington 试验[16-18]表明，整体结构中构件的耐火性能与独立构件有较大差别。NIST[19]、Usmani 等[20]和 Flint 等[21]对美国世界贸易中心大楼在火灾下的破坏机理进行分析发现，火灾下边柱失去楼盖的支撑作用后，边柱失稳导致整体结构发生倒塌破坏。Li 等[22]、Lou 等[23]、Ji 等[24]开展了门式刚架的火灾倒塌试验，发现由于高温下钢梁产生的悬链线效应使得柱顶承受水平拉力,引起柱和整体结构倒塌。2017年1月,伊朗一座16层的钢框架建筑 Plasco Building 大厦在火灾下发生了整体倒塌,Shakib 等[25]分析火灾下 Plasco Building 大厦的倒塌机理后发现,该建筑结构缺乏足够的连续性和冗余度,导致火灾下整体结构倒塌。Shan 等[26]研究了火灾下填充墙对钢框架结构倒塌性能的影响规律。Jiang 等[27]对火灾下钢框架结构的倒塌行为进行了分析,分析表明,钢框架的倒塌形式与柱的荷载比和火灾位置有关。Venkatachari 等[28]发现火灾下影响钢框架倒塌的主要因素包括火灾强度、火灾范围及火灾蔓延特性。Wang 等[29]开展了型钢混凝土框架结构火灾下倒塌性能的试验研究,研究发现平面型钢混凝土框架结构易在平面外方向发生倒塌破坏。Zhang 等[30]分析了火灾下钢筋混凝土梁及其两端约束构件组成的子结构抗倒塌性能,发现增加梁底部和顶部的配筋率均可以快速建立抗倒塌能力。Wang 等[31]基于高温下混凝土损伤计算模型,建立钢筋混凝土结构倒塌分析的多尺度计算模型。当前关于型钢混凝土框架结构火灾下倒塌性能的成果较少。

上述研究成果集中在钢筋混凝土框架结构、钢管混凝土框架结构的耐火性能,以及钢框架和钢筋混凝土框架结构火灾下的倒塌机理方面,而关于型钢混凝土框架结构的耐火性能及火灾下的倒塌机理方面的研究成果较少。本章进行了型钢混凝土框架结构的耐火性能试验,考虑柱轴压比、梁受弯和受剪荷载比、梁配筋率、柱含钢率等参数的影响,对型钢混凝土框架结构的耐火性能和火灾下的倒塌性能开展了详细的试验研究。所得成果对于揭示火灾下型钢混凝土框架结构的工作机理及倒塌机理具有重要的促进作用,并可为型钢混凝土框架结构的抗火设计提供参考。

4.2 试验概况

4.2.1 模型选取及试件制作

考虑到高温试验炉的尺寸及加载能力,选取平面框架中单层单跨型钢混凝土柱-钢筋混凝土梁框架子结构为研究对象,试验模型及其受力示意图如图4.1所示。图中 N 表示柱顶荷载,P 表示梁跨内荷载。耐火试验时,首先分别在框架试件柱顶和梁跨内施加竖向集中荷载,之后进行升温,升温过程中保持荷载恒定。框架梁跨内的集中荷载 P 分别作用于梁净跨的三分点处,梁跨内采用两个集中荷载是为了更好地模拟框架梁承担均布荷载所产生的效应。

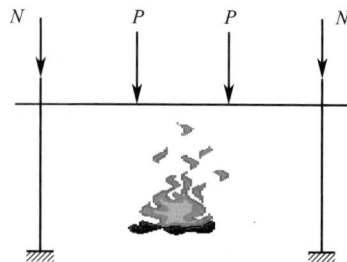

图 4.1 框架结构的耐火试验模型及受力示意图

根据火灾炉尺寸、千斤顶加载能力等设计试件。同时考虑楼板吸热作用对温度场的影响及对框架刚度和承载力的影响,试件设计时考虑楼板。最终设计的框架试件尺寸如图4.2、图4.3所示。

实际中,型钢混凝土柱-钢筋混凝土梁应用较多,采用型钢混凝土柱-钢筋混凝土梁试件开展耐火性能试验。型钢钢材采用《钢结构设计标准》GB 50017—2017中的Q235B,纵筋采用《混凝土结构设计规范》GB 50010—2010中的HRB400钢筋,箍筋采用HRB400钢筋。型钢混凝土柱纵向受力钢筋直径为16mm,型钢混凝土梁纵向受力钢筋直径为14mm和16mm，箍筋直径10mm。钢筋混凝土板中布置受力钢筋和分布钢筋，直径均为10mm。梁柱主筋混凝土保护层厚度均为25mm。在框架耐火性能试验中，考虑梁荷载

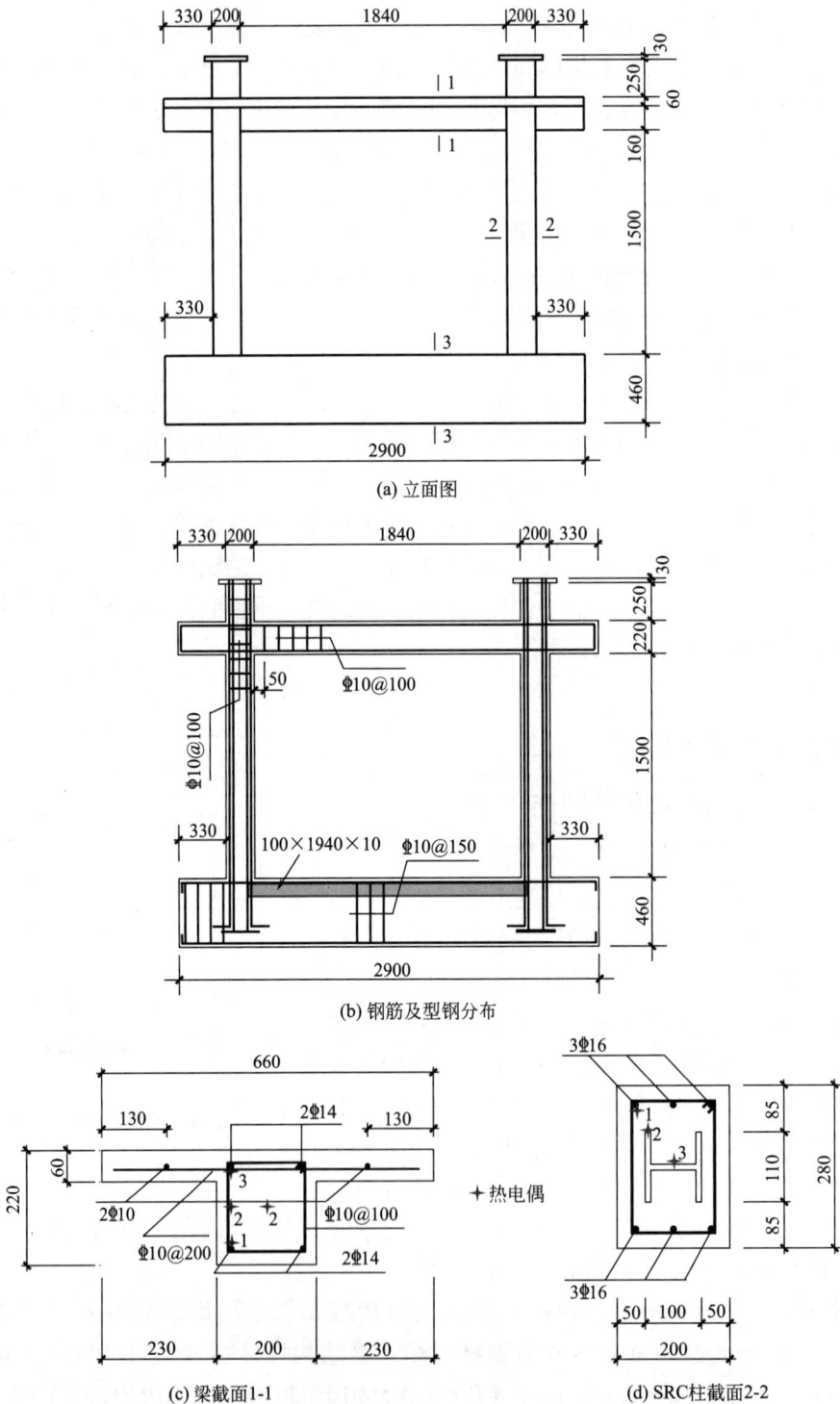

(a) 立面图

(b) 钢筋及型钢分布

(c) 梁截面1-1

(d) SRC柱截面2-2

图 4.2 框架标准试件的构造（单位：mm）（一）

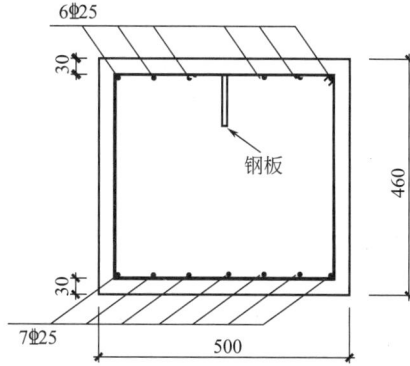

(e) 地梁截面3-3

图4.2　框架标准试件的构造（单位：mm）（二）

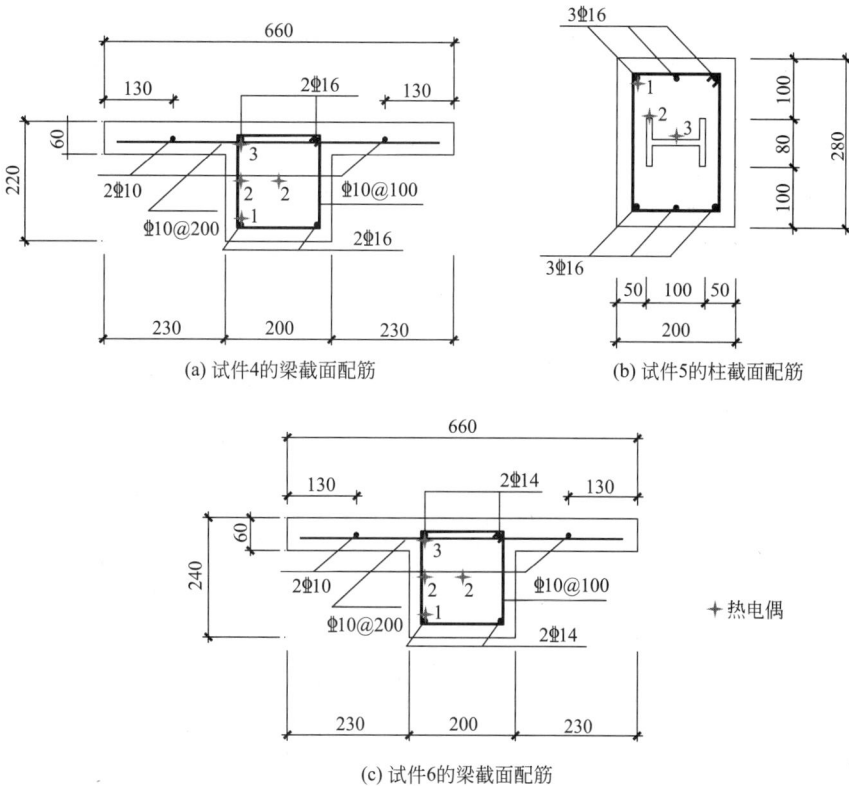

(a) 试件4的梁截面配筋

(b) 试件5的柱截面配筋

(c) 试件6的梁截面配筋

图4.3　非标准框架试件构造（单位：mm）

比、柱轴压比、梁配箍率、梁截面尺寸和柱含钢率等参数的变化，共设计6个试件。标准框架试件型钢混凝土柱截面尺寸 $b \times h$ 为280mm×200mm，钢筋混凝土梁截面尺寸 $b \times h$ 为200mm×220mm，框架柱中型钢截面为 H100×80×10×10。

　　试件2为标准试件，试件1和试件3分别为改变梁受弯荷载比和受剪荷载比的试件，试件1、2、3在构造上相同。试件4为改变框架梁纵向钢筋配筋率的试件，其截面纵筋为4Φ16，标准试件截面纵筋为4ϕ14，试件4的全部纵筋配筋率由标准试件的14%变为18.3%。试件5为改变柱截面含钢率的试件。标准试件配置型钢H100×110×10×10，柱截面含钢率为5.4%。试件5柱配置型钢H100×80×10×10，柱截面含钢率为4.3%。试件6改变梁高的试件。试件的详细参数见表4.1，试件材料性能见表4.2。

试件参数　　　　　　　　　　　　　　　　　　表4.1

试件编号	构造	变化参数	柱轴压比/梁受弯荷载/kN（荷载比）/梁受剪荷载比	破坏类型	耐火极限/min
试件1	图4.2	改变梁荷载比	0.49/132（0.6）/0.27	框架局部破坏形态：梁一端受剪破坏，一端受弯破坏	104
试件2	图4.2	标准试件	0.49/99（0.45）/0.20	框架局部破坏形态：梁受弯破坏	142
试件3	图4.2	改变梁荷载比	0.49/66（0.3）/0.14	第二类框架整体倒塌破坏形态：柱受压破坏，梁端受剪破坏	145
试件4	图4.3	改变梁纵筋配筋率	0.49/123.3（0.45）/0.25	第一类框架整体倒塌破坏形态：柱受压破坏，梁跨中受弯破坏，梁一端受弯破坏	144
试件5	图4.3	改变柱截面含钢率	0.53/99（0.45）/0.20	第一类框架整体倒塌破坏形态：柱受压破坏，梁跨中受弯破坏，梁一端受弯破坏	125
试件6	图4.4	改变柱轴压比、变化梁截面尺寸	0.33/78（0.3）/0.20	第二类框架整体倒塌破坏形态：左柱受压破坏，梁右端受弯破坏，梁跨中尚未破坏	194

试件材料性能　　　　　　　　　　　　　　　　　表4.2

材料类别	钢板厚度或钢筋直径/mm	弹性模量/MPa	屈服强度/MPa	抗拉强度/MPa
Q235	10	2.00×10^5	328	493
HRB400	10	1.96×10^5	634	651
	14	2.00×10^5	461	634
	16	1.96×10^5	413	587
	24	2.00×10^5	497	678

　　框架梁端截面的受剪荷载比为框架梁荷载之和与常温下框架梁两端受剪承载力之和的比值。框架梁的受弯荷载比为框架梁所受荷载与常温下框架梁的塑性极限受弯承载力之比。框架梁端截面常温下的受剪承载力按照《混凝土结构设计规范》GB 50010—2010计算。框架梁常温下的极限受弯承载力按照塑性极限荷载方法计算，即框架梁跨中和梁端均出现塑性铰时，框架梁承担的三分点集中荷载为梁的极限荷载P_u。出现塑性铰时梁截面弯矩近似取梁截面的受弯承载力，梁截面的受弯承载力按照《混凝土结构设计规范》GB 50010—2010计算。框架柱的轴压比定义为柱所受轴压力与柱的截面承载力之比，框架柱的截面

承载力定义为截面混凝土、型钢和钢筋的受压承载力之和。试验中，各试件梁内荷载根据表4.1确定，柱顶荷载为根据柱轴压比确定的荷载与梁上荷载一半的差值确定，这样就保证了柱轴压比与表4.1严格吻合。

试件4、试件5和试件6为标准构造试件，试件构造如图4.2所示。根据《混凝土结构设计规范》GB 50010—2010，图4.2中标准构造试件的框架梁梁端截面的受剪承载力为245kN。框架梁的极限受弯承载力以框架梁一个净跨三分点的极限荷载 P_u 表示，图4.2中标准构造试件的极限受弯承载力为110kN。图4.2中标准构造试件的柱截面承载力为3064kN。试件4为变化梁纵筋配筋率试件，框架梁的极限受弯承载力 P_u 为137kN，其余同标准构造试件。试件5为柱截面含钢率较小的试件，柱截面承载力2823kN，其余同标准试件。试件6为变化梁高的试件，框架梁梁端截面常温下的受剪承载力为255.5kN，框架梁的极限受弯承载力 P 为130kN，柱截面承载力3064kN。可见，所有试件框架梁的极限受弯承载力大于受剪承载力，框架梁实现了"强剪弱弯"。

此外，试件4框架梁端负弯矩承载能力为44.8kN·m，为所有试件的最大值。当柱轴压力分别为1000kN和1500kN时，图4.2中标准构造试件柱截面框架平面内方向的受弯承载力分别为89.3kN·m和77.2kN·m。对于柱截面含钢率较小的试件5，当柱轴压力 N 为1500kN时，柱截面框架平面内方向的受弯承载力为69.6kN·m。上述柱截面的受弯承载力均大于试件4梁端的负弯矩承载能力。可见，在框架平面内，试件均满足《建筑抗震设计规范》GB 50011—2010的"强柱弱梁"的抗震设计要求。

4.2.2 试验装置和测试内容

4.2.2.1 试验装置

火灾升降温试验装置主要包括三部分：高温试验炉、加载设备及数据采集设备。

高温试验炉炉膛的净尺寸为3m×3m×2m，高温试验炉的设计温度为1200℃，最长耐火时间长达240min。在柱顶施加集中荷载，在梁净跨内的净跨三分点施加梁集中荷载。柱顶采用2000kN液压千斤顶加载，梁跨中采用200kN液压千斤顶加载。加载与测量试验装置如图4.4所示。加载装置示意图如图4.5所示。图4.5中 l 为柱中距，l_0 为柱净距。

4.2.2.2 量测内容

1. 温度

（1）炉膛温度

记录升温过程中炉膛内平均温度（称为平均炉温，用 T 表示）的变化。

（2）试件内部温度

试验过程中，在试件内部埋设热电偶测试框架试件梁柱截面测点在升温过程中的温度变化，采用镍铬–镍硅型铠装热电偶。

在梁跨中截面及梁端部截面、柱高中间截面及柱端部截面布置温度测点，测温截面的具体位置如图4.6所示。左柱测温截面C1位于柱高中间位置，代表柱中部的温度。右柱的测温截面C2位于距离梁底以下300mm处，代表柱端部的温度。截面B3位于框架梁跨中，截面B4位于梁端部。每个测温截面布置3个热电偶，截面上的热电偶测点布置如图4.1、图4.2所示。

(a) 加载及测量装置

(b) 高温炉中的试件

图 4.4 框架结构耐火性能试验装置

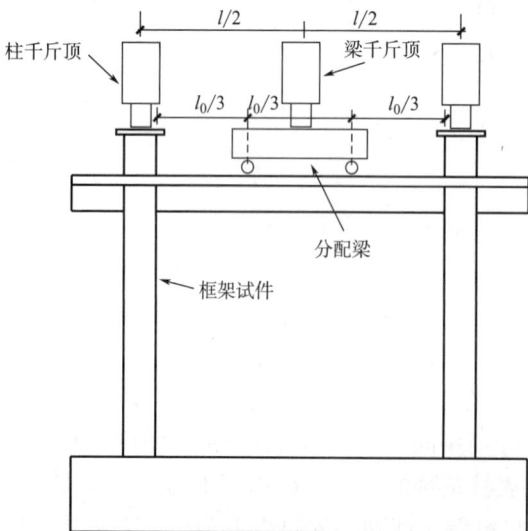

图 4.5 框架加载装置示意图

温度测点编号的形式为截面号–测点编号，例如柱测温截面C1测点1、2、3编号分别为C1–1、C1–2和C1–3，其余梁柱截面测点编号可根据上述规则确定。

2. 位移

试验过程中测量柱顶和梁跨中竖向位移，梁柱顶和梁跨中安装位移计（LVDT），测量柱顶和梁跨中顶面的竖向位移。每个柱顶和梁跨中均设置两个位移计，柱顶位移取两个位移计的平均值，两柱顶的平均位移分别记为位移计1（LVDT1）和位移计2（LVDT2），跨中位移平均值记为位移计3（LVDT3）。为了解框架的整体水平侧移及两个框架柱的相对水平位移，在框架柱顶布置两个水平位移计（LVDT4和LVDT5），在受火过程中测量两框架柱顶的水平位移，两柱顶水平位移平均值定义为框架整体侧移，两柱顶水平位移之差为两框架柱的相对侧移。各位移测点的布置如图4.6所示。

3. 耐火极限

根据试件的破坏特征、裂缝宽度、变形特征等表征破坏程度的现象判断试件是否已经破坏。同时，考虑试验测得的柱竖向位移和梁跨中挠度，参考ISO 834关于受弯构件和受压构件耐火极限的判定标准判断试件是否达到耐火极限。由于ISO 834关于受弯构件和受压构件的耐火

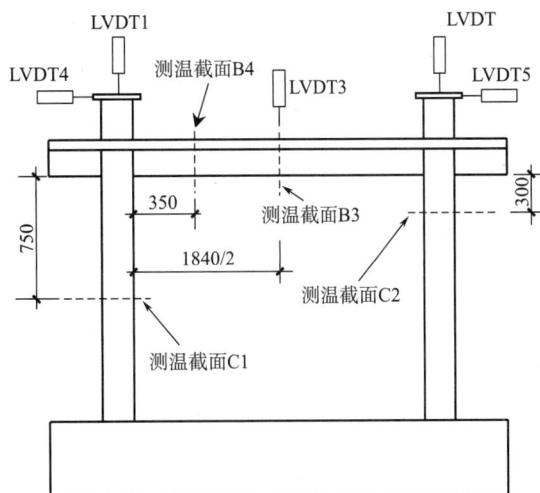

图4.6　测温截面及位移计布置（单位：mm）

极限判定标准主要为实验室的耐火极限检测服务，这里的主要目的是探讨试件高温下的破坏机理，这里综合ISO 834标准规定和框架试件的破坏程度作为框架试件的耐火极限判断标准，以期与实际更加符合。

ISO 834规定了耐火试验时梁柱构件的耐火极限判断标准。根据ISO 834，对于轴向承重构件，当构件的变形超过以下任一判定标准时，即认为构件丧失承载能力，具体判别式如下：

极限轴向压缩变形量：$C = \dfrac{h}{100}$　　　　　　　　　　　　　　　　（4.1-a）

极限轴向压缩变形速率：$\dfrac{\mathrm{d}C}{\mathrm{d}t} = \dfrac{3h}{1000}$　　　　　　　　　　　　　　（4.1-b）

式中　h为柱初始受火高度（mm）。

本章试件柱受火长度为1500mm，耐火极限判断标准分别为$C=15$mm和$\mathrm{d}C/\mathrm{d}t=4.5$mm/min。

同时，ISO 834规定受弯构件的耐火极限判定标准为下面的两个标准（依据变形速率的判定在变形量超过$L/30$之后才可应用）。

极限弯曲变形量$D \geqslant \dfrac{L^2}{400d}$　　　　　　　　　　　　　　　　（4.2-a）

极限弯曲变形速率$\dfrac{\mathrm{d}D}{\mathrm{d}t} = \dfrac{L^2}{9000d}$　　　　　　　　　　　　　（4.2-b）

式中　D为构件的极限弯曲变形量（mm），L为试件计算跨度（mm），d为试件截面上抗压点和抗拉点之间的距离（mm）。

根据本章框架梁的跨度及配筋情况，受弯构件耐火极限判断标准为：（1）$D=54$mm；（2）$\mathrm{d}D/\mathrm{d}t=2.4$mm/min且$D \geqslant 61.3$mm。

4.2.3 试验过程

4.2.3.1 耐火试验

耐火试验包括如下过程：

（1）试件的安装就位

试件安装时保证位置正确、准确。

（2）封炉

将试件内部预留的热电偶引出线拔出后，封闭炉壁和楼盖。

（3）安装柱顶千斤顶

安装过程中保证柱顶千斤顶与柱子截面对中。

（4）安装数据采集装置

将热电偶、柱顶位移计、梁跨中位移计与数据采集装置相连接。

（5）试件预加载测试

按照试件设计荷载值的60%进行预加载，同时检查采集仪器、位移计、力传感器、热电偶等是否正常工作，数据是否合理。

（6）柱和梁加载

首先对梁进行加载，然后对柱进行加载。对梁柱逐级施加荷载至试验设计值，之后保持梁柱荷载稳定，记录此时柱顶和梁跨中测点位移大小。

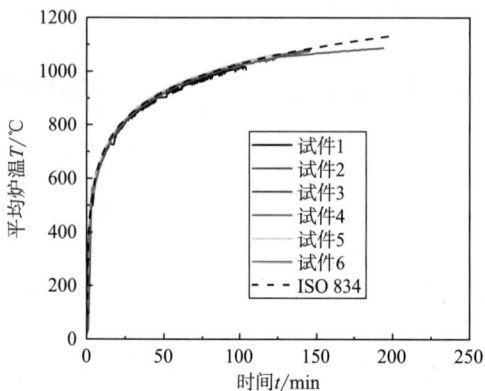

图4.7 试验平均炉温与 ISO 834 标准升温曲线的比较

（7）耐火试验

保持梁柱荷载大小不变，炉内平均温度按照 ISO 834 标准升温曲线进行升温，升温过程中测试测点温度及测点位移随时间的变化。当梁跨中变形或柱轴向变形达到其耐火极限的破坏标准时，即可停止升温，卸除柱顶荷载和梁荷载。

试验中，各试件试验平均炉温（T）–时间（t）关系曲线与 ISO 834 标准升温曲线的比较如图4.7所示。从图4.7可见，在试验后期试件6平均炉温与 ISO 834 标准升温曲线存在一定的偏差，其余试件与 ISO 834 标准升温曲线基本吻合。

4.3 框架的总体破坏形态

耐火试验中，框架的破坏有两类典型的破坏形态。第一类为框架梁破坏形态，破坏范围局限于框架梁，称为框架的局部破坏形态。第二种为框架整体倒塌破坏形态，这类破坏形态中，框架柱和框架梁均发生破坏。两种典型的破坏形态如图4.8所示。

如图4.8（a）所示，在框架局部破坏形态中，框架梁发生破坏，破坏的范围局限于框架梁本身，框架柱没有发生破坏。结构的破坏范围较小，不会引起框架整体结构的破坏，称为框架的局部破坏形态。在框架局部破坏形态中，框架梁可能发生受剪破坏、受弯破坏或弯剪破坏。试件1和试件2火灾下出现了框架局部破坏形态，即框架梁破坏形态。

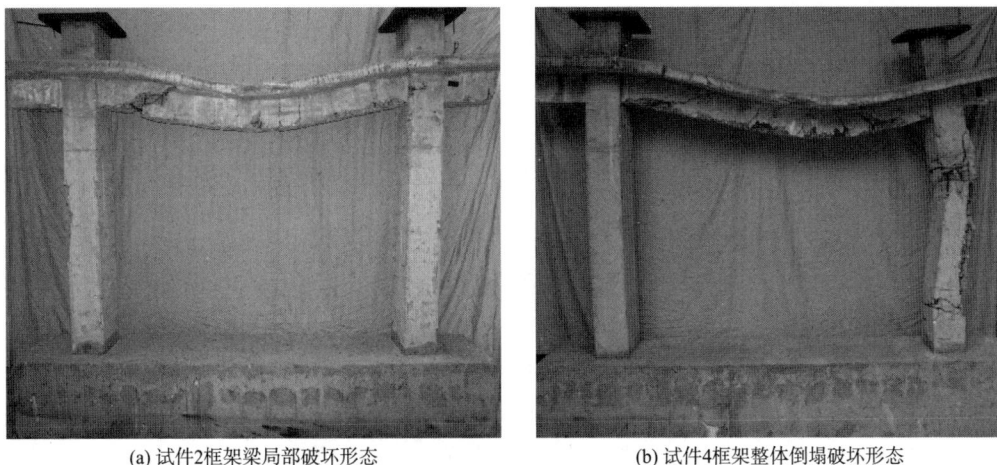

(a) 试件2框架梁局部破坏形态　　　　　　　　　(b) 试件4框架整体倒塌破坏形态

图4.8　火灾下型钢混凝土框架结构典型的破坏形态

如图4.8（b）所示，在框架整体倒塌破坏形态中，框架柱发生受压破坏。由于框架梁以柱为支座，框架柱发生破坏后，靠近破坏的框架柱的框架梁端失去支撑而下降，远离破坏的框架柱的框架梁端截面发生受弯或受剪破坏。这种破坏形态框架柱和框架梁均破坏。这种破坏形态中，发生破坏的构件至少包括一根柱和一根梁，结构破坏范围较大，称为框架整体倒塌破坏形态。试验表明，试件3、试件4、试件5和试件6发生了框架整体倒塌破坏形态。这种破坏形态中，试件4和试件5框架梁的挠曲变形较大，框架梁跨中出现受弯破坏，称为第一类框架整体倒塌破坏形态。试件3和试件6的框架梁跨中没有发生受弯破坏，仅框架梁一端发生破坏，称为第二类框架整体倒塌破坏形态。

4.4　框架局部破坏形态

4.4.1　试件1

4.4.1.1　温度场分布及发展规律

试验测得的试件1柱测温截面C1和C2、梁截面B3和B4各测点温度（T）-时间（t）关系曲线分别如图4.9、图4.10所示。柱测温截面C1和C2各测点温度（T）-时间（t）关系曲线如图4.9所示。比较截面C1和C2对应位置测点的温度-时间曲线，发现同一时刻相同测点C1截面的温度大于C2截面的温度。例如，时间为104min时，C1-1的温度为695℃，C2-1的温度667℃；C1-2的温度为299℃，C2-2的温度为286℃；C1-3的温度为253℃，C2-3的温度为223℃。截面C1位于柱高中间，截面C2靠近梁柱节点核心区。可见，柱高中间截面的温度高于柱端部截面。由于梁柱节点核心区的吸热作用，使得柱端部温度较中部温度低。

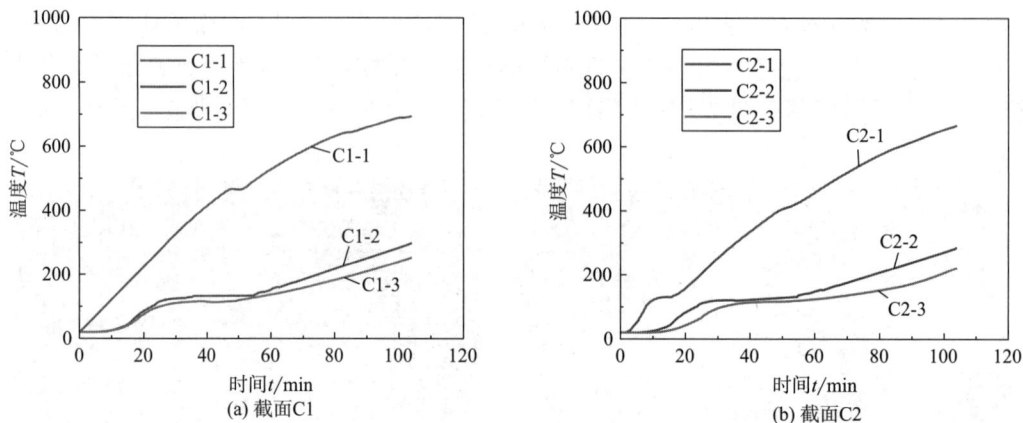

图4.9 试件1柱截面温度（T）–时间（t）关系曲线

梁测温截面B3和B4各测点温度（T）–时间（t）关系曲线如图4.10所示。截面B3位于梁跨中，截面B4位于梁端，两截面中测点1和测点3位置相同，而测点B3–2位于梁截面宽度和高度的中心位置，测点B4–2位于梁箍筋侧边的中间位置。从图4.10可见，两测温B3和B4测点1的温度大于测点2和测点3的温度，因为测点1位于梁截面最下和最外部，保护层厚度最小。而且测点B3–1的温度大于测点B4–1，这是因为截面B3位于梁跨中，而节点B4靠接节点核心区。可见，梁端截面温度较跨中截面低。两截面测点B3–2和B4–2温度相近，这是因为测点3位于梁截面中心，测点温度较低，差别不大。从图4.10（b）可见，在梁端部截面，测点B4–2的温度明显低于B4–1的温度，说明梁箍筋侧边中部的温度明显低于底部的温度。

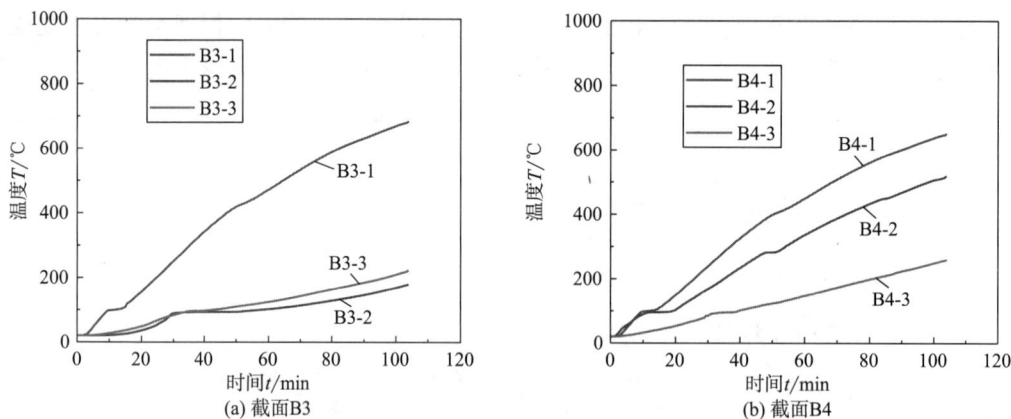

图4.10 试件1梁截面温度（T）–时间（t）关系曲线

4.4.1.2 试验现象及破坏特征

试验完成后，试件1在高温炉内的破坏形态如图4.11所示，框架整体破坏形态如图4.12所示。

图4.11　试件1在炉内破坏形态

从图4.11、图4.12可见，试件1框架柱基本完好，除左侧框架柱的外侧角部位出现了少量混凝土剥落，框架柱没有发生破坏。而框架梁出现了较大的挠曲变形，并发生破坏。可见，火灾下，试件1框架发生了梁破坏，而柱基本保持完好，没有发生破坏，这种破坏形态称为框架梁破坏形态。为了与整体倒塌破坏形态相区别，这类称为框架局部破坏形态。在框架局部破坏形态中，可根据框架梁的跨中挠度（f）–时间（t）关系曲线，参考ISO 834关于受弯构件的耐火极限判断标准，即公式（4.2），确定试件1的耐火极限为104min。

图4.12　试件1框架整体破坏形态

试件1框架梁的破坏形态如图4.13所示。从图4.13可见，框架梁整体出现较大的挠曲变形，框架梁跨中呈现明显的受弯破坏形态，框架梁左端出现受剪破坏，框架梁右端出现受弯破坏。

试件1框架楼板顶面的裂缝分布如图4.14所示。从图4.14可见，框架楼板顶面的梁端部出现数量较多的较宽裂缝，框架梁端第一条裂缝靠近框架柱内侧。框架右侧楼板顶面靠近柱的第一条横向裂缝宽度最大，越往里裂缝宽度越小，但总体说来，框架右侧楼板顶面裂缝数量较少，裂缝宽度较大。与框架右侧相比，框架左侧楼板顶面裂缝数量较多，裂缝分布范围较大，裂缝分布范围位于梁净跨的三分处至梁端之间。框架左侧楼板顶面裂缝宽度小于框架右侧，而且裂缝间距较右侧小。结合图4.13中框架梁的破坏形态，楼板为梁的顶面，楼板右端较宽、数量较少的裂缝对应梁端的受弯破坏。而楼板左端靠近柱的裂缝是由于框架梁受弯引起的，而靠近框架梁跨内净跨三分点的混凝土开裂是由于梁端斜裂缝顶端处于剪压区，混凝土受剪压导致压碎引起的。

从图4.13可见，框架梁跨中约500mm范围内出现5条明显的受弯裂缝，裂缝间距约为100mm，与箍筋间距接近，表示在梁纯弯区段内正截面受弯裂缝易出现在箍筋所在截面，并进一步开展。框架梁跨中部分变形详图如图4.15所示。从图4.15可见，梁跨中部位的最大裂缝宽度达到10mm，裂缝开裂深度达到楼板底面，裂缝开展深度较深。框架梁跨中楼板侧面受压破碎并脱落，表明框架梁顶楼板受压。框架梁受弯裂缝集中出现在梁跨中部位，梁截面上部出现楼板受压破坏。可见，框架梁跨中出现了较大的集中受弯变形，表明框架梁跨中出现了塑性铰，达到受弯极限状态。

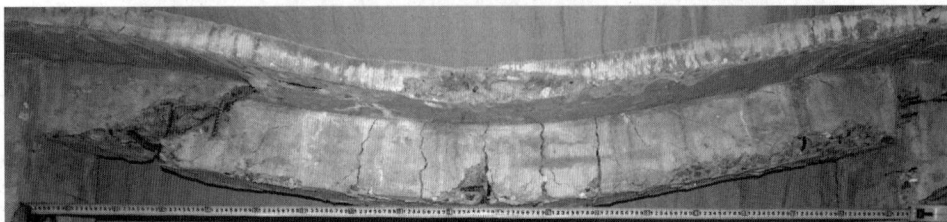

图 4.13　试件 1 框架梁破坏形态

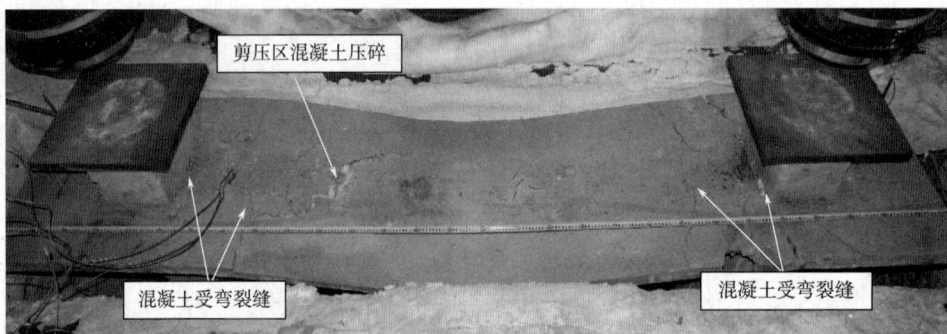

图 4.14　楼板破坏形态

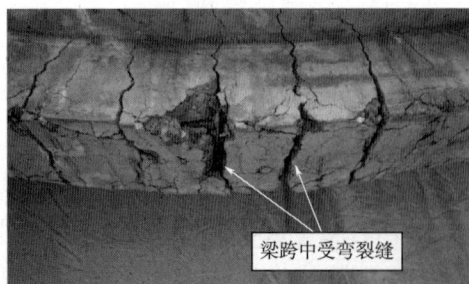

图 4.15　试件 1 框架梁跨中受弯破坏详图

从图4.13可见，框架梁左端出现一条临界斜裂缝，该斜裂缝详见图4.16。从图4.16可见，该条斜裂缝宽度较大，宽度约20～50mm。斜裂缝底端距离柱边约200mm，斜裂缝顶端距离柱边约500mm，临界斜裂缝顶端接近集中荷载作用点。从图4.14可见，框架梁楼板顶面左侧靠近集中荷载作用点处出现混凝土压碎带，为临界斜裂缝的剪压区混凝土压碎所致。由于

图 4.16　试件 1 框架梁左端斜裂缝详图

靠近节点的梁端部温度较梁正常位置截面低，斜裂缝并未开始于柱边，而是往里延伸约 200mm 的距离。该临界斜裂缝位于梁端负弯矩产生的弯剪斜裂缝和梁跨内正弯矩产生的弯剪斜裂缝之间，是梁端负弯矩弯剪斜裂缝和梁跨内正弯矩弯剪斜裂缝的重合裂缝，实际上该临界斜裂缝为一裂缝带。

从图 4.16 还可见，与临界斜裂缝相交的箍筋出现受拉颈缩并断裂的现象，左侧箍筋断裂位置位于斜裂缝位置，并靠近梁底纵筋。右侧箍筋断裂位置位于斜裂缝下部，也靠近梁底纵筋，并未与斜裂缝相交。前述 B4 截面温度场测试结果表明，箍筋的温度越靠近梁底，温度越高，致使箍筋并未在斜裂缝处拉断，而是在靠近纵筋的位置拉断。因此，进行高温下框架梁的抗剪设计时，箍筋的温度应取靠近下部纵筋处的温度。

从图 4.13 和图 4.14 可见，在框架梁右端，并未发生明显的临界斜裂缝，而在梁顶面出现 3 条较宽的横向裂缝，这些裂缝贯穿整个楼板宽度，框架梁右端呈现明显的正截面受弯破坏形态。此外，从图 4.13 还可看出，在梁右端的弯剪区段，出现数条斜裂缝，但这些斜裂缝宽度较小，梁右端没有发生斜截面破坏。可见，高温下试件 1 框架梁跨中出现受弯破坏，梁右端出现受弯破坏，梁左端出现受剪破坏。

试件 1 框架梁两端的受力大小和温度非常接近，但试件 1 框架梁一端发生受弯破坏，另一端发生受剪破坏，这说明该情况下框架梁两端的受剪承载力和受弯承载力相等。通常，寻找框架梁两端受弯承载力和受剪承载力相等的情况较困难，而我们在试件 1 的试验中偶然地发现了这一较为罕见的情况。

试件 1 框架梁受弯荷载比为 0.6，受剪荷载比为 0.27，受弯荷载比大于受剪荷载比，依据荷载比的大小梁端应发生受弯破坏。而框架梁箍筋位于梁截面外部，火灾下温度较高，高温下箍筋的强度劣化程度较大，而梁箍筋提供的受剪承载力是梁截面受剪承载力主要组成部分之一。因此，相对于抗弯承载力随高温的劣化，高温导致框架梁的受剪承载力劣化的程度更大，尽管框架梁的受剪荷载比小于受弯荷载比，试件1框架梁仍发生了框架梁端截面的受剪和受弯等强度破坏。

4.4.1.3 变形

（1）柱竖向位移

试验测得的框架柱柱顶竖向位移（v）–时间（t）关系曲线如图4.17所示。图中负的位移表示柱被压缩，正的位移表示柱受热膨胀。从图中可见，受火前期，两柱的竖向变形基本为0。受火45min之后，柱开始出现压缩变形，而且右柱的压缩变形略大于左柱。当梁达到耐火极限时，右柱的竖向位移为–3.21mm，左柱的竖向位移为–1.77mm。由于两柱的温度和材料存在较小差别，导致两柱的竖向位移也存在较小差别。可见，随温度升高，两柱的竖向位移增大，但当梁发生破坏时，柱的竖向位移还较小，柱尚未破坏。

（2）梁跨中挠度

框架梁跨中挠度（f）–时间（t）关系曲线如图4.18所示。从图4.18可见，受火过程中，梁跨中挠度缓慢增大。受火后期梁跨中竖向位移快速增大，梁的跨中挠度达到104.6mm，梁发生破坏。

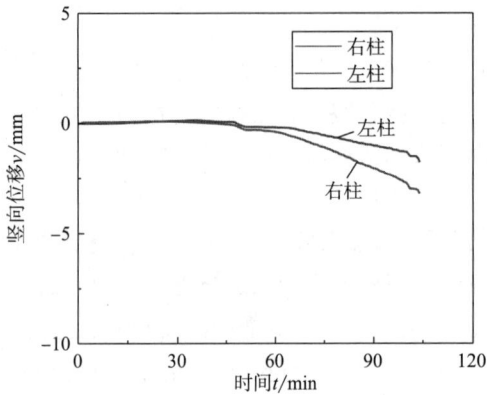

图4.17　框架柱顶竖向位移（v）–时间（t）关系曲线

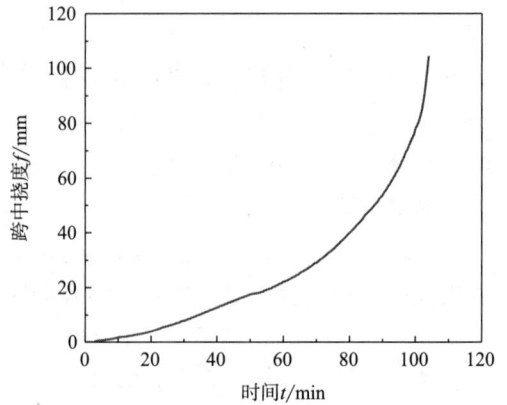

图4.18　框架梁跨中挠度（f）–时间（t）关系曲线

（3）框架整体侧移及框架柱相对侧移

框架整体侧移（u）为两柱顶端水平位移的平均值。框架整体侧移（u）–时间（t）关系曲线如图4.19所示。图中正值表示框架整体向左偏移，负值表示整体向右偏移。可见，受火过程中，试件整体呈现出向左偏移的情况。当时间t=101min时，最大偏移距离9.5mm。当t大于101min后，框架整体侧移开始恢复，最终的整体侧移为6.4mm。可见，在竖向荷载作用下，受火过程中框架发生明显的整体侧移。

框架柱相对侧移（w）为两框架柱顶水平位移的差值，正值表示两柱顶相互远离，负值表示两柱顶靠近。框架柱相对侧移（w）–时间（t）关系曲线如图4.20所示。从图中可见，受火过程中，两柱顶相互远离，相对位移最大值19mm。可见，由于框架梁受热膨胀导致柱顶相互远离，当框架梁挠曲变形明显增大时，柱顶相对侧移有所减小，但两柱之间仍相互远离。

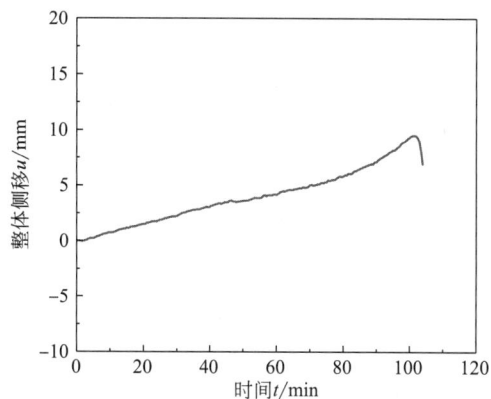

图 4.19　框架整体侧移（u）–时间（t）关系曲线

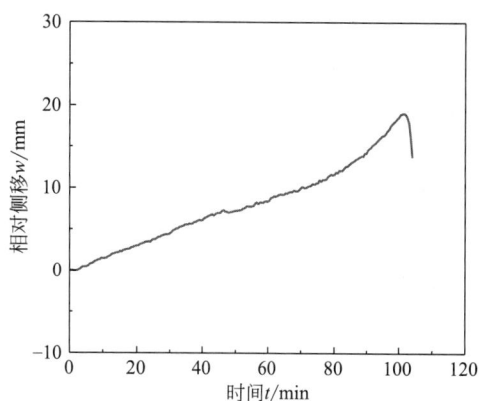

图 4.20　框架柱相对侧移（w）–时间（t）曲线

4.4.2　试件2

4.4.2.1　温度场分布及发展规律

试验测得的试件2柱截面各测点温度（T）–时间（t）关系曲线如图4.21所示。从图 4.21可见，同一柱截面外部测点1的温度远大于中间测点2和测点3的温度。对于截面C1，至耐火极限142min时，测点1的温度达到789℃，测点2、3的温度分别为467℃和450℃。对于C2截面，至耐火极限142min时，测点1的温度达到727℃，测点2、3的温度分别为428℃和384℃。截面C1的测点的温度大于截面C2相应测点的温度。截面C1位于柱中间，截面C2位于柱端，由于节点核心区吸热的影响，C2截面各测点温度均偏低。可见，由于梁柱节点核心区吸热的影响，柱端截面温度略低于柱中截面的温度。

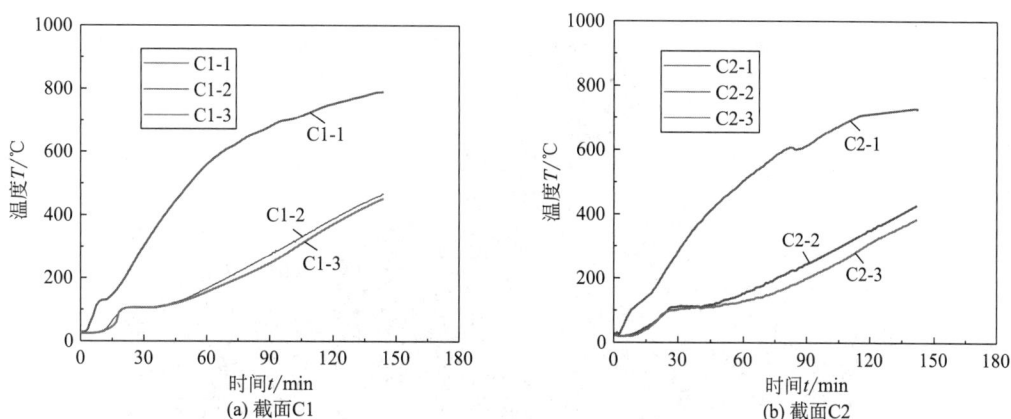

(a) 截面C1

(b) 截面C2

图 4.21　试件2柱截面测点温度（T）–时间（t）关系曲线

试验测得的试件2梁截面B3和B4各测点的温度（T）–时间（t）关系曲线如图4.22所示。截面B2和B4测点1和测点2位置相同。从图4.22可见，在同一截面上，截面测点1 的温度大于测点2和测点3的温度。时间为142min时，梁B3截面测点1和测点3温度分别为733℃和353℃，梁B4截面测点1和测点3温度分别为716℃和282℃。可见，由于节点核心区的吸热作用，梁端截面温度低于跨中相应测点的温度。从图4.22（b）可见，测点B4-2温度低于测点B4-1。可见，随位置往下移动，梁箍筋侧边的温度逐渐升高。

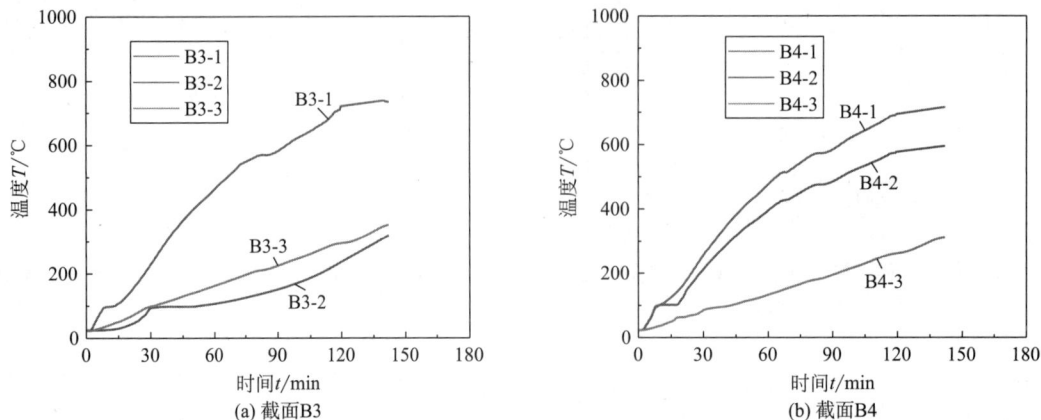

图 4.22   试件 2 梁截面测点温度（T）–时间（t）关系曲线

4.4.2.2   试验现象及破坏特征

试验完成后试件2在炉内的变形和破坏形态如图4.23所示，试件2的整体破坏形态如图4.24所示，试件2的右柱破坏形态如图4.25所示。从图4.23和图4.24可见，试件2框架柱基本完好，没有发生破坏。但从图4.25可见，右柱中上部的内侧已经发生混凝土受压裂缝，表明右柱接近受压破坏。试件2框架梁发生明显的挠曲变形，从后面的框架梁跨中挠度（f）–时间（t）关系曲线可以判断出框架梁发生了破坏。可见，试件2发生了框架梁破坏，而框架柱没有破坏，试件2的破坏形态为框架梁局部破坏。

图 4.23   试件 2 在高温炉内的破坏形态

试件2楼板的破坏形态如图4.26所示。从图4.26可见，试件楼板两端均出现明显的横向裂缝，横向裂缝宽度较大。框架楼板右端出现3条裂缝，框架楼板左端出现2条裂缝，楼板两端的第一条裂缝均出现在柱边。框架楼板两端的横向裂缝为受弯裂缝，由框架梁端

图 4.24 试件 2 的整体破坏形态

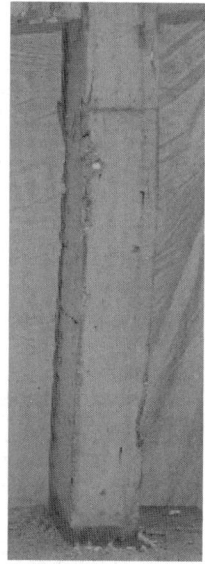

图 4.25 试件 2 右柱局部破坏形态

负弯矩引起。而且裂缝宽度较大,表明框架梁两端截面负弯矩钢筋出现受拉屈服,梁端截面出现塑性铰,并出现受弯破坏。从图4.26梁端裂缝分布和裂缝宽度看,框架梁两端出现负弯矩方向的受弯破坏。由于框架梁端负弯矩最大,梁端靠近柱边的裂缝为临界受弯裂缝。

试件2框架梁总体破坏形态如图4.27所示。从图4.27可见,框架梁出现较大的挠曲变形,框架梁跨中出现数条明显的受弯裂缝,裂缝宽度较大,裂缝延伸至楼板底面,裂缝开展深度也较大。裂缝间距仍与箍筋间距大致相同。框架梁跨中裂缝分布如图4.28所示,从图中可见,框架梁跨中受弯裂缝宽度较大,开裂深度较大,表明框架梁跨中出现塑性铰,并出现受弯破坏。

从上面分析知,火灾下框架梁的跨中和梁端均出现塑性铰,框架梁成为机构,框架梁达到了火灾下的承载能力极限状态,同时框架梁也达到了耐火极限状态。因此,框架梁跨中和梁端出现塑性铰可认为是火灾下框架梁的耐火极限状态,抗火设计时可采用此三塑性铰模型。

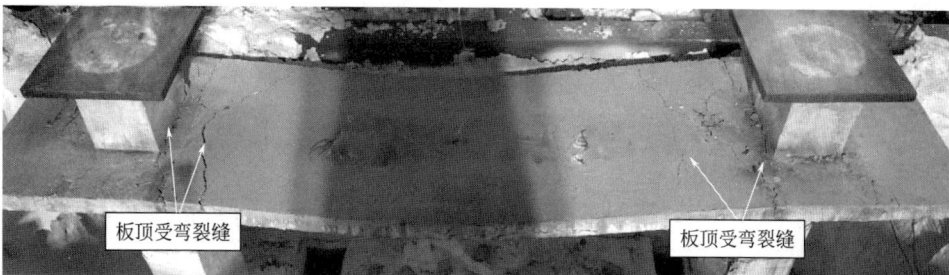

图 4.26 试件 2 楼板破坏形态

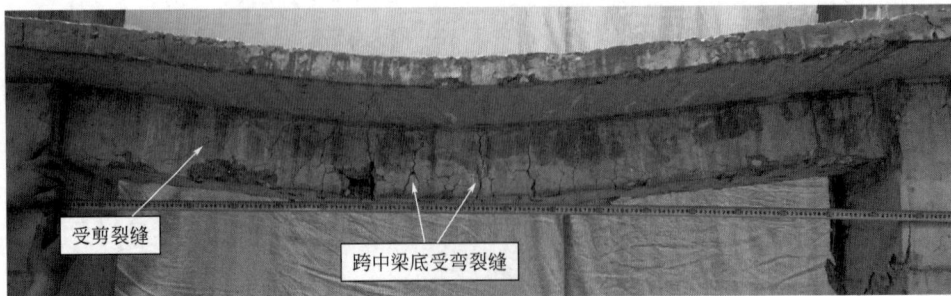

图 4.27　试件 2 框架梁总体破坏形态

图 4.28　试件 2 框架梁跨中裂缝分布

4.4.2.3　变形规律

（1）柱顶竖向位移

试验测得的框架柱顶竖向位移（v）–时间（t）关系曲线如图 4.29 所示。从图 4.29 可见，受火前期，柱顶竖向位移基本保持不变。受火后期，柱顶竖向位移向下增长较快。当梁发生破坏时，左柱和右柱的柱顶竖向位移分别达到了 4.6mm 和 5.7mm，数值较大，表明柱已经临近破坏。

（2）梁跨中挠度

梁跨中挠度（f）–时间（t）关系曲线如图 4.30 所示。从图 4.30 可见，受火前期，框架梁跨中挠度随时间增长缓慢增大。受火后期，梁

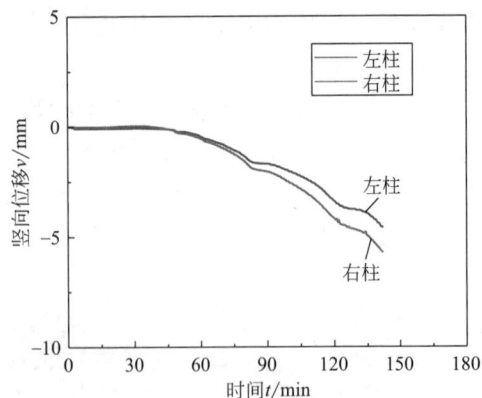

图 4.29　柱顶竖向位移（v）–时间（t）关系曲线

跨中挠度增长加快，至耐火极限时，梁挠度达到 79mm，火灾下框架梁达到破坏状态。

（3）框架整体侧移

框架整体侧移（u）–时间（t）关系曲线如图 4.31 所示。图中正值表示框架整体向左偏移，负值表示整体向右偏移。从图 4.31 可见，受火过程中，试件 2 整体侧移较小。

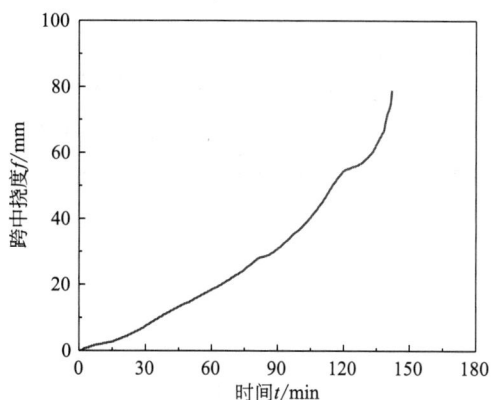

图4.30　框架梁跨中挠度（*f*）–时间（*t*）曲线

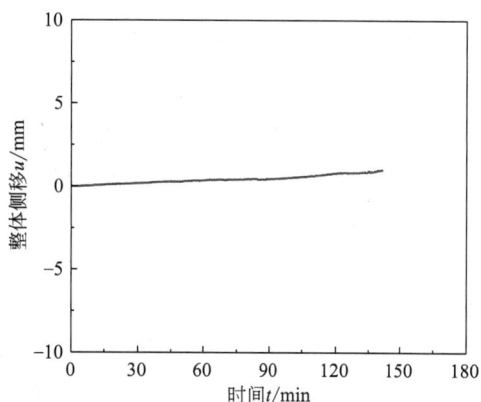

图4.31　试件2整体侧移（*u*）–时间（*t*）曲线

（4）柱顶相对侧移

两框架柱顶的相对侧移（*w*）–时间（*t*）关系曲线如图4.32所示。可见，受火后，两框架柱顶相互远离，相对侧移较大，达到9mm。框架梁的受热膨胀引起了框架梁的较大伸长变形，框架梁的热膨胀变形将产生较大的温度内力。

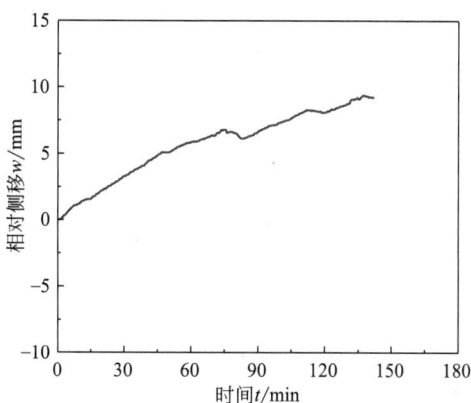

图4.32　柱顶相对侧移（*w*）–时间（*t*）关系曲线

4.5　框架整体倒塌破坏形态

试验中，试件3、试件4、试件5和试件6发生了一根框架柱受压破坏和框架梁一端受弯或受剪破坏，破坏的范围超过一个构件，破坏的范围较大，本章称为框架的整体倒塌破坏形态。这种破坏形态中，试件4和试件5的框架柱发生受压破坏，框架梁跨中和一端发生破坏，称为第一类框架整体倒塌破坏形态。试件3和试件6的框架柱发生受压破坏，框架梁一端发生受弯或受剪破坏，框架梁跨中没有发生受弯形态，称为第二类框架整体倒塌破坏形态。

4.5.1 试件3

试件3柱轴压比为0.49，梁受弯荷载比为0.30，梁端受剪荷载比为0.14。试件3发生了框架整体倒塌破坏，框架梁除端部截面出现受剪破坏外，其他位置没有发生破坏。试件3发生了第二类整体倒塌破坏形态，框架发生整体倒塌破坏时，以柱失效为标准确定框架结构的耐火极限。经判断，试件3框架结构的耐火极限为145min。

4.5.1.1 温度场分布和发展规律

试件3柱截面各测点温度（T）–时间（t）关系曲线如图4.33所示。从图4.33可见，同一柱截面外部测点1的温度远高于中部测点2和测点3的温度。而且同一截面上测点越靠内，温度越低。对于C1截面，至145min时，测点1的温度为820℃，测点2、3的温度分别为561℃和429℃。对于C2截面，至145min时，测点1的温度达到760℃，测点2、3的温度分别为433℃和395℃。可见，柱C1截面的测点1、2、3的温度均高于C2截面各测点的温度。可见，由于节点核心区吸热的影响，柱中间截面各测点的温度高于柱端截面相应测点的温度。

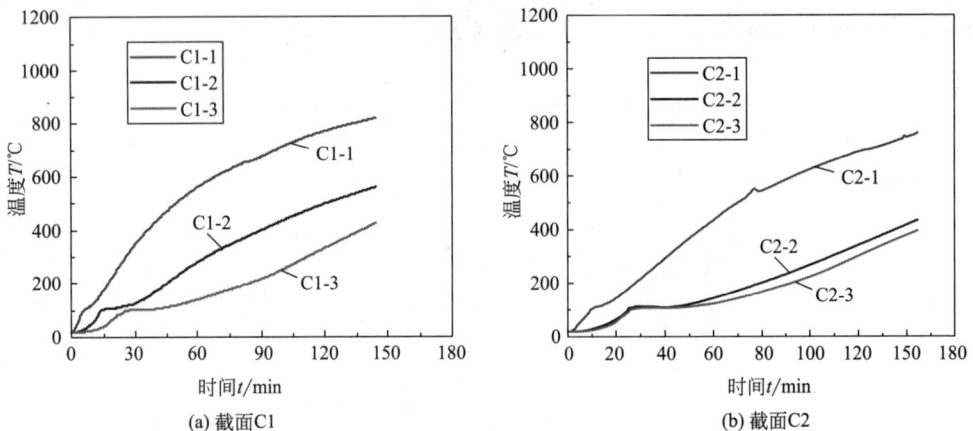

(a) 截面C1

(b) 截面C2

图4.33　试件3柱截面测点温度（T）–时间（t）关系曲线

试验测得的试件3梁截面B3和B4各测点的温度（T）–时间（t）关系曲线如图4.34所示。从图4.34可见，同一截面测点1的温度高于测点2和测点3的温度。时间为145min时，B3–1和B4–1的温度分别为712℃和696℃，B3–3和B4–3的温度分别为286℃和253℃。可见，相同测点梁端截面温度低于梁跨中截面测点的温度，这是由于节点核心区的吸热作用所致。

4.5.1.2 试验现象及破坏特征

试验完成后试件3在高温炉内破坏形态如图4.35所示。从图4.35可见，框架左柱出现受压破坏，混凝土被压碎，钢筋受压屈曲。右柱基本完好，没有出现受压破坏。框架楼板整体变形较小，框架右侧楼板顶面出现一条较宽的横向裂缝，向下发展为梁的弯剪斜裂缝。由于左侧框架柱的受压破坏，框架梁失去支撑，框架梁右端发生受剪破坏。这种破坏形态既包含框架柱的破坏，也包含框架梁的破坏，为框架的整体破坏形态。由于包含了框架柱的破坏，引起结构的整体倒塌，这种破坏形态称为框架的整体倒塌破坏形态。框架梁跨中没有发生受弯破坏，仅框架梁一端发生破坏，为第二类框架整体倒塌破坏形态。

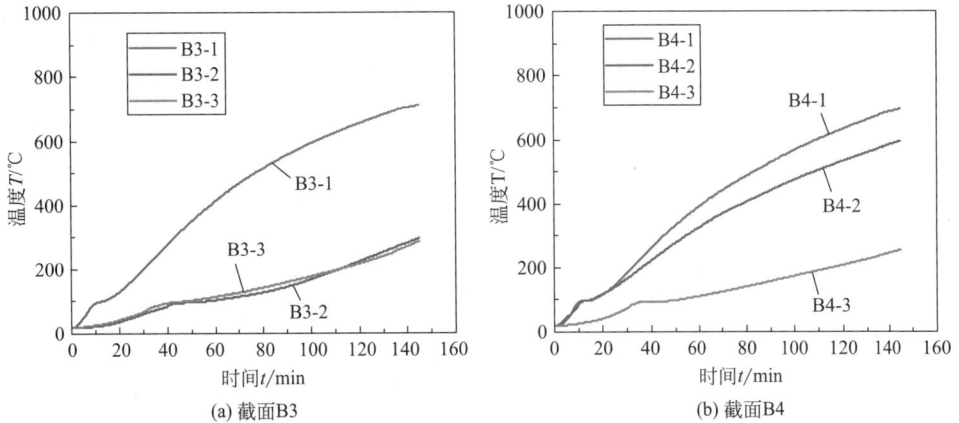

(a) 截面B3　　　　　　　　　　　(b) 截面B4

图4.34　试件3梁截面测点温度（T）– 时间（t）关系曲线

图4.35　试件3在高温炉内的破坏形态

试件3整体破坏形态如图4.36所示，其中柱的破坏形态如图4.37所示。从图4.36、图4.37可见，框架左柱发生受压破坏，右柱没有破坏。从左柱的破坏形态看，框架柱发生了框架平面外的轴心受压破坏，发生破坏的柱在框架平面内的破坏不明显。试件3框架梁的受弯荷载比较小，框架柱的偏心距较小，而且在框架平面内框架柱所受支撑作用较强，而在框架平面外，框架柱所受支撑作用较小，导致了框架柱出现了平面外的轴心受压破坏。

试件3楼板顶面的破坏形态如图4.38所示。从图中可见，楼板右端出现一条较宽的横向裂缝，该横向裂缝距离较近的柱边200mm。同时，在柱边也出现一条较宽的横向裂缝。试件3框架梁的破坏形态如图4.39所示。从图中可见，框架梁跨中部位出现了明显的受弯裂缝，裂缝开展深度可达楼板底面，但裂缝的宽度较小，表明梁下部纵向钢筋的应变不大，纵筋尚未屈服，梁跨中没有发生较大的挠曲变形，没有出现受弯破坏。在梁右端出现一条较宽的斜裂缝，该条斜裂缝即图4.38中楼板顶面裂缝向右下方延伸，是一条弯剪斜裂缝。除此之外，在紧靠柱边出现一条受弯裂缝，梁上这两条裂缝见图4.39（b）。从图4.38和图4.39可见，由于弯剪斜裂缝较宽，表明框架梁右端发生了受剪破坏。同时，梁端受弯裂缝宽度也较大，也接近受弯破坏。试件受力左右对称，但框架梁左端并没有发生破坏，框架梁右端的受剪破坏是由框架左柱受压破坏时，框架梁左端失去相应的支撑作用，框架梁呈现出类似悬臂梁的受力状态，导致框架梁右端破坏。因此，框架梁右端的受剪破坏是由框架柱破坏导致的，框架梁的这种破坏形态是框架整体倒塌破坏形态的必要组成部分。

图 4.36　试件 3 框架整体破坏形态

图 4.37　试件 3 柱破坏形态

图 4.38　试件 3 楼板顶面的破坏形态

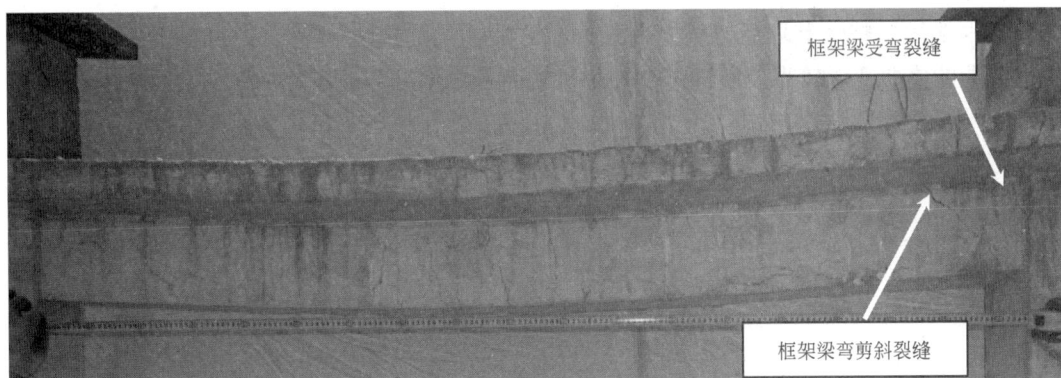

(a) 框架梁变形及破坏形态

(b) 框架梁右端裂缝

图 4.39　试件 3 框架梁破坏形态

4.5.1.3　变形规律

（1）柱顶竖向位移

试验测得的试件3框架柱顶竖向位移（v）–时间（t）关系曲线如图4.40所示。从图4.40可见，受火前期，柱顶竖向位移变化较小。受火后期，随温度升高，两柱出现压缩变形，而且柱压缩变形增加较快。至耐火极限时，左柱的压缩变形绝对值较大，变形速率较大，柱发生受压破坏。从图4.40还可见，左柱破坏时，右柱的压缩变形也达到了6.5mm，也接近破坏。由于实际上左右两框架柱的材料强度、截面尺寸、初始缺陷和温度等存在差异，左右两框架柱的承载能力略有差别，两根柱没有同时破坏。

（2）框架梁的挠度

试件3梁跨中挠度（f）–时间（t）关系曲线如图4.41所示。从图4.41可见，受火过程中，梁跨中挠度缓慢增大，受火后期梁跨中挠度快速增大。最后，当框架结构发生倒塌破坏时，框架梁的跨中挠度迅速增大，最大值达到63.2mm，卸载后挠度有所恢复。根据框架的总体破坏形态，框架梁的右端发生较大斜裂缝，框架梁的左端没有发生破坏，梁左端的转动主要是由于左框架柱破坏。因此，当左侧框架柱发生破坏时，框架梁左端发生转动和竖向位移，从而导致框架梁跨中位移突增。从上面的分析知，火灾下框架柱发生破坏时，框架柱作为梁的支座，一旦发生转动和竖向位移，将会致使框架梁的受力状态发生显著的变化。

当框架发生整体破坏后，梁上荷载卸载之后，梁的挠度恢复至53mm，因此，图4.41中框架梁的挠曲变形较小，裂缝宽度较小，梁尚未发生局部破坏。

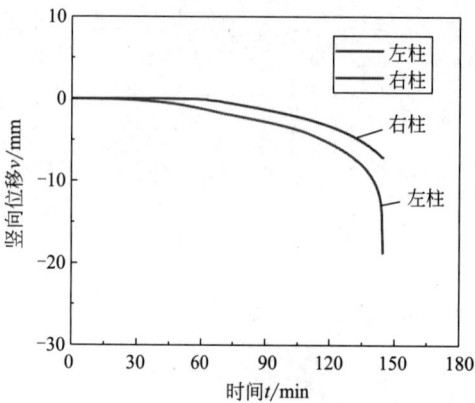

图4.40　柱顶竖向位移（v）–时间（t）关系曲线　　图4.41　试件3框架梁跨中挠度（f）–时间（t）曲线

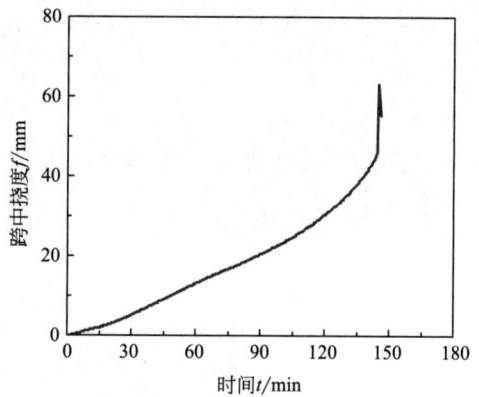

（3）整体水平侧移

框架整体水平侧移（u）–时间（t）关系曲线如图4.42所示。图中正值表示框架整体向左偏移，负值表示整体向右偏移。可见，受火过程中，试件整体呈现出向左侧偏移的情况，最大偏移距离约2.7mm。总体上，框架整体水平侧移不大。

（4）柱顶相对侧移

框架柱顶的相对侧移（w）–时间（t）关系曲线如图4.43所示。可见，受火过程中，两柱顶由于梁的受热膨胀而发生相互远离的位移，相对侧移最大值为8mm。

4.5.2　试件4

4.5.2.1　温度场分布和发展规律

以柱破坏为标准，试件4框架的耐火极限为144min。

试验测得的试件4柱截面各测点温度（T）–时间（t）关系曲线如图4.44所示。从图可见，同一柱截面外部测点1的温度远大于中部测点2和测点3的温度。对于C1截面，至耐火极限144min时，测点1的温度达到837℃，测点2、3的温度分别为475℃和404℃。对于

C2截面，至耐火极限144min时，测点1的温度达到780℃，测点2、3的温度分别为467℃和451℃。C1截面的测点1的温度高于C2截面测点1的温度，两截面的测点2、3温度基本一致。可见，由于节点吸热的影响，柱端温度稍低于柱中的温度。

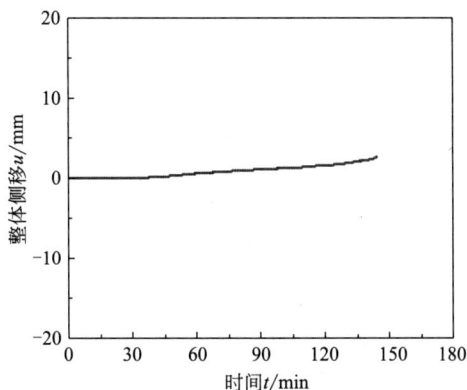

图4.42　试件3框架整体侧移（u）–时间（t）曲线

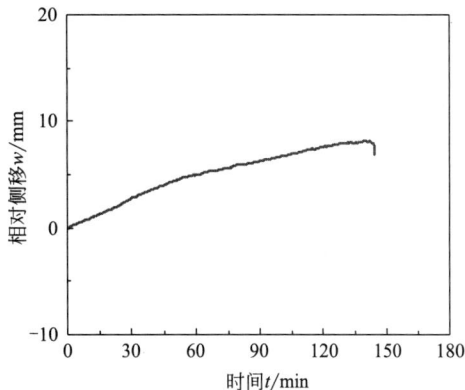

图4.43　试件3框架柱顶相对侧移
（w）–时间（t）关系曲线

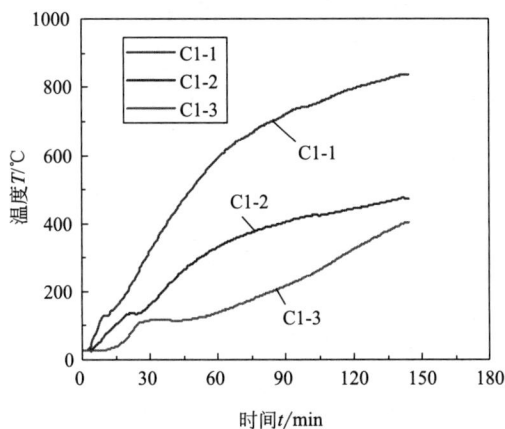

(a) 截面C1

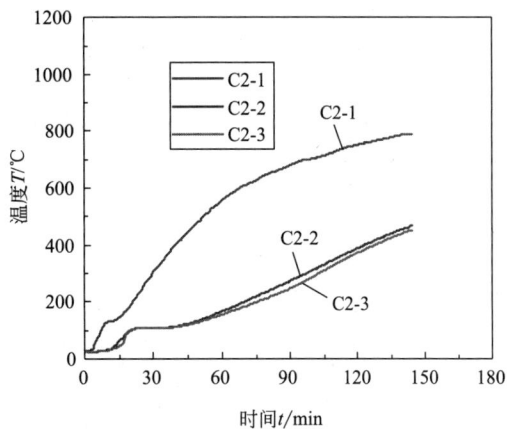

(b) 截面C2

图4.44　试件4柱截面测点温度（T）–时间（t）关系曲线

试件4梁截面B3和B4各测点的温度（T）–时间（t）关系曲线如图4.45所示。从图中可见，位于同一梁截面测点1的温度高于测点2和测点3的温度。

144min时，测点B3-1和B4-1的温度分别为728℃和710℃，测点B3-3和B4-3的温度分别为449℃和347℃。可见，相同测点梁端截面的温度较梁跨中截面低。从图4.45可见，梁箍筋侧边中间高度测点的温度低于截面下部纵筋处的温度。

4.5.2.2　试验现象及破坏特征

试验完成后试件4在高温炉中的破坏形态如图4.46（a）所示，框架整体破坏形态如图4.46（b）所示。从图4.46可见，试件4框架右柱发生了受压破坏，左柱没有发生破坏，但

(a) 截面B3 (b) 截面B4

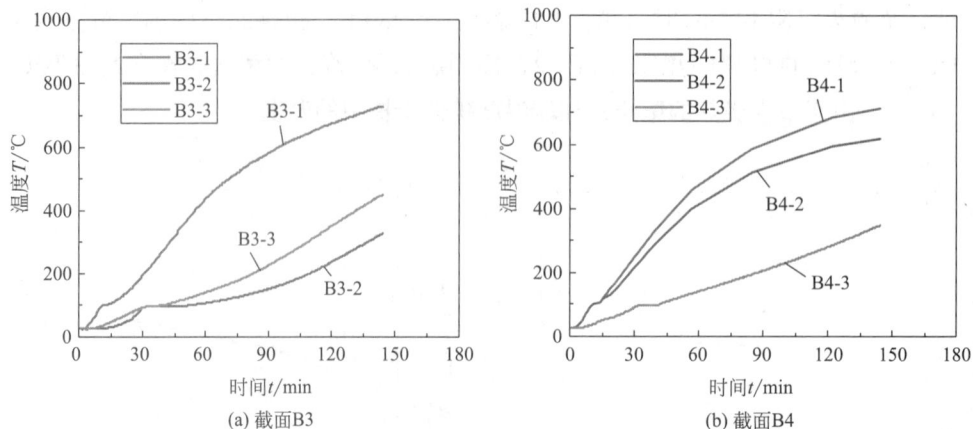

图 4.45　试件 4 梁截面测点温度（T）–时间（t）关系曲线

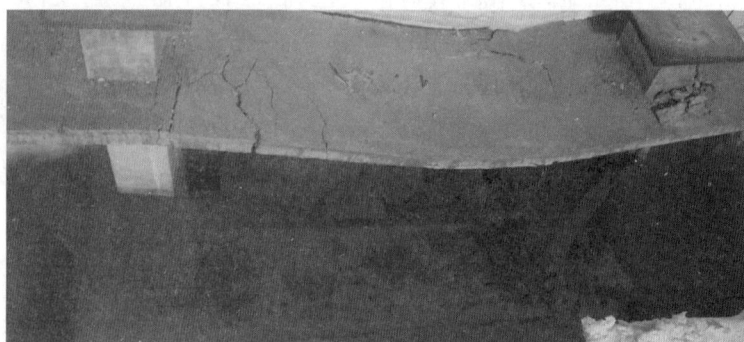

(a) 试件4在高温炉内的破坏形态

混凝土剥落

柱上部破坏部位

柱下部破坏部位

(b) 试件4整体破坏形态

图 4.46　破坏形态

左柱上部内侧角部混凝土脱落，表明左柱接近破坏，而且左柱的中上部所受弯矩最大，容易发生破坏。另外，框架梁发生了较大的挠曲变形，框架左端楼板顶部出现较多较宽的裂缝，裂缝宽度大于10mm，而楼板右端仅有1条细微的横向裂缝。可见，框架试件右柱发生受压破坏，框架梁左端发生受弯破坏，并接近剪破坏，破坏的构件包括框架梁和一根框架柱，框架发生了整体倒塌破坏形态，而且为第一类框架整体倒塌破坏形态。

从图4.46（b）可见，框架右侧柱发生了明显的平面内破坏，沿柱高框架柱出现了两个破坏截面，两个破坏截面分别位于柱上部及下部。柱总体变形为S形，两个破坏截面所处位置的柱曲率相反。由于框架梁受热膨胀，框架梁推动框架柱顶端向外移动，使得柱上下部弯矩符号相反。同时，由于框架梁高温下的挠曲变形，使得框架柱上部产生外侧受拉的弯矩，导致柱上部出现压弯破坏。在框架梁热膨胀变形作用下，框架柱下部出现内侧受拉的弯矩。最终，框架柱出现了弯矩符号相反的两个截面的压弯破坏。

框架梁总体破坏形态如图4.47（a）所示。从图4.47（a）可见，框架梁发生较大的挠曲变形，框架梁中部出现了较多较宽的受弯裂缝，表明框架梁中部受弯破坏较为严重。框架梁右端并没有发生严重的局部破坏，但框架梁右端因为框架右柱破坏而失去转动约束及竖向支撑，使得框架梁右端发生转动和竖向位移。框架梁左端发生明显的受弯变形和受剪变形，框架梁底混凝土受压区和剪压区混凝土被压碎。从梁端总体变形上看，框架梁左端发生受弯破坏，但也十分接近受剪破坏。试件4框架梁的受剪荷载比为0.25，受弯荷载比为0.45，常温下框架梁的两端和跨中应为受弯破坏，框架梁成为机构而破坏。高温下，箍筋位于梁截面外部，升温较快，框架梁受剪承载力降低较明显，致使梁两端出现明显的受剪变形。

框架楼板的破坏情况如图4.47（b）所示。楼板的左端顶面发生较宽的裂缝，表明梁端出现了受弯破坏，这是梁端负弯矩导致的。图4.47（b）中楼板右端顶面靠近跨中加载点出现一较宽裂缝，从图4.47（a）可见，这是梁端斜裂缝与楼板顶面相交形成的裂缝。另外，从图4.47（b）还可见，框架梁的受弯裂缝在梁顶面多表现为贯穿楼板宽带的横向裂缝，而且横向裂缝垂直于梁轴向。框架梁受剪裂缝往往在梁顶面仅贯穿梁宽，在梁肋以外则出现斜向裂缝。

框架梁两端破坏形态如图4.48所示。从图4.48（a）可见，框架梁左端出现较宽的斜裂缝和正截面受弯裂缝，但斜裂缝尚未发生箍筋断裂，即还没有发生最终的斜裂缝破坏。可见，在框架整体倒塌破坏过程中，框架梁左端出现了受弯破坏。同时，也出现了明显的受剪斜裂缝，接近受剪破坏。从图4.48（b）可见，框架梁右端也出现明显的受剪变形。可以判断，柱破坏之前该框架梁两端均已经出现受剪斜裂缝。可见，由于框架梁受剪承载力降低幅度较大，常温下按"强剪弱弯"设计的框架梁高温下有可能出现受剪破坏。

从框架整体看，框架梁右端框架柱破坏，框架梁左端出现受弯破坏。此外，试件4框架梁跨中出现较为严重的受弯破坏，由于框架梁跨中一端发生破坏，另一端柱发生破坏，框架梁也发生了破坏。即框架发生整体倒塌的同时，框架梁也发生破坏。试件4框架梁的跨中挠度（f）–时间（t）关系曲线如图4.50所示。从图4.50可见，框架梁的挠度达到了ISO 834关于受弯构件的耐火极限标准［公式（4.2）］，框架梁最终达到了耐火极限状态。

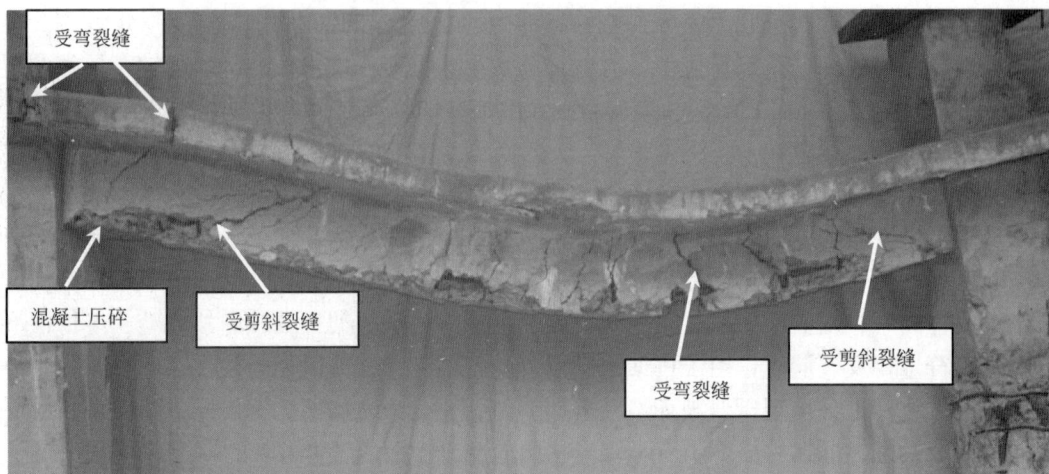

(a) 试件4框架梁整体破坏形态

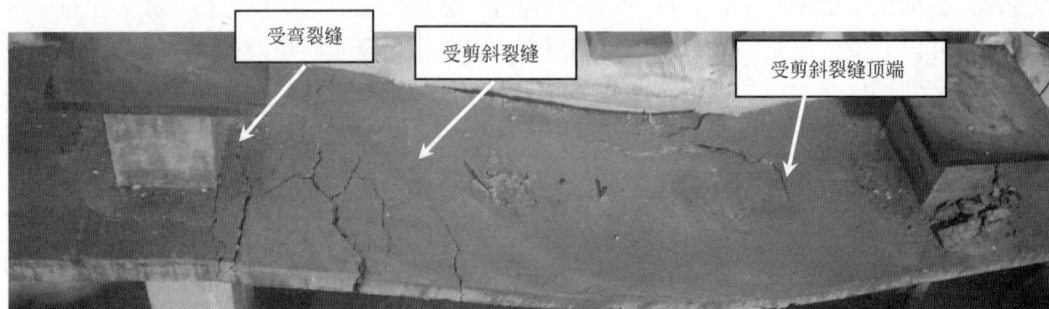

(b) 试件4楼板顶面的破坏形态

图 4.47　试件 4 破坏形态

(a) 左端　　　　　　　　　　　　　　　　　(b) 右端

图 4.48　试件 4 梁端局部破坏形态

4.5.2.3　变形

（1）柱顶竖向位移

试验测得的试件4框架柱顶竖向位移（v）-时间（t）关系曲线如图4.49所示。图中位移负值表示柱被压缩，位移正值表示柱受热膨胀。从图4.49可见，受火前期，柱顶竖向位移基本保持不变，受火后期柱出现压缩变形，而且压缩变形逐步增大。其中，右侧框架柱顶竖向位移增加速度大于左侧框架柱，而且右侧框架柱竖向位移首先达到破坏标准。右侧框架柱破坏时，左侧框架柱尚没有发生破坏。

（2）框架梁跨中挠度

梁跨中挠度（f）-时间（t）关系曲线如图4.50所示。从图4.50可见，受火前期，框架梁跨中挠度随时间增长缓慢增加。受火后期，柱顶竖向位移快速增加，表示柱达到耐火极限并开始破坏，这时梁跨中挠度快速增加。至耐火极限时，框架梁跨中最大挠度达到75.7mm，达到了耐火极限标准。

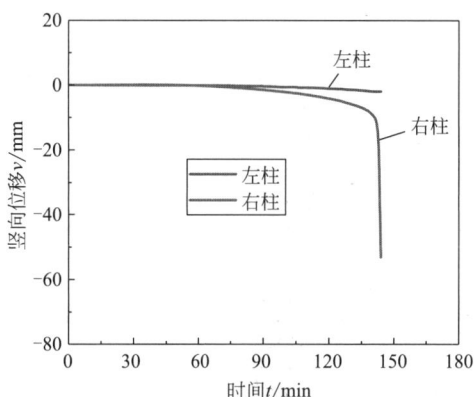

图4.49　柱顶竖向位移（v）-时间（t）关系曲线

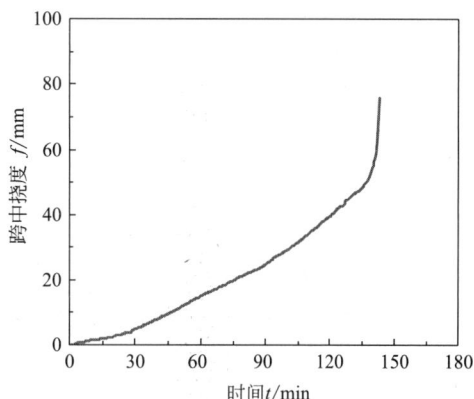

图4.50　框架梁跨中挠度（f）-时间（t）关系曲线

（3）框架整体侧移及框架柱相对侧移

框架整体侧移（u）为两柱顶端水平位移的平均值。框架整体侧移（u）-时间（t）关系曲线如图4.51所示。图中正值表示框架整体向右偏移，负值表示整体向左偏移。可见，受火过程中，试件4整体侧移很小。

框架柱相对侧移（w）-时间（t）关系曲线如图4.52所示。图中正值表示两柱顶相互远离，负值表示两柱顶相互靠近。从图中可见，受火过程中，两柱顶之间相互远离，最

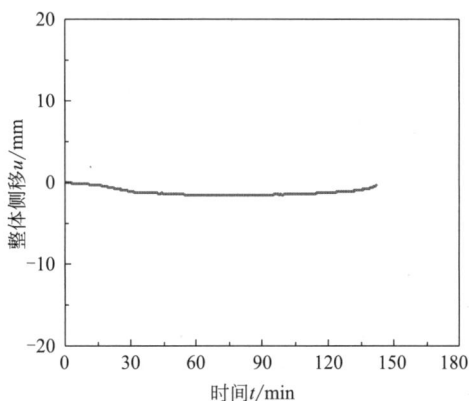

图4.51　试件4框架整体侧移（u）-时间（t）曲线

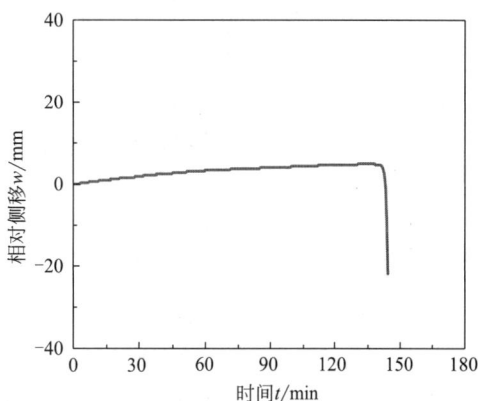

图4.52　柱顶相对侧移（w）-时间（t）曲线

大相对侧移值5mm，这是由于框架梁受热膨胀导致的。当框架梁挠曲破坏时，柱顶相互靠近，最大相对侧移为21.9mm，这时框架梁由于悬链线效应会产生拉力，拉力会影响柱的受力性能，框架梁的悬链线效应会明显改变框架结构的受力状态，应引起足够的重视。

4.5.3 试件5

试件5为柱截面含钢率较低的试件。由于柱荷载未变，试件5柱的轴压比较试件4增大。试件5框架柱的耐火极限为125min，试件5框架的耐火极限与柱的耐火极限相同，为125min。

4.5.3.1 温度

试件5柱截面各测点温度（T）–时间（t）关系曲线如图4.53所示。从图4.53可见，同一柱截面外部测点1的温度高于中部测点2和测点3的温度。对于C1截面，125min时，测点1的温度达到699℃，测点2、3的温度分别为407℃和350℃。对于C2截面，时间为125min时，测点1的温度达到634℃，测点2、3的温度分别为385℃和351℃。C1的测点1的温度高于C2截面测点1的温度，两截面测点2、3温度基本一致。C1截面位于柱中，C2截面位于柱端，由于节点吸热，C2截面测点1的温度较柱中截面C1相应测点低。

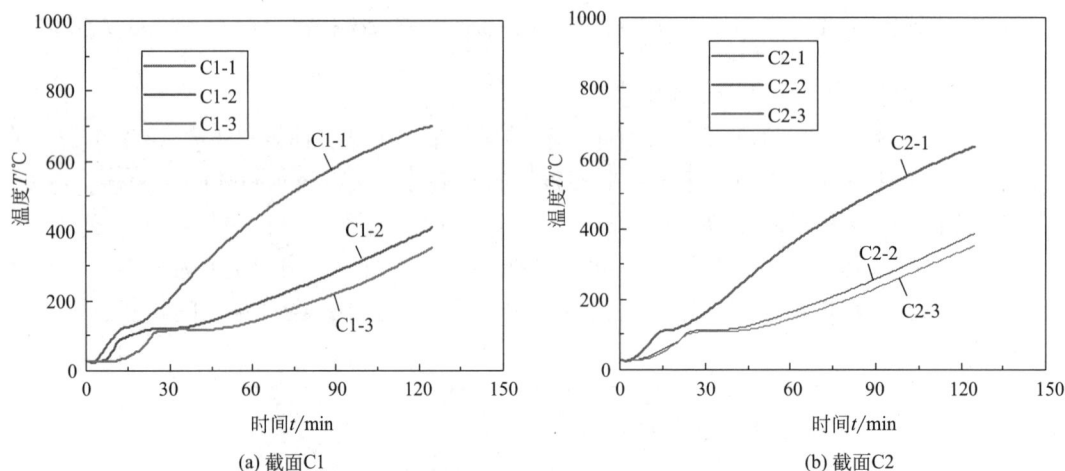

(a) 截面C1   (b) 截面C2

图4.53 试件5柱截面测点温度（T）–时间（t）关系曲线

试件5梁截面B3和B4各测点的温度（T）–时间（t）关系曲线如图4.54所示。从图4.54可见，同一截面测点1的温度高于测点2和测点3的温度。

时间t为125min时，测点B3–1和B4–1的温度分别为757℃和734℃，测点B3–3和B4–3的温度分别为310℃和290℃。可见，相同时刻，相同测点梁端截面的温度较梁跨中截面低。从图4.54（b）可见，梁箍筋侧边中间高度测点的温度低于截面下部纵筋处的温度。

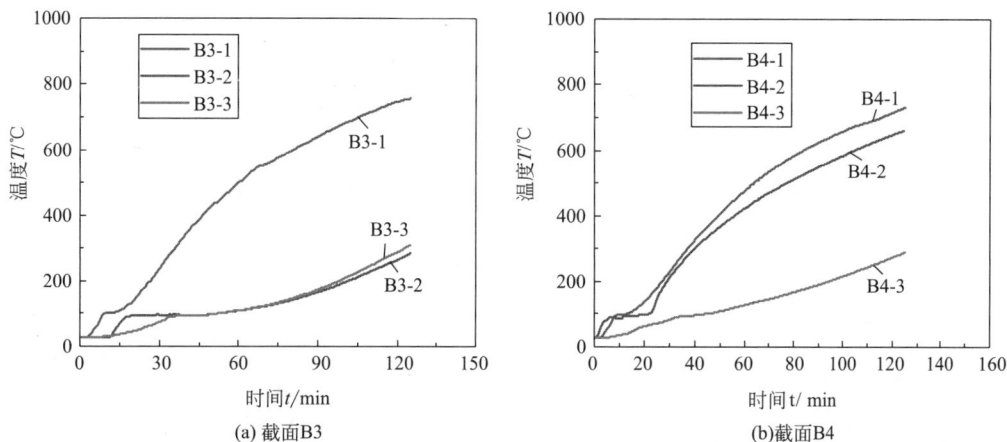

(a) 截面B3　　　　　　　　　　　(b)截面B4

图 4.54　试件 5 梁截面测点温度（T）-时间（t）关系曲线

4.5.3.2　试验现象及破坏特征

以柱破坏为框架耐火极限的标准，左侧框架柱的耐火极限为125min，框架结构整体的耐火极限取为125min。

试验完成后试件5在火灾炉内的破坏形态如图4.55所示，试件5的整体破坏形态如图4.56所示。从图4.55和图4.56可见，火灾下试件5的左侧框架柱发生受压破坏，框架梁右端楼板顶面出现宽度很大的裂缝，表明梁右端发生破坏。由于斜裂缝不明显，梁右端为受弯破坏。可见，试件5框架左侧框架柱发生受压破坏，框架梁左端失去柱的支撑作用，框架梁右端发生受弯破坏，框架呈现整体倒塌破坏形态。

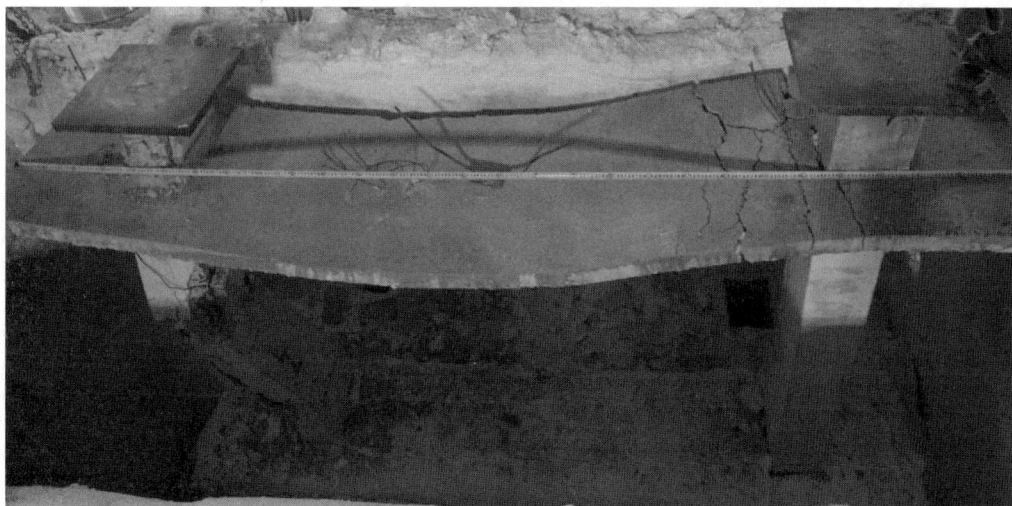

图 4.55　试件 5 在高温炉内的破坏形态

从图4.56还可看出，框架左侧框架柱仍然出现了上部和下部两个破坏截面。如前所述，这是由于框架梁受热膨胀和框架梁端节点的转动共同导致的。从图4.56可见，发生受压破坏的左侧框架柱不仅出现了平面内呈S状的压弯破坏，同时也出现了框架平面外的压弯破坏。如图4.60所示的框架柱竖向位移（ v ）–时间（ t ）关系曲线所示，框架柱发生了较大的竖向位移，最大竖向位移达到了48mm，表明柱破坏严重。可以认为左侧框架柱最初发生了框架平面内的破坏，但由于框架柱最终的破坏比较严重，框架柱平面外的破坏形态为框架平面内破坏形态的继发性破坏形态，框架最初的破坏形态为柱的平面内破坏形态。

(a) 整体破坏形态

(b) 框架侧向

图4.56　试件5整体破坏形态

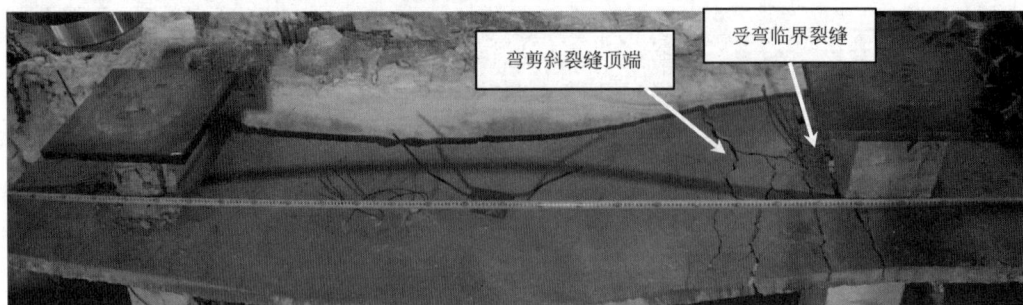

弯剪斜裂缝顶端　　受弯临界裂缝

图4.57　试件5框架楼板破坏形态

从图4.56可见，框架梁跨中出现了较大的弯曲变形，框架梁右端发生了较大的负弯矩破坏。框架梁左端并没有发生明显破坏，但框架左侧框架柱发生了破坏，发生破坏的框架柱失去了对框架梁的转动约束及竖向支撑作用，导致框架梁跨中挠度增大，跨中裂缝较宽，框架梁出现了局部破坏形态。从图4.60所示的框架梁跨中挠度（f）–时间（t）关系曲线上看，框架梁的跨中挠度达到75.5mm，框架梁已经达到耐火极限状态的破坏标准，已经发生破坏。试件5楼板顶面的破坏形态如图4.57所示。从图中可见，楼板右端出现较宽受弯裂缝，楼板左端没有受弯裂缝，表明框架梁右端出现受弯破坏。

　　梁的总体破坏形态如图4.58所示，梁两端的破坏形态如图4.59所示。从图4.58、图4.59可见，梁跨中部分出现较多的正截面受弯裂缝，正截面受弯裂缝所在梁段的长度约为净跨的三分之一，即为框架梁的纯弯区段。梁跨中的正截面受弯裂缝深度达到板底。正截面受弯裂缝一般出现于箍筋所在截面，裂缝间距接近箍筋间距。梁两端约为梁净跨三分之一长度的弯剪区段出现了弯剪斜裂缝，弯剪斜裂缝宽度较小，没有形成临界斜裂缝，梁两端没有发生受剪破坏。梁左端没有发生破坏，梁右端靠近柱边的第一条受弯裂缝为受弯临界斜裂缝，表明梁右端发生了负弯矩方向的受弯破坏。从图4.57可见，框架楼板顶面右端出现了数条宽度很大的裂缝，这些裂缝是由于框架柱破坏时，带动框架梁右端发生转动导致的。这些裂缝既包括梁端斜裂缝，也包括梁端受弯临界裂缝。另外，框架梁跨中也发生了受弯破坏。由于框架梁的跨中和一端发生受弯破坏，框架梁左端由于框架柱发生受压破坏失去支撑作用，梁左端发生较大的转动位移，试件5框架梁也发生了破坏，为第一类框架整体倒塌破坏形态。

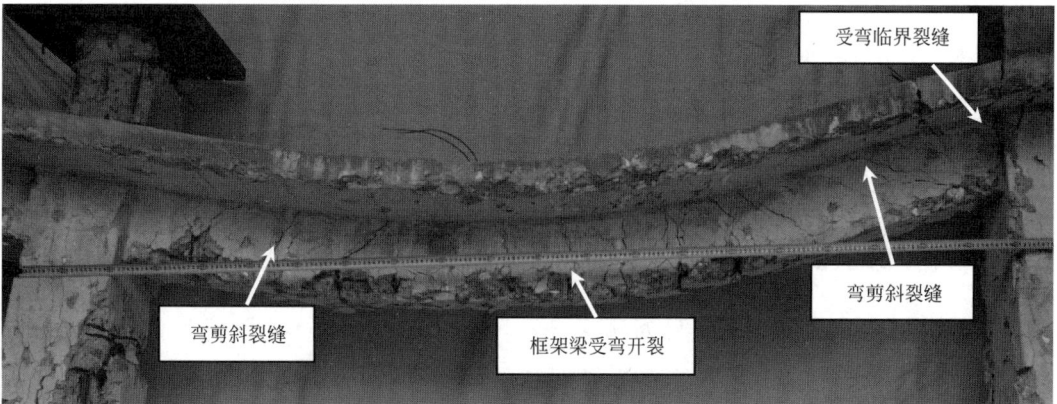

图4.58　试件5框架梁破坏形态

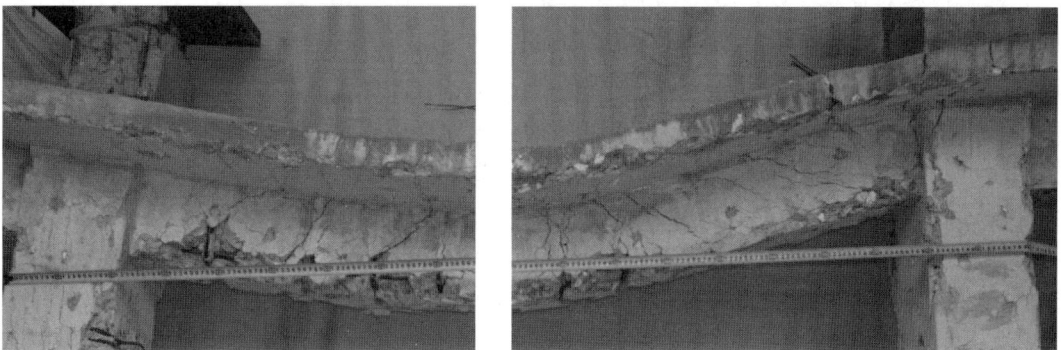

(a) 左端

(b) 右端

图4.59　试件5框架梁端破坏形态

4.5.3.3 变形

（1）柱顶竖向位移

试验测得的框架柱顶竖向位移（v）–时间（t）关系曲线如图4.60所示。从图4.60可见，受火前期框架柱的变形较小，受火后期框架柱的压缩变形增大速度加快。受火过程中，框架左柱压缩变形较大，最终框架左柱的竖向位移增大速度加快，框架左柱发生受压破坏。受火过程中，框架右柱的竖向位移变化同左柱，但框架右柱的竖向位移较小，当框架左柱发生破坏时，框架右柱尚未发生破坏。

（2）框架梁跨中挠度

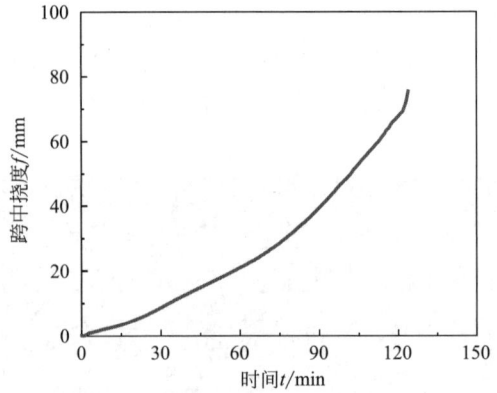

框架梁跨中挠度（f）–时间（t）关系曲线如图4.61所示。从图4.61可见，受火前期，框架梁的挠度增长缓慢，受火后期挠度增长速度加快。接近耐火极限时，框架梁跨中挠度快速增大，而且最终挠度较大，达75.5mm。最终，梁发生局部受弯破坏。

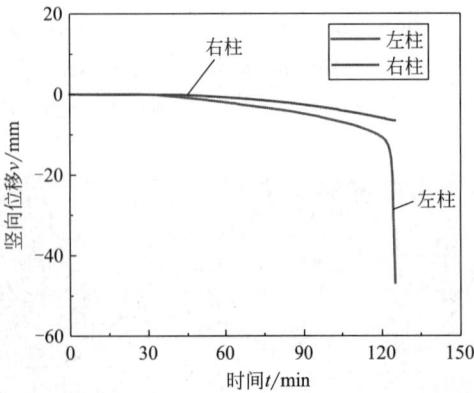

图4.60 柱顶竖向位移（v）–时间（t）关系曲线　　图4.61 框架梁跨中挠度（f）–时间（t）曲线

（3）框架整体侧移及框架柱相对侧移

框架整体侧移（u）–时间（t）关系曲线如图4.62所示。图中正值表示框架整体向左偏移，负值表示整体向右偏移。可见，受火过程中，试件整体发生向左侧移，最大值12.6mm，数值较大。

框架柱相对侧移（w）–时间（t）关系曲线如图4.63所示。从图4.63可见，受火过程中，两柱顶相互远离，相对侧移最大值为9mm，这是由于框架梁受热膨胀导致的柱顶相互远离。当框架梁挠曲变形较大时，柱顶相互靠近，最大相对侧移为28mm。可见，受火过程中，框架梁受热膨胀变形较大，使得框架柱有向外移动的趋势，会对框架结构的整体受力状态产生较大影响。当框架梁挠度较大时，框架梁的悬链线效应会使框架梁内产生拉力，使得框架柱承受向内的拉力，也会导致框架结构的受力状态和破坏形态产生较大的变化。框架结构的抗火设计和抗火灾倒塌分析中要考虑这种框架受力状态随时间变化的时变效应。

4.5.4 试件6

4.5.4.1 温度场分布及发展规律

所有试件中，试件6为柱轴压比最小的试件，试件6的耐火极限为194min。

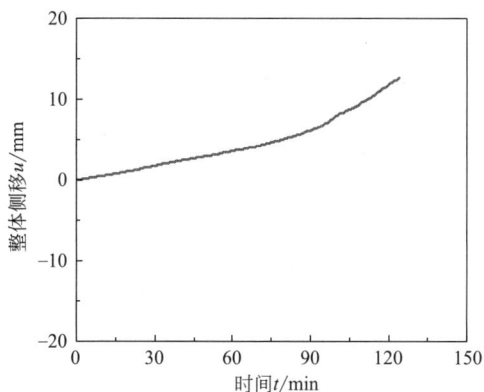 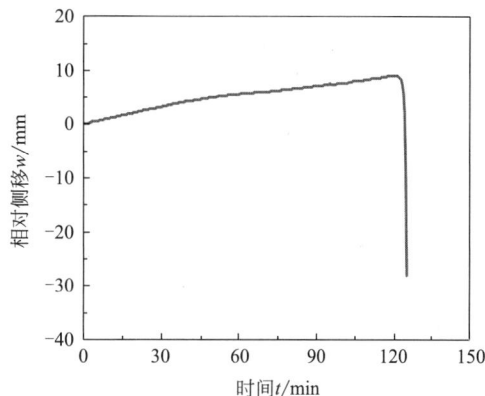

图4.62　试件5整体侧移（u）–时间（t）曲线　　图4.63　试件5柱顶相对侧移（w）–时间（t）曲线

试件6柱截面各测点温度（T）–时间（t）关系曲线如图4.64所示。从图4.64可见，同一柱截面外部测点1的温度高于中部测点2和测点3的温度。对于C1截面，194min时，测点1的温度达到932℃，测点2、3的温度分别为627℃和560℃。对于C2截面，194min时，测点1的温度达到888℃，测点2、3的温度分别为593℃和574℃。C1截面测点1、2的温度大于C2截面测点1、2的温度，两截面测点3温度基本一致。C1截面位于柱中，C2截面位于柱端，由于节点核心区的吸热作用，C2截面测点1的温度较柱中相应测点低。

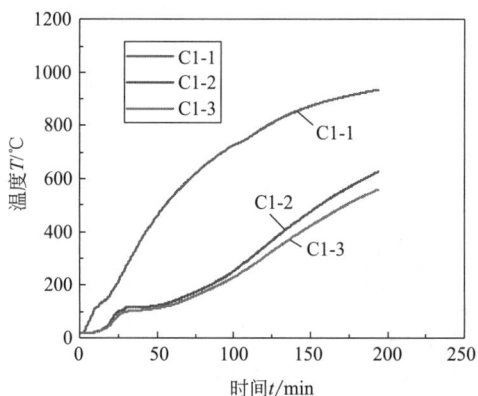 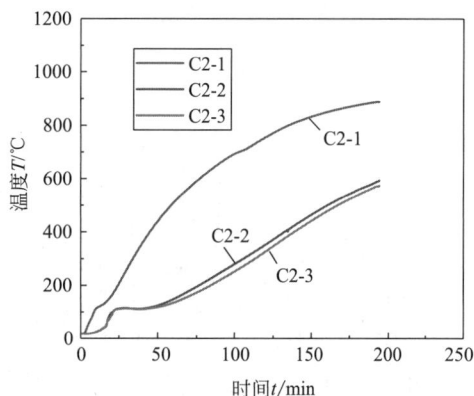

(a) 截面C1　　　　　　　　　　　　　　　　(b) 截面C2

图4.64　试件6柱截面测点温度（T）–时间（t）关系曲线

试件6梁截面B3和B4各测点的温度（T）–时间（t）关系曲线分别如图4.65所示。由于测点B3–2热电偶损坏，没有温度数据。从图4.65可见，同一截面测点1的温度高于测点2和测点3的温度。194min时，测点B3–1和B4–1的温度分别为829℃和814℃，测点B3–3和B4–3的温度分别为453℃和445℃。可见，相同测点梁端截面的温度较梁跨中截面略低。从图4.65（b）可见，梁箍筋侧边中间高度测点的温度低于截面下部纵筋处的温度。

4.5.4.2　试验现象及破坏特征

试验完成后试件6在高温炉内的破坏形态如图4.66所示，试件6的破坏形态如图4.67

所示。从图4.66、图4.67可见，试件6左侧框架柱发生了受压破坏，框架梁及楼板出现了明显的挠曲变形，楼板顶面左侧出现了2条轻微的横向裂缝，楼板顶面右侧出现了2条较宽的横向裂缝。框架梁楼板顶面右侧出现较宽横向裂缝是因为框架柱受压破坏时，框架梁失去支撑，故框架梁右端发生受弯屈服。试件6的破坏形态为框架柱和框架梁的共同破坏，为第二类框架整体倒塌破坏形态。

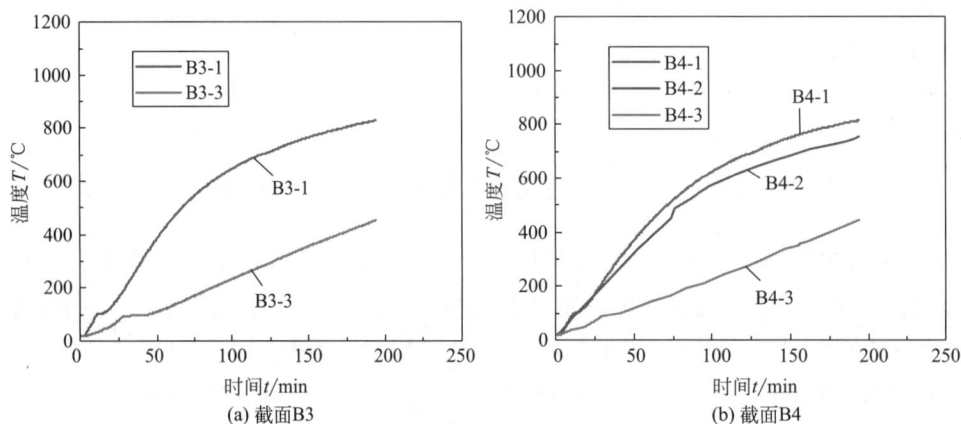

图 4.65　试件 6 梁截面测点温度（T）– 时间（t）关系曲线

图 4.66　高温炉中试件 6 整体破坏形态

从图4.67可见，框架柱中下部发生了受压破坏，破坏的框架柱中下部破坏如图4.68所示。从图4.68可见，柱破坏位置处部分箍筋拉断。当高温下柱发生受压破坏时，破坏截面处混凝土受压膨胀，导致箍筋受拉。高温下，箍筋的强度降低，对柱混凝土及纵筋约束作用降低，从而易导致框架柱受压破坏。可见，高温下箍筋可以对混凝土和钢筋提供较好的约束作用，从而延缓柱的破坏，故柱设计时应考虑箍筋的抗火设计。

框架楼板顶面的变形和裂缝分布如图4.69所示。从图4.69可见，框架顶部楼板左端裂缝数量少，裂缝宽度小，表明梁尚未发生受弯破坏。框架楼板顶面右端横向裂缝宽度较大，表明框架梁右端截面出现负弯矩方向的受弯破坏。

图 4.67　试件 6 整体破坏形态

图 4.68　柱破坏形态

图 4.69　板顶面裂缝分布

框架梁的整体破坏形态如图4.70所示，框架梁中部变形和破坏形态如图4.71所示。从图4.70、图4.71可见，框架梁总体挠曲变形不大，框架梁中部出现垂直于梁轴线的受弯裂缝，但裂缝宽度较小。可见，框架梁的变形较小，除框架梁右端截面的受弯破坏以外，框架梁的跨中和左端尚未达到承载能力极限状态。由于框架梁的受弯荷载比为0.3，荷载比较小，当柱发生破坏时，框架梁中部尚没有发生受弯破坏。而且，从后面试件6框架梁的跨中挠度（f）–时间（t）关系曲线上看，框架梁的挠度较小，框架梁尚未到达破坏状态，即框架梁未发生破坏。

4.5.4.3　变形规律

（1）柱顶竖向位移

试验测得的试件6框架柱顶竖向位移（v）–时间（t）关系曲线如图4.72所示。图中负向位移表示向下的位移，柱被压缩。正向位移表示向上的位移，柱受热膨胀。从图4.72可见，受火前期柱发生热膨胀变形，但热膨胀变形的数值很小。受火后期，两柱的竖向位移向下增大，左侧框架柱很快达到受压构件耐火极限标准而破坏，右侧框架柱没有发生破坏，但柱的压缩变形达到6.4mm，柱的压缩变形已经较大，柱接近破坏。

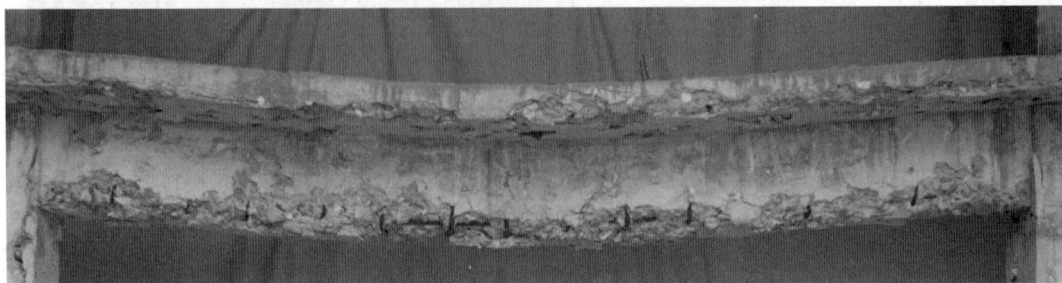

图4.70　框架梁的变形及破坏形态

图4.71　框架梁跨中裂缝分布

（2）框架梁跨中挠度

实测梁跨中挠度（f）-时间（t）关系曲线分别如图4.73所示。从图4.73可见，受火前期，框架梁跨中挠度随时间增加缓慢增长。受火后期，梁跨中挠度随时间增长速度加快。最终，梁的挠度达到67mm，卸载后梁的残余挠度为63mm。由于梁最终的挠度为67mm，尚未达到耐火极限，框架梁并没有发生局部破坏。

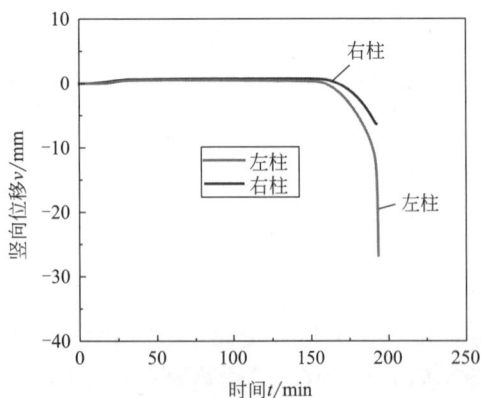

图4.72　柱顶竖向位移（v）-时间（t）关系曲线　　图4.73　框架梁跨中挠度（f）-时间（t）关系曲线

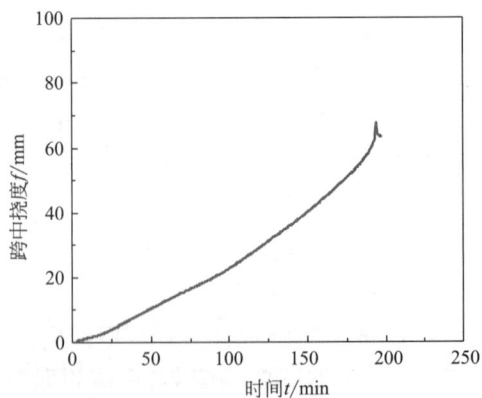

（3）框架整体侧移和框架柱相对侧移

框架整体侧移（u）–时间（t）关系曲线如图4.74所示。可见，试件6发生了整体向左的侧移，最大水平侧移值达到4.2mm，绝对值较小。

两框架柱顶的相对侧移（w）–时间（t）关系曲线如图4.75所示。可见，受火过程中，两框架柱互相远离，这主要是由框架梁受热膨胀导致的。框架到达耐火极限时，两框架柱顶的距离快速减小，这是由于框架梁跨中挠度增大，从而牵引两框架柱顶靠近。

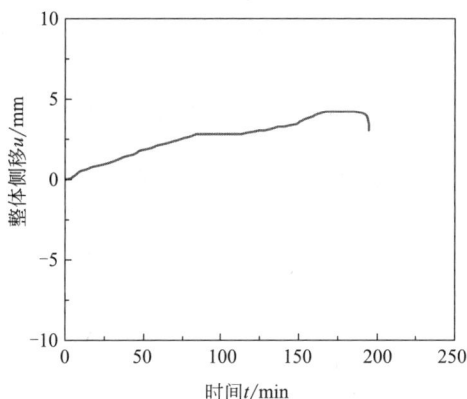

图 4.74　框架整体侧向位移（u）–时间（t）曲线　　图 4.75　柱顶相对侧向位移（w）–时间（t）曲线

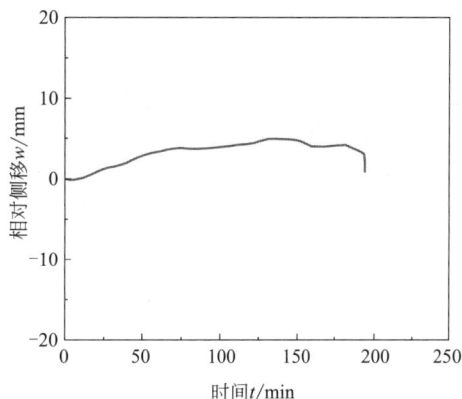

4.6　框架结构耐火性能的参数分析

4.6.1　梁荷载比

（1）破坏形态

试件1、试件2和试件3的构造相同，上述3个试件的柱轴压比n=0.49，梁受弯荷载比m分别为0.6、0.45和0.30。不同梁受弯荷载比下的框架破坏形态如图4.76所示。试件1和试件2的破坏形态为框架梁破坏，即框架局部破坏形态，试件3的破坏形态为框架整体倒塌破坏。可见，当柱轴压比保持不变时，随梁受弯荷载比的减小，框架由局部破坏形态转变为整体倒塌破坏形态。

上述试件的框架梁跨中挠度（f）–时间（t）关系曲线如图4.77所示。从图4.77可见，随梁受弯荷载比的降低，相同时刻框架梁的挠度逐渐减小，这表明框架梁的耐火能力随荷载比降低而提高。因此，梁

(a) m=0.6

图 4.76　梁荷载比（m）对框架破坏形态的比较（一）

(b) *m*=0.45　　　　　　　　　　　　　　　　(c) *m*=0.3

图4.76　梁荷载比（*m*）对框架破坏形态的比较（二）

的受弯荷载比对框架梁的耐火性能有较大影响，随梁的受弯荷载比降低，梁的耐火极限增大。当梁的耐火极限大于框架柱的耐火极限时，框架结构就会由框架局部破坏形态转变为框架整体倒塌破坏形态。

（2）耐火极限

试件1、试件2和试件3的耐火极限分别为104min、142min、145min。试件1和试件2为框架梁破坏形态，在框架梁破坏形态条件下，随梁荷载比增大，耐火极限降低。

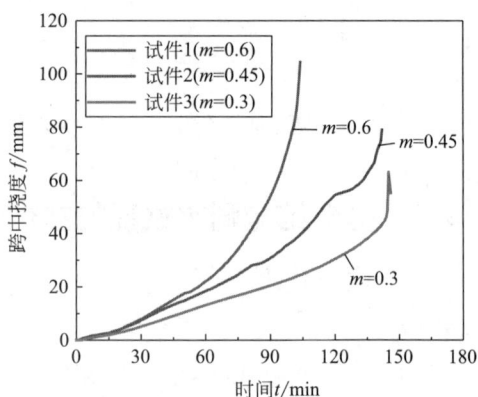

图4.77　框架梁跨中挠度（*f*）–时间（*t*）关系曲线

4.6.2　柱轴压比

（1）破坏形态

试件3和试件6柱轴压比*n*分别为0.49和0.33，两试件梁受弯荷载比均为0.3，两试件的破坏形态如图4.78所示。从图4.78可见，尽管试件3和试件6梁截面高度相差20mm，由于框架梁的荷载比相同，可以认为试件3和试件6框架梁的耐火性能相近，因此，可以忽略试件3和试件6由于梁高所带来的差异。试件3和试件6均为第二类框架整体倒塌破坏形态，框架梁的一端发生负弯矩方向的受弯破坏或受剪破坏，框架梁的跨中没有发生受弯破坏，框架梁的挠曲变形较小。

试件4和试件5柱轴压比分别为0.49和0.53，梁受弯荷载比均为0.45，两试件的破坏形态如图4.79所示。可见，试件4和试件5均发生了第二类框架整体倒塌破坏形态。在框架发生整体倒塌破坏的同时，框架梁的跨中及一端也发生破坏，框架梁的挠曲变形较大，出现了框架梁破坏形态。

(a) 试件3（n=0.49）

(b) 试件6（n=0.33）

图4.78　柱轴压比对框架破坏形态的影响（m=0.3）

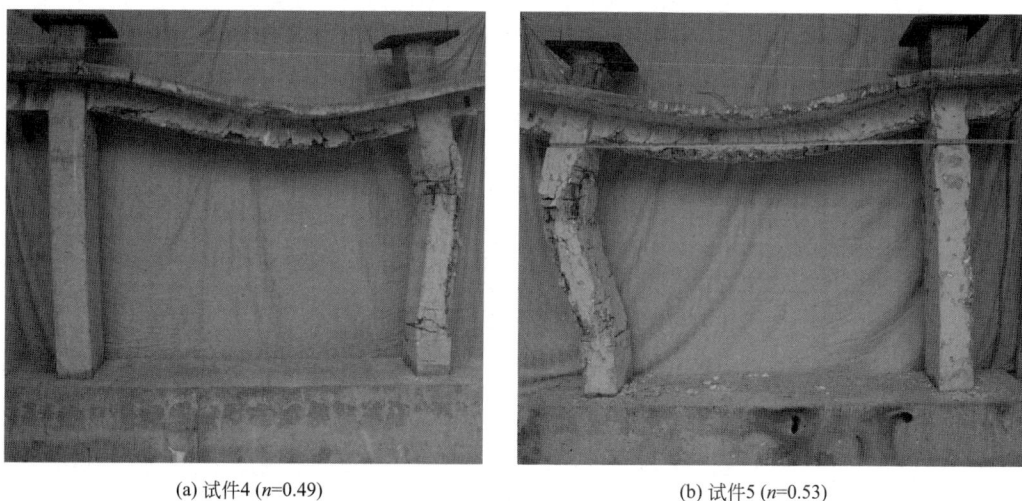

(a) 试件4（n=0.49）

(b) 试件5（n=0.53）

图4.79　柱轴压比对框架破坏形态的影响（m=0.45）

当梁受弯荷载比m=0.3时，不同柱轴压比框架梁的跨中挠度（f）–时间（t）关系曲线如图4.80（a）所示。从图4.80（a）可见，当m=0.3时，受火过程中两试件框架梁跨中挠度较为接近，柱轴压比对框架梁的挠度影响较小。当梁荷载比m=0.45时，不同柱轴压比框架跨中挠度（f）–时间（t）关系曲线如图4.80(b)所示。从图4.80(b)可见，同一时刻，柱轴压比n=0.49的试件4的竖向位移绝对值较n=0.53的试件5大。可见，当梁受弯荷载比m=0.3时，框架梁的挠度与轴压比关系不大。当梁受弯荷载比m=0.45时，较大的轴压比使得试件框架梁的挠度增大。可见，当受弯荷载比m较大时，柱轴力的偏心距越大，柱顶端的转动越大，导致框架梁跨中挠度增大。

当梁荷载比m=0.3时，不同柱轴压比框架柱顶竖向位移（v）–时间（t）关系曲线如图4.81（a）所示。从图4.81（a）可见，当m=0.3时，受火过程中轴压比较大的试件3柱顶竖向位移较大。当梁荷载比m=0.45时，不同柱轴压比框架柱顶竖向位移（v）–时间（t）关系曲线如图4.81（b）所示。从图4.81（b）可见，轴压比较大试件柱顶的竖向位移较大。可见，柱轴压比对试件的柱顶竖向位移影响较大。

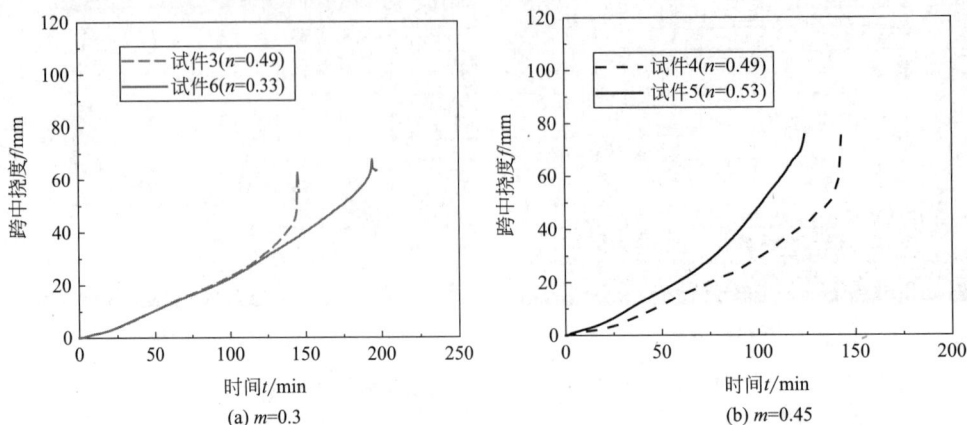

图 4.80　柱轴压比（n）对框架梁跨中挠度（f）–时间（t）关系曲线的影响

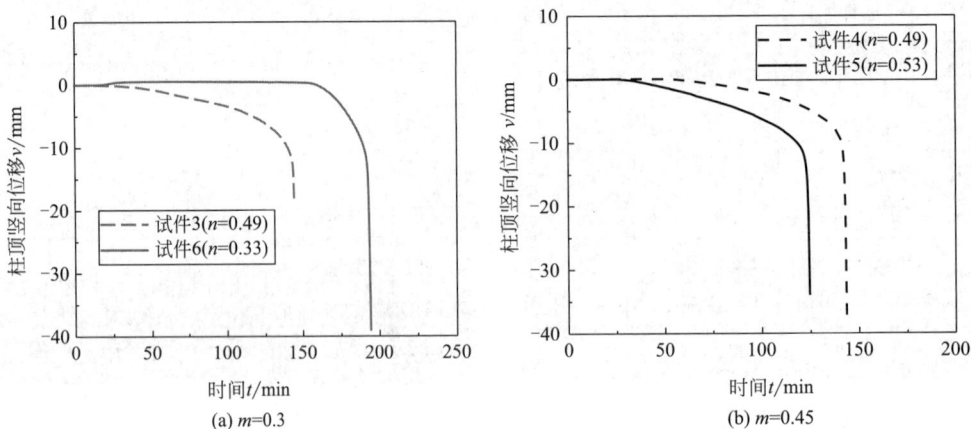

图 4.81　柱轴压比（n）对框架柱顶竖向位移（v）–时间（t）关系曲线的影响

（2）耐火极限

试件3和试件6的破坏形态均为框架整体倒塌破坏形态，试件3的耐火极限为145min，试件6的耐火极限为194min。试件4和试件5的破坏形态均为框架整体倒塌破坏形态，试件4的耐火极限为144min，试件5的耐火极限为125min。

可见，在整体倒塌破坏形态条件下，随柱轴压比降低，耐火极限增加。

4.6.3　梁纵筋配筋率

（1）破坏形态

试件2和试件4的框架梁截面全部纵筋配筋率ρ分别为1.4%和1.83%，两试件的柱轴压比和梁受弯荷载比相同，试件2和试件4分别出现了框架局部破坏形态和框架整体倒塌破坏形态，如图4.82所示。

(a) 试件2(ρ=1.4%)　　　　　　　　　　　　　　　(b) 试件4(ρ=1.83%)

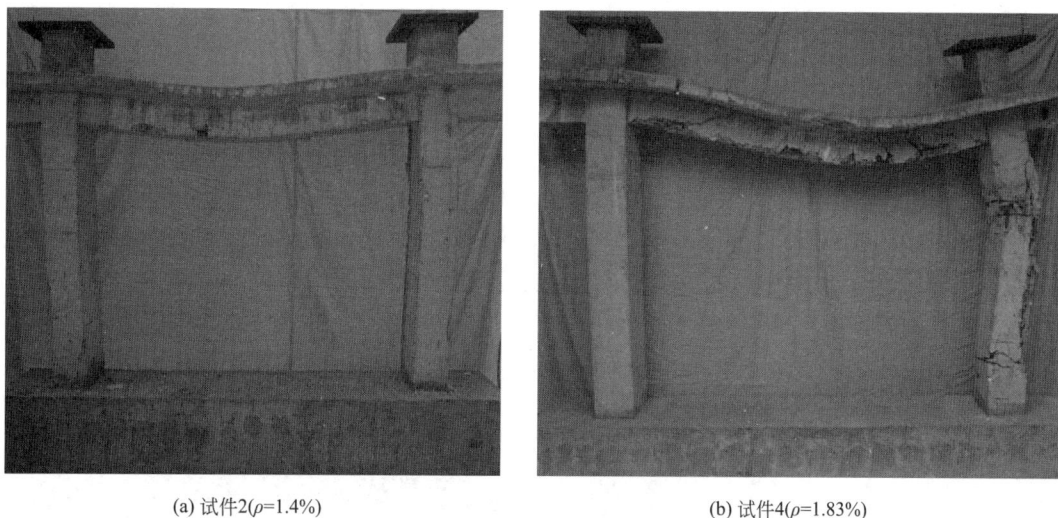

图4.82　梁配筋率对框架破坏形态的影响

　　试件2和试件4框架梁跨中挠度（f）–时间（t）关系曲线如图4.83所示。从图4.83可见，受火过程中，试件2框架梁的挠度大于试件4。试件4框架梁的配筋率较大，试件4框架梁的耐火能力比试件2好。可见，尽管试件2和试件4框架梁的受弯荷载比相同，但增加梁配筋率能提高梁的耐火能力。

　　试件2和试件4右柱柱顶竖向位移（v）–时间（t）关系曲线如图4.84所示。从图4.84可见，受火过程中，试件2和试件4右柱柱顶竖向位移基本一致。接近耐火极限时，试件4框架右柱柱顶竖向位移发展加快，直至柱破坏。这是由于两试件梁受弯荷载比相同，但试件4的梁荷载较大，梁荷载在柱顶端引起的弯矩较大，导致试件4框架柱首先发生压弯破坏。

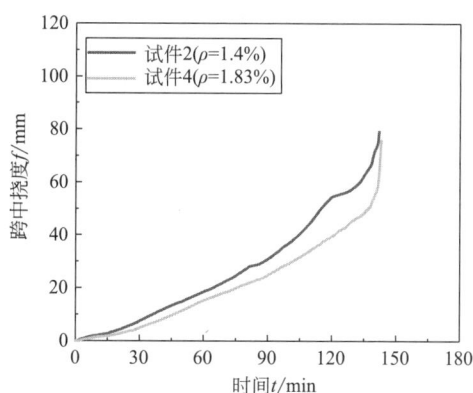

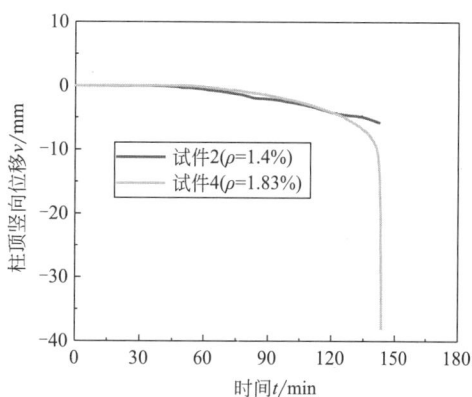

图4.83　梁配筋率（ρ）对框架梁跨中挠度　　　　**图4.84　梁配筋率（ρ）对右柱柱顶竖向位移**
（f）–时间（t）关系曲线的影响　　　　　　**（v）–时间（t）关系曲线的影响**

（2）耐火极限

　　试件2和试件4的耐火极限分别为142min和144min，耐火极限较为接近。各参数组合条件下，试件2框架梁的耐火极限与试件4框架柱的耐火极限接近。

4.6.4 柱截面含钢率

（1）破坏形态

试件2和试件5柱截面含钢率ρ_s分别为5.4%和4.3%，试件2和试件5的梁荷载比和柱荷载相同，试件2和试件5的破坏形态如图4.85所示。从图4.85可见，试件2的破坏形态为框架局部破坏，试件5出现了框架整体倒塌破坏形态，而且发生框架整体倒塌破坏时框架梁的跨中和梁端均出现了破坏，即出现了框架梁破坏。由于试件5含钢率比试件2小，试件5柱轴压比较大，火灾下试件5框架柱首先发生破坏，柱破坏的同时也引起了梁的破坏。

(a) 试件2(ρ_s=5.4%)　　　　　　　　(b) 试件5 (ρ_s=4.3%)

图4.85　柱截面含钢率（ρ_s）对框架破坏形态的影响

试件2和试件5框架梁跨中挠度（f）–时间（t）关系曲线和破坏框架柱柱顶竖向位移（v）–时间（t）关系曲线分别如图4.86、图4.87所示。从图4.86可见，受火过程中，同一时刻，试件2框架梁的挠度比试件5小。从图4.87可见，受火过程中，同一时刻，试件2柱顶竖向位移绝对值比试件5小。试件2柱截面含钢率较大，相同柱轴压荷载作用下试件2的轴压比较小，火灾下竖向变形较小。同样，尽管试件2和试件5框架梁的荷载比相同，但试件2框架柱的刚度比试件5大，试件2框架柱对框架梁端的转动约束作用大，导致试件2框架梁挠度小于试件5。可见，火灾下框架结构作为一个整体受力，一个构件受力状态会影响其他构件的受力状态和变形。柱含钢率不同，导致框架破坏形态和变形不同，较小的含钢率易导致框架发生整体倒塌破坏形态，并引起较大的框架梁挠度。

（2）耐火极限

试件2和试件5的耐火极限分别为142min和125min。由于试件2的破坏形态不同，耐火极限没有直接可比性。

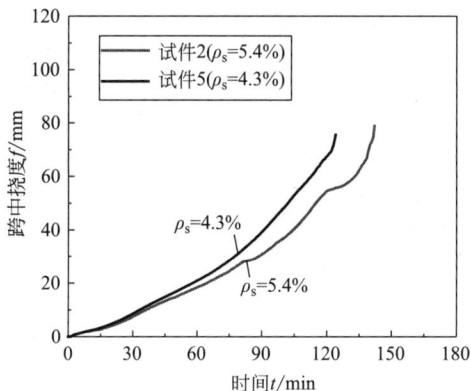

图4.86 柱截面含钢率（ρ_s）对框架梁跨中挠度
（f）–时间（t）关系曲线的影响

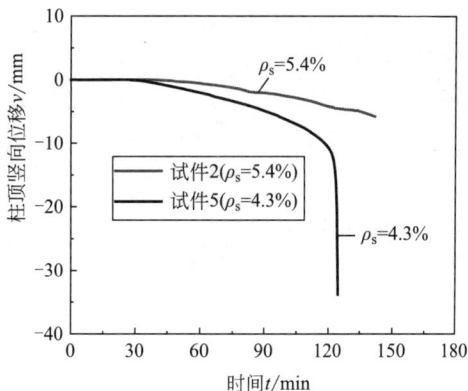

图4.87 柱截面含钢率（ρ_s）对框架柱顶竖向位移
（v）–时间（t）关系曲线的影响

4.7 框架梁的耐火性能

4.7.1 框架梁破坏形态分类

在对框架结构耐火性能进行分析时，为了简化分析，有时会对框架梁的耐火性能进行独立分析。本节只针对框架梁的耐火性能进行分析。这里选择梁破坏的框架试件，对其框架梁的耐火性能进行分析。

试验中框架梁出现两类典型的破坏形态。第一类为框架局部破坏形态中的框架梁自身破坏形态，即框架梁的跨中和两端同时出现了破坏。第一类框架局部破坏形态可用于框架梁的抗火设计中的耐火极限状态分析。第二类为框架整体倒塌破坏形态中的框架梁破坏形态。在第二类破坏形态中，框架梁的跨中、一端发生破坏，梁另一端没有破坏，但与梁另一端相连的柱发生破坏。柱破坏使得梁端失去支撑作用，相当于梁端发生了破坏。梁的第二类破坏形态是框架整体倒塌破坏形态的有效组成部分，与框架整体倒塌破坏形态密不可分，可以用于框架结构的火灾倒塌极限状态分析。

试件1和试件2的框架梁破坏形态为第一类破坏形态，试件4和试件5的框架梁为第二类破坏形态，上述试件框架梁的破坏形态如图4.88、图4.89所示。图中画圈近似表示破坏的范围。上述试件框架梁跨中挠度（f）–时间（t）关系曲线如图4.90所示。

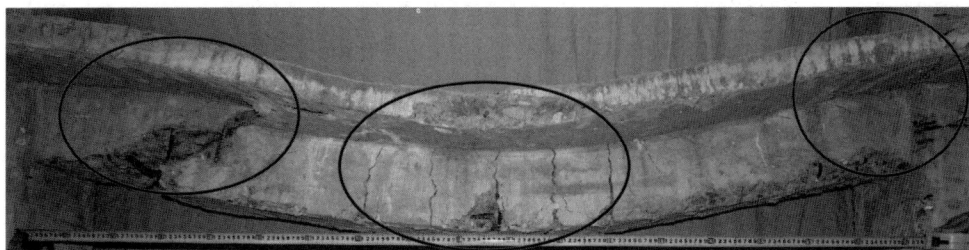

(a) 试件1框架梁破坏形态

图4.88 框架梁第一类破坏形态（一）

153

(b) 试件2框架梁破坏形态

图4.88　框架梁第一类破坏形态（二）

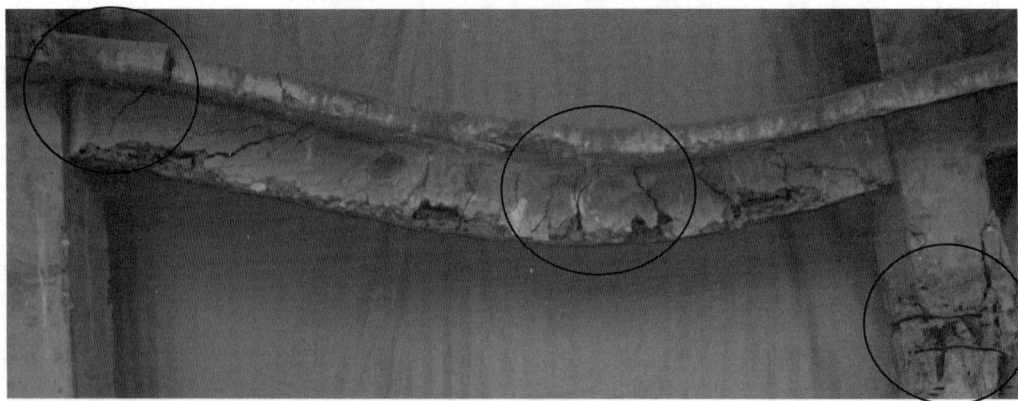

(a) 试件4框架梁整体破坏形态

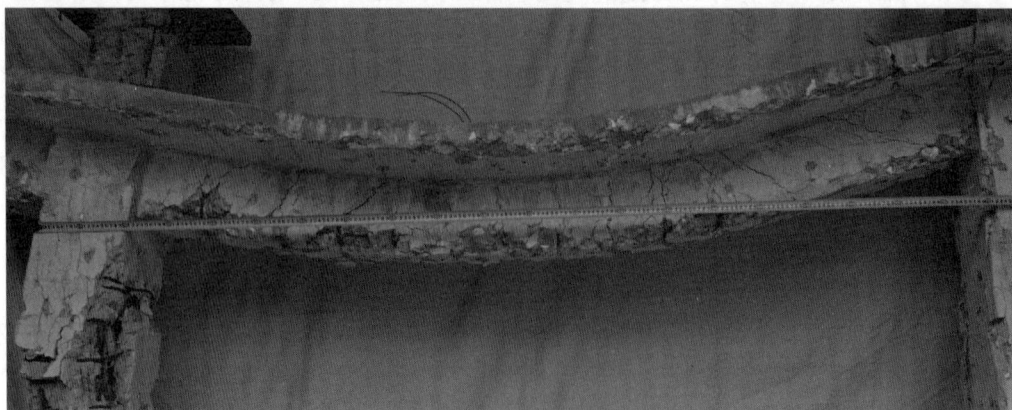

(b) 试件5框架梁破坏形态

图4.89　框架梁第二类破坏形态

4.7.2　第一类破坏形态

4.7.2.1　破坏形态

高温下，试件1和试件2的框架梁出现第一类破坏形态，即框架梁自身破坏形态。

从图4.88可见，试件1框架梁的跨中出现受弯破坏，框架梁两端分别出现受剪破坏和受弯破坏。试件2框架梁跨中和梁端均为受弯破坏形态，试件2框架梁的破坏形态可称为

受弯破坏形态。可见，在特定的参数下，试件
1框架梁受弯承载力和受剪承载力相等。试件
均按照竖向荷载作用下"强剪弱弯"进行设计，
而且受剪承载力明显大于受弯承载力。常温下，
试件1框架梁受弯荷载比为0.6，受剪荷载比为
0.27，受弯荷载比大于受剪荷载比。但在高温
下，框架梁受弯承载力和受剪承载力相等。由
于箍筋位于梁截面外部，温度较高，高温下梁
的受剪承载力降低幅度较大。可见，高温作用
对框架梁的受剪承载力造成的损伤更大。

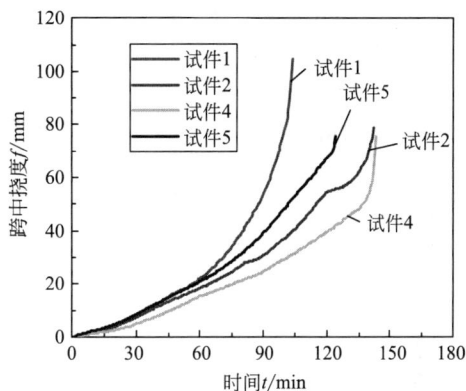

图4.90　梁破坏情况下框架梁跨中挠度
（f）－受火时间（t）关系曲线

从图4.90可见，同一时刻，试件1框架梁跨
中挠度大于试件2。由于试件1框架梁受弯荷载
比大于试件2，导致试件1的跨中挠度大于试件2。

4.7.2.2　耐火极限

试件1框架耐火极限为104min，试件2框架的耐火极限为142min。试件2的梁受弯荷
载比为0.45，试件1的梁受弯荷载比为0.6。可见，当框架梁出现受弯破坏形态时，框架梁
的受弯荷载比越小，耐火极限越大。

4.7.3　第二类破坏形态

4.7.3.1　破坏形态

试件4和试件5的框架梁为第二类破坏形态。从图4.89可见，试件4框架梁的跨中出
现受弯破坏，框架梁右端出现受弯破坏，而且受剪临界斜裂缝已经形成，即将出现受剪破
坏，框架梁左端也出现了明显的受剪裂缝，但梁端的临界斜截面尚未形成，框架梁左端的
破坏始于柱受压破坏。试件5框架梁的破坏形态与试件4相似，框架梁两端出现了明显受
剪斜裂缝，但裂缝开展程度明显小于试件4。试件4框架梁的受剪荷载比为0.25，试件5为
0.14，试件4的受剪荷载比大于试件5，故试件4框架梁受剪斜裂缝开展更加明显。

如前所述，试件5的轴压比比试件4大，试件5框架柱截面含钢率较小，试件5的刚度
比试件4小，使得试件5框架柱对框架梁的约束作用较小，导致试件5框架梁跨中挠度比
试件4大。

4.7.3.2　耐火极限

试件4和试件5的耐火极限分别为144min和125min，上述耐火极限也是框架梁的耐火
极限。试件4和试件5框架梁的耐火极限取决于框架整体到倒塌破坏形态的耐火极限。对
于框架梁第二类破坏形态，框架梁的耐火极限主要取决于框架整体的耐火极限。

4.8　框架整体的变形和破坏模式

4.8.1　框架局部破坏形态

如图4.12、图4.24所示，试件1和试件2为框架局部破坏形态，该破坏形态中框架梁

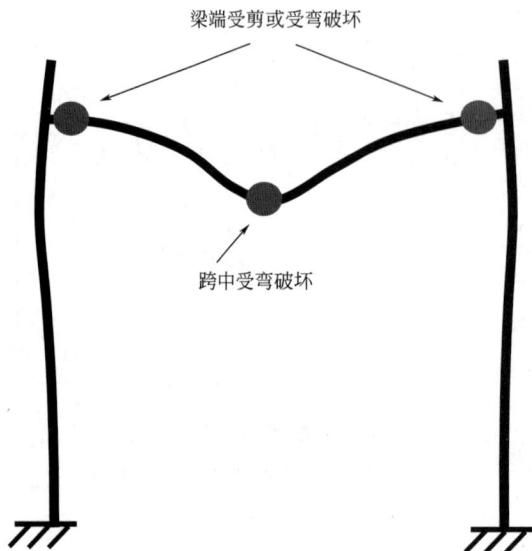

图 4.91　框架局部破坏模式

发生了破坏。框架梁跨中发生受弯破坏，框架梁两端发生受弯破坏或受剪破坏，这种破坏形态中框架试件的破坏模式如图4.91所示。图中，圆形代表破坏截面所在位置，在跨中圆形代表受弯破坏，梁端圆形代表受剪破坏或受弯破坏。在框架梁的抗火设计时，可以根据图4.91选取框架梁的极限状态，并考虑框架梁由于热膨胀产生轴压力作用，对框架梁进行抗火设计。

当框架梁受热膨胀时周围结构产生的轴压力对框架梁的耐火极限影响较小时，框架梁抗火设计时可以忽略框架梁端轴压力的影响。这时，可以将框架梁从框架中单独取出，对框架梁进行抗火验算。对于梁端发生受弯破坏的情况，可针对图4.91中的框架梁，采用塑性极限荷载方法计算高温下框架梁的承载力。对于梁端发生受剪破坏的情况，由于高温下梁跨中破坏具有较好的延性，可不考虑梁跨中受弯破坏的影响，直接进行高温下梁端截面的抗剪验算。

4.8.2　框架整体倒塌破坏形态

以试件2为例分析框架柱的变形，试件2典型的破坏形态如图4.92所示。从图4.92可见，试件2框架梁发生受弯破坏，框架柱虽然没有发生破坏，但框架柱出现明显的变形。

从图4.92可见，由于框架梁的热膨胀，使得两框架柱相互远离，导致两框架柱下部外侧混凝土出现受压破坏，内部受拉。框架柱上部由于框架梁的热膨胀而相互远离，但框架梁的挠曲变形使得柱上端节点向里转动，导致柱上部截面混凝土内侧受压，外侧受拉。高温下，由于框架梁热膨胀导致框架柱向外移动，再加上框架梁挠曲导致框架梁柱节点的转动，使得框架柱下部和上部两个截面承受数值较大且符号相反的弯矩，产生较大的弯曲变形，这是高温下框架柱典型的变形模式。图4.92中圆圈标出了框架柱内力和变形较大的部位，如果发生框架柱破坏形式，这些部位会首先破坏。

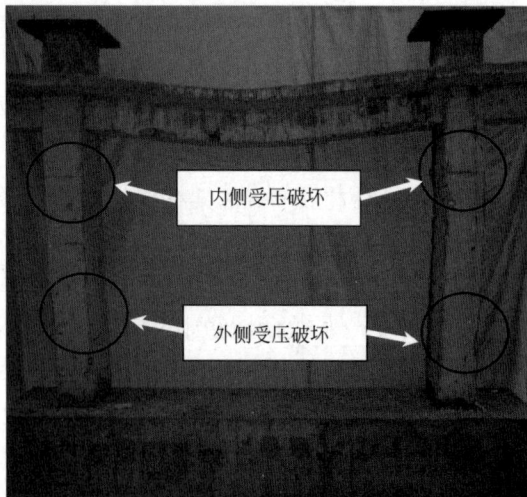

图 4.92　框架柱的破坏形态

在上述高温下框架结构的变形模式下，当框架柱出现破坏时，框架柱的上部截面会出现压弯破坏，弯矩符号为柱外侧受拉。框架柱的下部截面会出现内侧受拉的压弯破坏。典型的框架柱破坏形态如图4.93所示。由于框架梁挠曲变形较大，图4.93中试件4框架柱的破坏形态呈现出明显的两个截面破坏形态，试件4和试件5的柱破坏形态均为该类破坏形态。可见，当框架梁荷载比较小，引起的挠曲变形较小时，框架柱趋向于一个截面压坏，当框架梁的荷载比较大，引起的挠曲变形较大时，框架柱趋向于上下两个截面的压弯破坏。

(a) 试件4

(b) 试件3

(c) 试件6

图4.93　典型的框架柱破坏形态

试件3和试件6左柱发生了小偏心受压破坏。试件3和试件6梁荷载比较小，由于梁的挠曲变形较小，梁荷载对框架柱产生的偏心距较小，框架柱发生了小偏心受压破坏。试件3和试件6框架柱出现了框架平面外的挠曲变形，这是由于框架在平面外缺乏有效支撑作用，当框架柱发生平面内的小偏心受压破坏后，很快发生平面外的受压破坏和变形，可以认为框架柱在框架平面外的破坏是框架在平面内受压破坏的一种继发性破坏模式。

根据上述分析，框架梁发生局部破坏的框架整体倒塌破坏形态的破坏模态称为第一类框架整体倒塌破坏模态，如图4.94所示。从图4.94可见，框架破坏机制中包括了梁破坏机制和柱破坏机制。由于只有柱发生破坏时才能形成梁破坏机制，所以梁破坏机制取决于柱破坏机制，梁破坏机制是从属的和有条件的。图中的梁、柱破坏机制不能分隔，梁和柱破坏机制共同组成了框架破坏机制。

框架梁跨中没有发生受弯破坏的框架整体倒塌破坏形态的破坏模态称为第二类框架整体倒塌破坏模态，如图4.95所示。从图4.95可见，框架柱中部发生破坏后，失去对框架梁的支撑，框架梁受力状态由框架梁的受力状态转变为悬臂梁的受力状态。同理，这种破坏模态中，框架梁和框架柱的破坏模态紧密相关，不可分割，共同形成了框架结构的整体倒塌破坏模态。

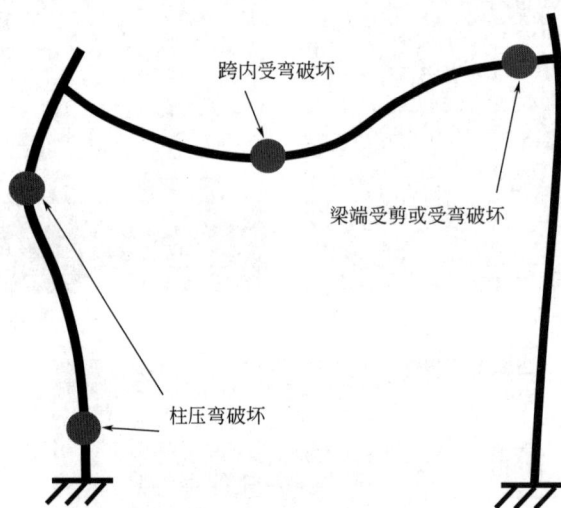

图4.94 第一类框架整体倒塌破坏模态

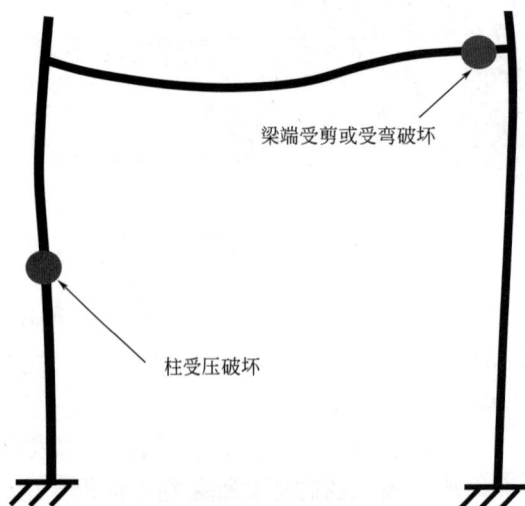

图4.95 第二类框架整体倒塌破坏模态

4.9 结论

本章进行了型钢混凝土框架结构耐火性能试验，考虑柱轴压比、梁受弯和受剪荷载比、梁截面高度、梁纵筋配筋率、柱含钢率等参数的影响，对型钢混凝土框架结构的耐火性能开展了详细的试验研究。在本章试验参数条件下，可得到如下结论：

（1）试验表明，相对于炉温，试件各测点温度升降温均滞后于炉温，测点位置越往里温度发展越滞后。

（2）由于节点核心区域的吸热作用，梁跨中截面温度高于靠近节点的端部截面的温度，柱中部截面的温度大于柱端部截面的温度。梁箍筋中部侧边温度低于梁截面底部纵筋处箍筋的温度。

（3）不同的梁荷载比、柱轴压比和柱含钢率等参数组合下，框架结构存在两种典型的破坏形态，即框架局部破坏形态和框架整体倒塌破坏形态。在框架整体倒塌破坏形态中，框架梁和框架柱均出现了破坏。

（4）框架局部破坏形态中的框架梁破坏分为两种类型：第一种为框架梁跨中受弯破坏，梁端受剪破坏；第二种为梁跨中和梁端均发生受弯破坏，称为框架梁的受弯破坏。框架整体倒塌破坏形态包括第一类和第二类框架整体倒塌破坏形态。在第一类框架整体倒塌破坏形态中，柱中部发生受压破坏，梁仅在一端发生受弯或受剪破坏。在第二类框架整体倒塌破坏形态中，框架柱发生两个截面破坏，框架梁的跨中和一端均发生破坏。

（5）框架柱破坏形态中，当梁荷载比较大时，柱上部和柱下部均出现压弯破坏形态。当梁荷载比较小时，柱一般出现小偏心受压破坏，破坏截面位于柱中。

（6）试验中框架梁出现两类典型的破坏形态。第一类为框架局部破坏形态中的框架梁本身破坏形态，即框架梁的跨中和两端同时出现了破坏。第二类为框架整体倒塌破坏形态中的框架梁破坏形态。在第二类破坏形态中，框架梁的跨中、梁一端发生破坏，梁另一端没有破坏，但与梁另一端相连的柱发生破坏。柱破坏使得梁端失去支撑作用，相当于梁端发生了破坏。梁的第二类破坏形态是框架整体倒塌破坏形态的有效组成部分，与框架整体倒塌破坏形态密不可分，可以用于框架结构的火灾倒塌极限状态分析。

（7）当柱轴压比保持不变时，随梁受弯荷载比的降低，框架由局部破坏形态转变为整体倒塌破坏形态。

（8）柱轴压比对试件的柱顶竖向位移较大，轴压比较大试件柱顶的竖向位移较大，柱轴压比对试件的柱顶竖向位移影响较大。

（9）由于梁底部温度高，框架梁受剪破坏时，穿过临界斜裂缝的箍筋往往在靠近梁下部纵筋处拉断，框架梁抗剪设计时箍筋宜取靠近梁下部纵筋处箍筋的温度。

（10）由于箍筋温度较高，致使火灾下框架梁的受剪承载力下降程度较大，按强剪弱弯设计的框架梁有时出现受剪破坏。因此，抗火设计时应加强框架梁的抗剪设计。

（11）竖向荷载作用下，火灾下，随着框架结构刚度降低，框架结构会发生整体侧移。

（12）受火过程中，框架梁受热膨胀变形较大，使得框架柱有向外移动的趋势，在框架结构中产生较大的温度内力。当框架梁发生破坏时，框架梁的悬链线效应会使框架梁内产生拉力，使得框架柱承受向内的拉力，导致框架结构的受力状态和破坏形态产生较大的变化。框架结构的抗火设计和抗火灾倒塌分析中要考虑这种框架结构受力状态随时间变化的时变效应。

（13）在框架梁局部破坏形态条件下，随梁荷载比增大，耐火极限降低。在整体倒塌破坏形态条件下，随轴压比降低，耐火极限提高。梁的荷载比相同条件下，增大梁配筋率能提高梁的耐火能力。

（14）本章开展了型钢混凝土框架结构耐火性能及火灾下倒塌性能的试验研究，为理论模型奠定了较好的基础，文献［32］详细介绍了型钢混凝土框架结构耐火性能计算模型的建立方法，型钢混凝土框架结构耐火性能计算模型可参考文献［32］。

参考文献

［1］Jiangtao Yu, Zhoudao Lu, Que Xie. Nonlinear analysis of SRC columns subjected to fire ［J］. Fire Safety Journal, 2007, 42（1）: 1-10.

［2］Eerfeng Du, Ganping Shu, Xiaoyao Mao. Analytical behavior of eccentrically loaded concrete encased steel columns subjected to standard fire including cooling phase ［J］. International Journal of Steel Structures, 2013, 13（1）: 129-140.

［3］Zhanfei Huang, Kanghai Tan, Weesiang Toh, et al. Fire resistance of composite columns with embedded I-section steel effects of section size and load level ［J］. Journal of Constructional Steel Research 2008, 64:312-25.

［4］Zhanfei Huang, Kanghai Tan, Weesiang Toh, et al. Axial restraint effects on the fire resistance of composite columns encasing I-section steel ［J］. Journal of Constructional Steel Research. 2007, 63（4）: 437-447.

［5］Linhai Han, Qinghua Tan, Tianyi Song. Fire Performance of steel reinforced concrete （SRC）structures ［J］. Procedia Engineering, 2013, 62: 46-55.

［6］Limin Lu, Junnan Qiu, Yong Yuan, et al. Large-scale test as the basis of investigating the fire-resistance of underground RC substructures ［J］. Engineering Structures, 2019, 178（1）:12-23.

［7］Domenico Magisano, Giovanni Garcea. Limit fire analysis of 3D frame structures ［J］. Engineering Structures, 2021, 233 :111762.

［8］Domenico Magisano, Francesco Liguori, Leonardo Leonetti, et al. A quasi-static nonlinear analysis for assessing the fire resistance of reinforced concrete 3D frames exploiting time-dependent yield surfaces ［J］. Computers and Structures 2019, 212（2）: 327-342.

［9］Mohamed S. Elbayomy, Hamed M. Salem. Numerical assessment of midrise multi-storey reinforced concrete framed structures subjected to fire ［J］. Alexandria Engineering Journal, 2019, 58（7）: 773-788.

［10］Meri Cvetkovska, Milos Knezevic, Qiang Xu, et al. Fire scenario influence on fire resistance of reinforced concrete frame structure ［J］. Procedia Engineering 2018, 211: 28-35.

［11］Dongdong Yang, Shanshan Huang, Faqi Liu, et al. Structural fire design of square tubedreinforced-concrete columns with connection to RC beams in composite frames〔J〕. Journal of Building Engineering, 2022, 57: 104900.

〔12〕 Linhai Han, Weihua Wang, Hongxia Yu. Experimental behaviour of reinforced concrete（RC）beam to concrete-filled steel tubular（CFST）column frames subjected to ISO-834 standard fire〔J〕. Engineering Structures, 2010, 32（10）: 3130-3144.

〔13〕 Linhai Han, Weihua Wang, Hongxia Yu. Analytical behaviour of RC beam to CFST column frames subjected to fire〔J〕. Engineering Structures, 2012, 34（3）: 394-410.

〔14〕 Zhe Li, Faxing Ding, Shan Li, et al. Comparative study on failure mechanism of multi-storey planar composite frames with RC beams to CFST columns subjected to compartment fire〔J〕. Journal of Building Engineering, 2023, 76:107349.

〔15〕 Long Zheng, Wenda Wang. Multi-scale numerical simulation analysis of CFST column-composite beam frame under a column-loss scenario〔J〕. Journal of Constructional Steel Research, 2022, 190: 107151.

〔16〕 Colin Bailey. Holistic behavior of concrete buildings in fire〔J〕. Structures and Buildings, 2002, 152（3）:199-212.

〔17〕 YC Wang. An analysis of the global structural behavior of the Cardington steel-framed building during the two BRE fire tests〔J〕. Engineering Structures, 2000, 22（5）: 401-412.

〔18〕 Foster S, Chladná M, Hsieh C, et al. Thermal and structural behaviour of a full-scale composite building subject to a severe compartment fire〔J〕. Fire Safety Journal, 2007, 42（3）: 183-199.

〔19〕 National Construction Safety Team for the Federal Building and Fire Safety Investigation of the World Trade Center Disaster, National Institute of Standards and Technology. Final report on the collapse of the World Trade Center Towers〔R〕. Gaithersburg, 2005.

〔20〕 Asif Usmani, Y.C. Chung, Jose Torero. How did the WTC towers collapse: a new theory〔J〕. Fire Safety Journal, 2003, 38（6）: 501-533.

〔21〕 Graeme Flint, Asif Usmani, Susan Lamont, et al. Structural response of tall buildings to multiple floor fires. Journal of Structural Engineering, 2007, 133（12）: 1719-1732.

〔22〕 Guoqiang Li, Wei Ji, Chengyuan Feng, et al. Experimental and numerical study on collapse modes of single span steel portal frames under fire〔J〕. Engineering Structures, 2021, 245:112968.

〔23〕 Guobiao Lou, Jing Hou, Honghui Qi, et al, Experimental, numerical and analytical analysis of a single-span steel portal frame exposed to fire. Engineering Structures, 2024, 302: 117417.

〔24〕 Wei Ji, Guoqiang Li, Yao Wang, et al. Experimental and numerical study on fire-induced collapse of double-span steel portal frames〔J〕. Fire Safety Journal, 2024, 143: 104059.

〔25〕 Hamzeh Shakib, Maedeh Zakersalehi, Vahid Jahangiri, et al. Evaluation of Plasco Building fire-induced progressive collapse〔J〕. Structures, 2020, 28: 205-224.

〔26〕 Sidi Shan, Shuang Li. Collapse performances of steel frames against fire considering effect of infill walls〔J〕. Journal of Constructional Steel Research, 2021, 182: 106691.

〔27〕 Jian Jiang, Guoqiang Li. Progressive collapse analysis of 3D steel frames with concrete slabs exposed to localized fire〔J〕．Engineering Structures，2017，149：21–34.

〔28〕S Venkatachari，VKR Kodur．Modeling parameters for predicting the fire–induced progressive collapse in steel framed buildings〔J〕．Resilient Cities and Structures，2023，2（3）：129–144.

〔29〕Guangyong Wang，Xingchen Cui，Zheng Li，et al．Fire performance of steel reinforced concrete column to reinforced concrete beam planar frames：Experiment〔J〕．Structures，2024，66：106892.

〔30〕Huiyun Zhang，Yanfei Zhu，Yufei Liu，et al．Progressive collapse resistance of RC beam–column substructures under fire conditions．Structures，2023，56：104985.

〔31〕Yushuang Wang，Hao Zhou，Jianying Wu．Hybrid fire collapse simulation of reinforced concrete structures under localized fire．Engineering Structures，2023，292：116525.

〔32〕王广勇．钢–混凝土组合结构火灾力学性能及工程应用〔M〕．北京：化学工业出版社，2024.

第5章
型钢混凝土框架柱火灾后抗震性能研究

5.1 引言

由于抗震性能好，型钢混凝土框架结构多用于抗震设防区的高层建筑结构。建筑火灾频繁发生，由于灭火困难，高层建筑发生较大火灾的概率更大。发生火灾后，高层建筑结构面临着火灾后的性能评估及修复加固。对于地震区的高层建筑结构，需要对其火灾后的抗震性能进行评价，并在评价的基础上采取相应的修复加固措施。例如，2009年2月9日央视新址电视文化中心（TVCC）发生特大火灾。由于北京位于8度抗震设防区，TVCC面临着火灾后建筑结构抗震性能评价的难题。型钢混凝土框架柱火灾后的抗震性能研究可为其火灾后抗震性能评价及修复加固提供参考，具有较大的理论意义及工程实用价值。

目前，在型钢混凝土结构火灾后力学性能研究方面已经取得部分成果。谭清华[1]进行了火灾后型钢混凝土柱的力学性能试验，提出了火灾后型钢混凝土柱剩余承载力的实用计算方法。宋天诣[2]进行了火灾后型钢混凝土梁柱节点的力学性能试验，提出了火灾全过程作用下节点的工作机理以及弯矩–转角的关系。李俊华等[3]对比研究了常温下和高温作用后型钢混凝土柱–钢梁节点的抗震性能，发现高温作用后节点的抗震性能仍较好。Wang等[4]进行了轴心受压和偏心受压的T形型钢混凝土柱火灾后力学性能试验研究，提出了T形型钢混凝土柱火灾后承载能力的简化计算方法。Li等[5]进行了火灾后方钢管和圆钢管混凝土柱抗震性能试验，建立了其火灾后抗震性能的有限元计算模型。Wang等[6]进行了十字形型钢混凝土柱火灾后的抗震性能试验，研究型钢混凝土柱火灾后的滞回曲线、骨架曲线、延性、刚度退化和能量耗散的相关规律。

Tao等[7]对型钢混凝土柱型钢–混凝土界面火灾后残余粘结强度进行了试验研究，发现混凝土保护层厚度对残余粘结强度的影响不显著。Pucinotti等[8]设计了一种焊接钢–混凝土组合节点，对该节点地震后的耐火性能进行了试验研究，提出该节点地震后耐火性能的变化规律。Han等[9]开展了火灾后型钢混凝土柱剩余承载力的理论分析，提出采用火灾后柱截面的弯矩–轴力相关曲线评估柱火灾后承载力的方法。Liu等[10]进行了型钢混凝土十字形柱火灾后力学性能试验研究，研究了受火时间、加载偏心度和加载角对剩余承载力的影响规律。Li等[11]进行钢筋混凝土框架火灾后的抗震性能试验，发现经历火灾后框架结构的耗能能力明显下降，延性增强，刚度退化严重。

Han等[12]进行了火灾后钢管混凝土柱的抗震性能试验，发现火灾后柱的水平承载力和抗弯刚度下降，修复后柱的承载力与受火前基本持平。王广勇等[13]进行了型钢混凝土柱火灾后抗震性能试验，研究了轴压比、受火时间、含钢率对柱火灾后抗震性能的影响规律。Wang等[14]进行了型钢混凝土框架结构火灾后抗震性能试验，研究了轴压比、受火时间等参数对框架结构火灾后抗震性能的影响规律。李俊华等[15]进行了火灾后型钢混凝土柱的抗震性能试验，提出了高温作用后型钢混凝土柱受剪承载力计算方法。综上所述，在型钢混凝土柱火灾后抗震性能方面的成果还不够完善，还缺乏系统的试验研究成果。

本章进行了考虑火灾作用全过程的火灾后型钢混凝土柱抗震性能试验，考虑受火时间和轴压比的影响，对升降温过程中型钢混凝土柱的温度场分布、火灾后型钢混凝土柱的破坏形态、滞回曲线、刚度、延性及耗能能力等进行了系统的试验研究，成果可为型钢混凝土柱火灾后抗震性能评价及修复加固提供参考依据。

5.2 大比例型钢混凝土框架柱火灾后抗震性能试验研究

5.2.1 试验概况

5.2.1.1 试件设计

火灾包括升温和降温两阶段，升温阶段的时间长度称为受火时间（t_h），受火时间对型钢混凝土柱火灾后的抗震性能有较大影响。此外，柱轴压比对其火灾后的抗震性能也有较大影响。首先进行耐火试验，针对耐火试验后梁已经破坏而柱尚没有破坏的框架试件，开展火灾后型钢混凝土柱的抗震性能研究。

试验考虑受火时间（t_h）和柱轴压比（n）两个参数，共采用4个柱试件。试验柱试件来自框架梁破坏后的型钢混凝土框架试件，4个柱试件来自2个框架试件。试件参数见表5.1。

试件参数 表5.1

试件编号	受火时间 t_h/min	轴压比 n	轴压力 /kN
F1C1	75	0.61	1994
F1C2	75	0.41	1329
F2C1	150	0.49	1600
F2C2	150	0.41	1329

以单层单跨型钢混凝土柱–钢筋混凝土梁平面框架试件为试验对象，共2个试件，框架试件如图5.1所示。

为尽量符合实际，选取较大比例试件，型钢混凝土柱截面尺寸为260mm×260mm，框架柱中型钢截面为H120×100×12×12。混凝土采用C35，型钢采用Q345C，纵筋采用HRB335，箍筋采用HRB235。实测C35混凝土150mm×150mm×150mm立方体抗压强度平均值为35.2MPa。地梁和梁柱主筋混凝土保护层厚度分别为30mm和25mm。钢材实测强度见表5.2。

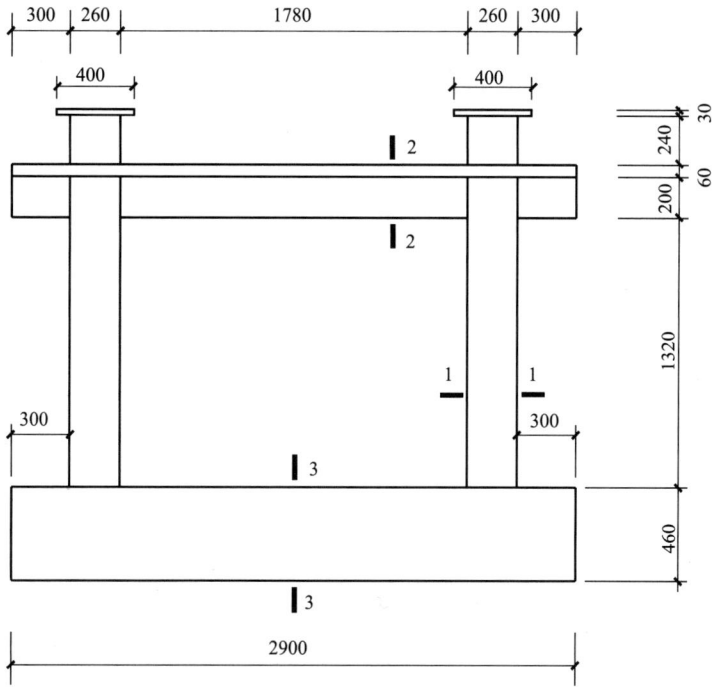

(a) 框架平面图

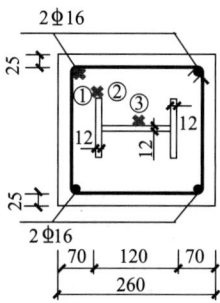

✖ —— 温度测点

(b) 柱截面

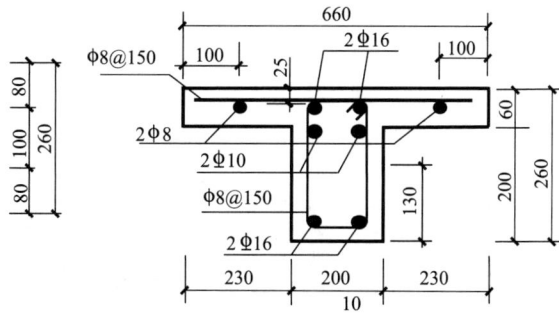

(c) 梁截面

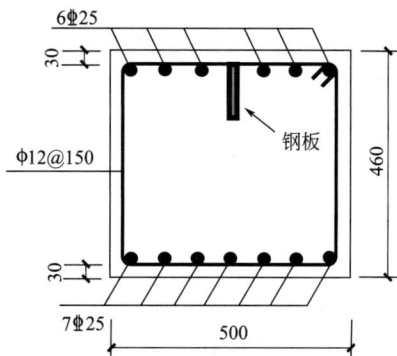

(d) 地梁截面

图 5.1　试件尺寸

钢材性能参数　　　　　　　　　　表 5.2

材料类别	厚度或直径	弹性模量/MPa	屈服强度/MPa	抗拉强度/MPa
Q345C	12mm	2.00×10^5	466	631
HRB235	8mm	2.00×10^5	352	518
	12mm	2.00×10^5	459	589
HRB335	10mm	1.96×10^5	450	578
	16mm	2.00×10^5	489	613
	25mm	2.00×10^5	442	570

5.2.1.2　升降温试验过程

升降温试验在耐火实验室进行，主要设备包括加载架和高温试验炉。首先在框架柱顶和跨中施加竖向荷载，并在试验过程中保持荷载恒定。表5.1中轴压比 n=0.61的柱顶荷载对应各试件升降温过程中的荷载。火灾一般为局部火灾，同层框架只有部分柱受火。研究表明[16]，经历火灾后，型钢混凝土柱的刚度降低。在超静定框架结构中，当柱的刚度降低之后，柱承担的荷载将会降低。试验中考虑这种经历火灾后柱轴压力的降低，在部分火灾后抗震性能试验中采用比升降温过程中的荷载小的柱顶荷载，以便比较。之后，点火升温，按照ISO 834标准升温曲线升温。至预定的升温时间，试验炉熄火，打开炉盖自然降温。升降温过程试验装置如图5.2所示。

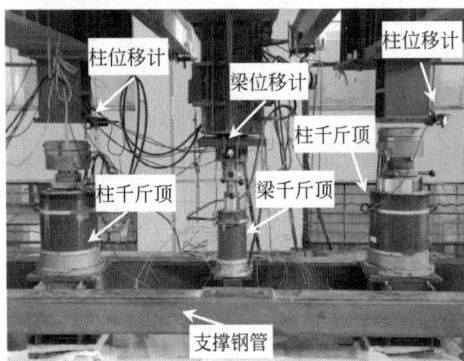

(a) 加载及测量装置　　　　　　　　(b) 炉内试件

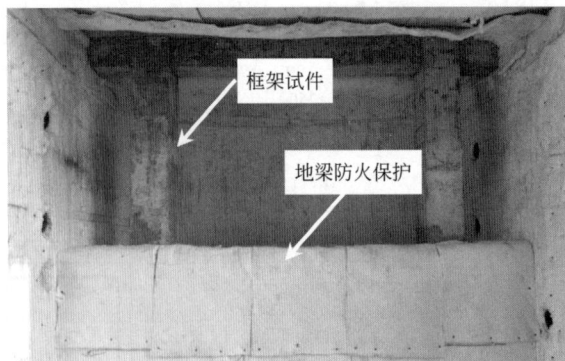

图 5.2　框架梁耐火性能试验装置

在升降温过程中测试框架柱高中间截面各测点的温度（T）–时间（t）关系，柱测温截面布置3个测点，编号分别为1、2、3，温度测点布置如图5.1（b）所示。试验中，各框架试件试验炉温（T）与ISO 834标准升温曲线的比较如图5.3所示。可见，实测平均炉温升温段与ISO 834标准升温曲线基本吻合。

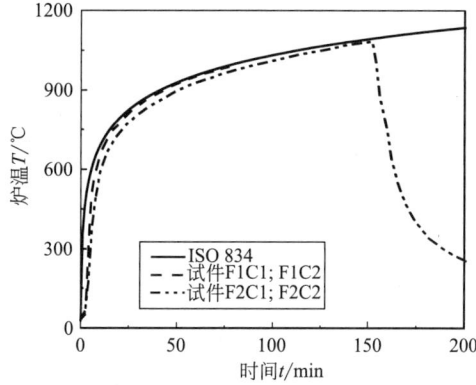

图5.3　各试件炉温与ISO 834标准升温曲线的比较

5.2.1.3　火灾后抗震性能试验过程

进行火灾后抗震性能试验时，首先施加柱顶竖向荷载。之后，采用液压伺服作动器（MTS）施加水平反复荷载，水平反复荷载按位移施加。试验过程中测试柱加载端的水平位移及水平力。柱火灾后抗震性能试验装置如图5.4所示。

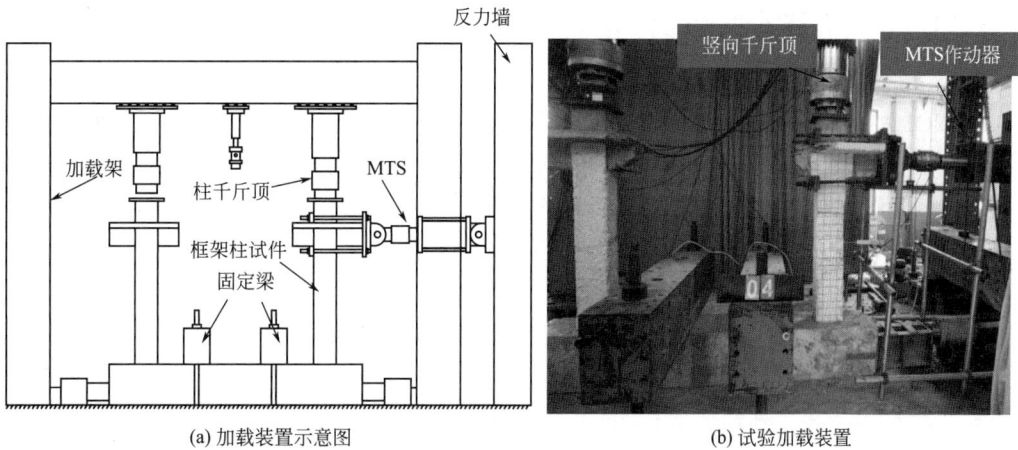

(a) 加载装置示意图　　　　　(b) 试验加载装置

图5.4　火灾后抗震性能试验装置

水平荷载由位移控制施加。试验初期，每级增加位移2mm，循环1次。水平位移达到8mm后，每级增加位移4mm，循环3次。位移加载制度如图5.5所示。

5.2.2　温度场试验结果分析

试验测得的试件F1C1、F2C2柱截面各测点温度（T）–时间（t）关系曲线分别如图5.6、图5.7所示。可见，相对于炉温升降

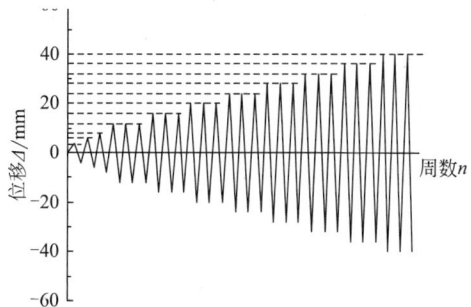

图5.5　位移加载制度

温变化，截面内各测点温度变化相对滞后。柱截面外部测点1的峰值温度远大于内部测点2和3。对于试件F1C1，测点2、3的升降温变化滞后于测点1。对于试件F2C2，测点1、3的升降温变化滞后于测点2，这可能是柱截面混凝土剥落导致的。

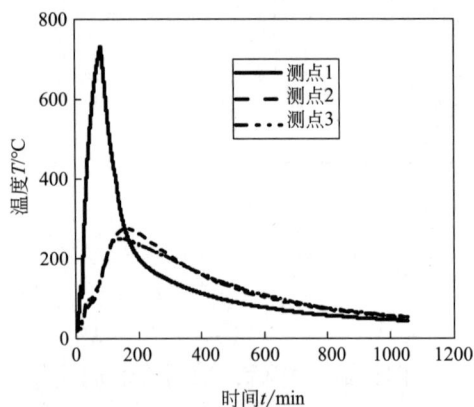

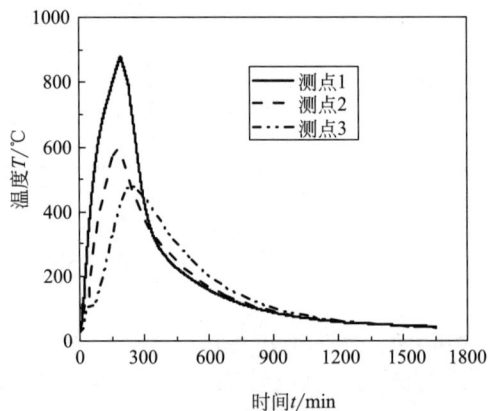

图5.6　试件 F1C1 柱截面各测点温度－时间曲线　　　图5.7　试件 F2C2 柱截面温度－时间曲线

5.2.3　火灾后抗震性能试验结果及分析

5.2.3.1　破坏过程

以F2C1为例，说明型钢混凝土柱火灾后经历水平反复荷载时的裂缝开展及破坏过程。柱裂缝开展及破坏过程如图5.8所示。从图5.8（a）可见，施加水平荷载后，柱自下部开始产生裂缝。裂缝多为竖向裂缝，位于纵筋内侧与混凝土的交界面，该裂缝为钢筋与混凝土的粘结裂缝。随着柱水平位移的增大，粘结裂缝数量和宽度增大，逐步形成柱表面的竖向裂缝带。同时，在上述界面粘结裂缝附近也出现多条混凝土受压裂缝。

随柱水平位移（Δ）增大，柱下部边缘的混凝土开始剥落，混凝土剥落主要由受压导致，如图5.8（b）所示。随着位移的增大，混凝土剥落程度不断加剧。随着混凝土剥落程度加剧，柱水平荷载达到峰值。从图5.8（c）可见，随着柱顶端水平位移进一步增大，当位移达到28mm时，柱下端混凝土剥落越发严重。

当水平位移达到32mm时，如图5.8（d）所示，柱底部截面左右边缘混凝土开始大面积脱落。并且随着循环次数增加，柱保护层混凝土逐渐剥落殆尽，如图5.8（e）所示。此时，柱背面混凝土被压碎，柱随之出现平面外的压坏，失去竖向承载力，如图5.8（f）所示。受火过程中，柱背面混凝土剥落较为严重，导致柱最终在平面外发生受压破坏。

试件的最终破坏形态如图5.9所示。除试件F2C1破坏时伴随着柱平面外受压破坏，其余试件均发生了水平力作用平面内的压弯破坏，尚没有发生平面外的受压破坏。从图5.9及图5.8（e）可见，试件F1C1和F1C2破坏的位置靠近柱底端，而且破坏的范围较小。试件F2C1、F2C2破坏的位置比试件F1C1、F1C2更靠上，而且破坏的范围更大。试件F2C1、F2C2的受火时间较长（150min），柱混凝土剥落更严重，而且火灾后材料强度更低，致使火灾后遭遇地震时的破坏范围更大。

(a) Δ=20mm　　　　　　(b) Δ=24mm　　　　　　(c) Δ=28mm

(d) Δ=32mm　　　　(e) Δ=32mm第二循环　　　　(f) 背面

图 5.8　试件 F2C1 裂缝发展及破坏过程

5.2.3.2　滞回曲线和骨架曲线

1. 滞回曲线和骨架曲线的典型特征

各试件水平力（P）–水平位移（Δ）滞回曲线和骨架曲线如图 5.10 所示。从图中可见，滞回曲线为饱满的梭形，没有明显的捏拢效应。可见，型钢有效提高了柱的耗能能力。此外，滞回曲线不对称，恢复力在负方向较大，正方向较小。当试件框架梁破坏时，框架梁给柱端施加拉力，导致柱端发生指向框架中心的残余位移。火灾后施加柱顶竖向荷载后，竖向荷载会在上述位移上产生初始弯矩，从而导致柱水平承载力不对称。

(a) F1C1   (b) F1C2   (c) F2C2

图 5.9　试件的破坏形态

　　柱试件的骨架曲线如图 5.11 所示。从图中可见，骨架曲线可以分为上升阶段和下降阶段 2 个阶段。轴压比最大的试件 F1C1 的下降段陡直，延性最差，其余试件下降段平缓，延性较好。

　　2.　滞回曲线及骨架曲线的参数分析

　　（1）受火时间的影响

　　试件 F1C2 受火时间为 75min，F2C2 受火时间为 150min，两试件轴压比 n=0.41，两试件滞回曲线和骨架曲线的比较如图5.12所示。从图可看出，受火时间较短试件F1C2的峰值荷载较大，极限位移较大。可见，火灾后，受火时间较长试件的承载能力较低。随受火时间增加，经历的最高温度升高，混凝土和钢材的强度降低，导致火灾后柱的承载能力降低。

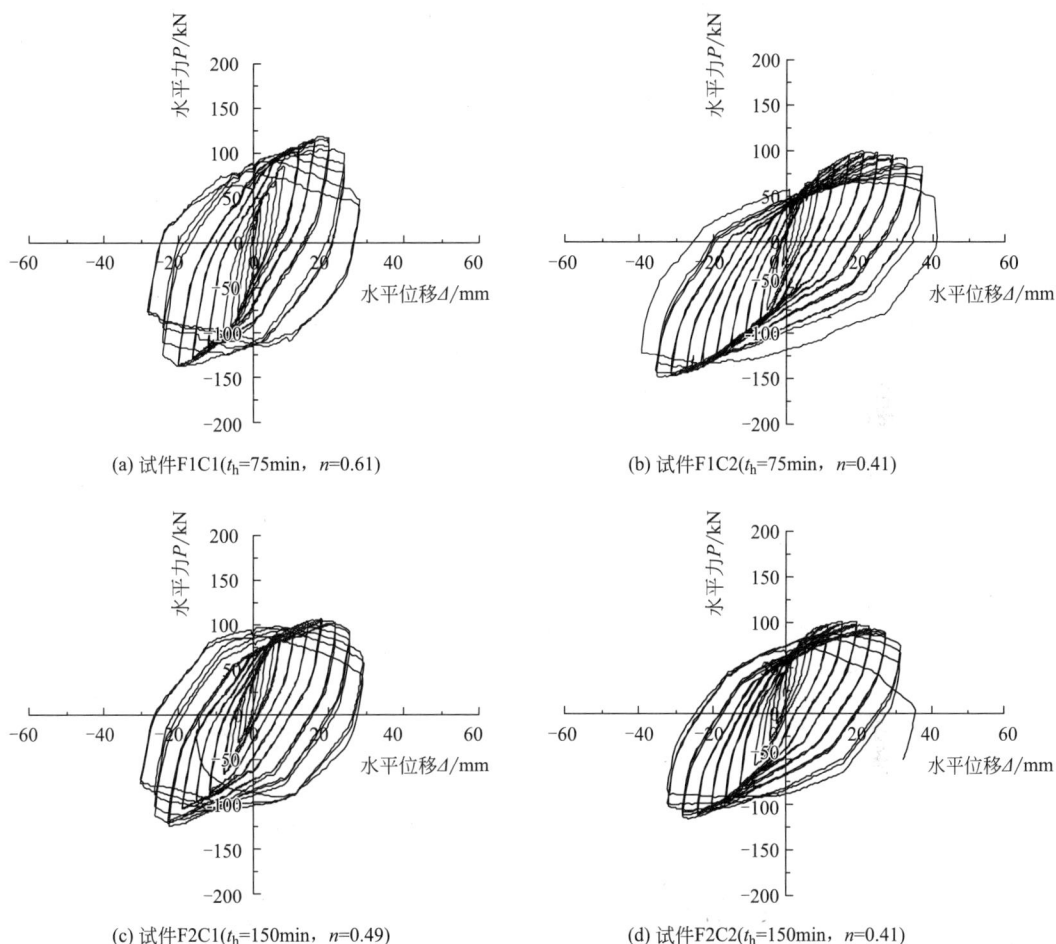

(a) 试件F1C1(t_h=75min，n=0.61)

(b) 试件F1C2(t_h=75min，n=0.41)

(c) 试件F2C1(t_h=150min，n=0.49)

(d) 试件F2C2(t_h=150min，n=0.41)

图5.10　试件水平力（P）－水平位移（Δ）滞回曲线

（2）轴压比

试件F1C1和F1C2受火时间均为75min，轴压比分别为0.61和0.41，上述两试件滞回曲线和骨架曲线的比较如图5.13所示。试件F2C1和F2C2的受火时间均为150min，轴压比分别为0.49和0.41，上述两试件滞回曲线和骨架曲线的比较如图5.14所示。

从图5.13可以看出，当受火时间为75min时，轴压比较大试件F1C1的承载力较大，到达峰值荷载及极限荷载时的位移较小。同样，当受火时间为150min时，轴压比较大试件F2C1的承载力较大，到达峰值荷载及极限荷载时的位移较小。说明轴压比越大，试件的水平承载力越大，延性越差。试件F2C1和F2C2两试件的轴压比相差不大，二者的滞回曲线和骨架曲线较为接近。

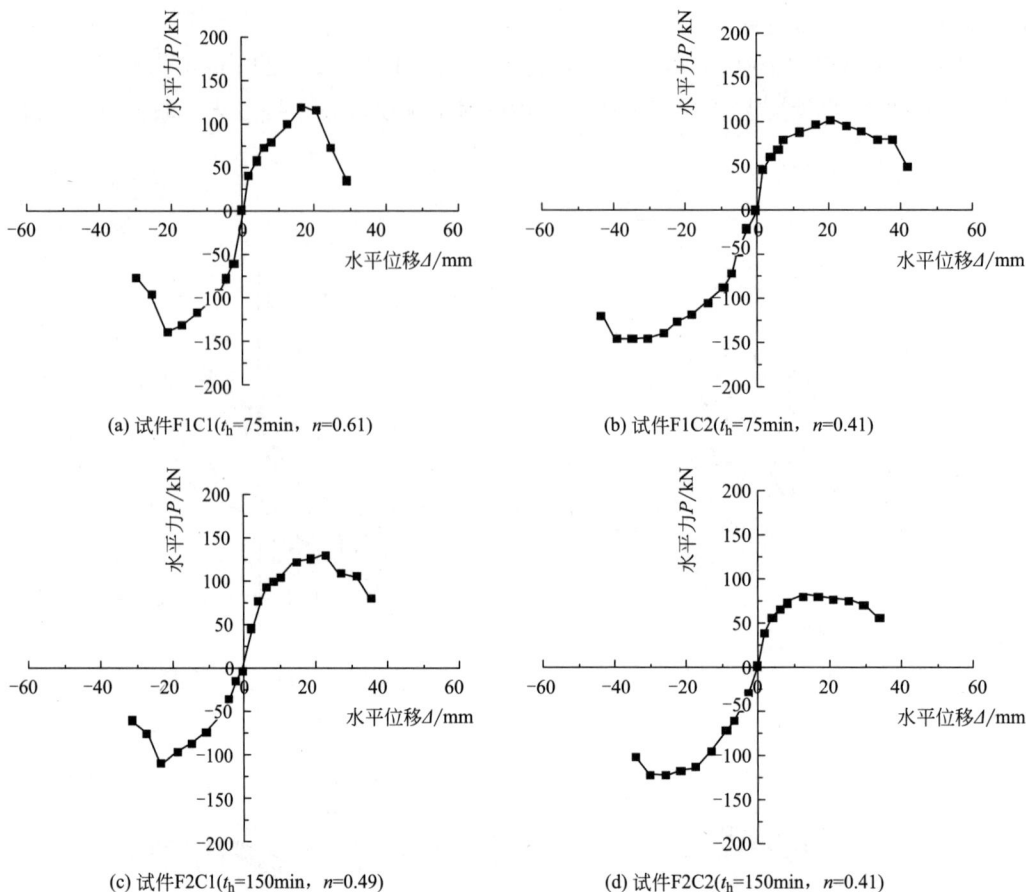

(a) 试件F1C1(t_h=75min，n=0.61)

(b) 试件F1C2(t_h=75min，n=0.41)

(c) 试件F2C1(t_h=150min，n=0.49)

(d) 试件F2C2(t_h=150min，n=0.41)

图 5.11　试件水平力（P）–水平位移（Δ）骨架曲线

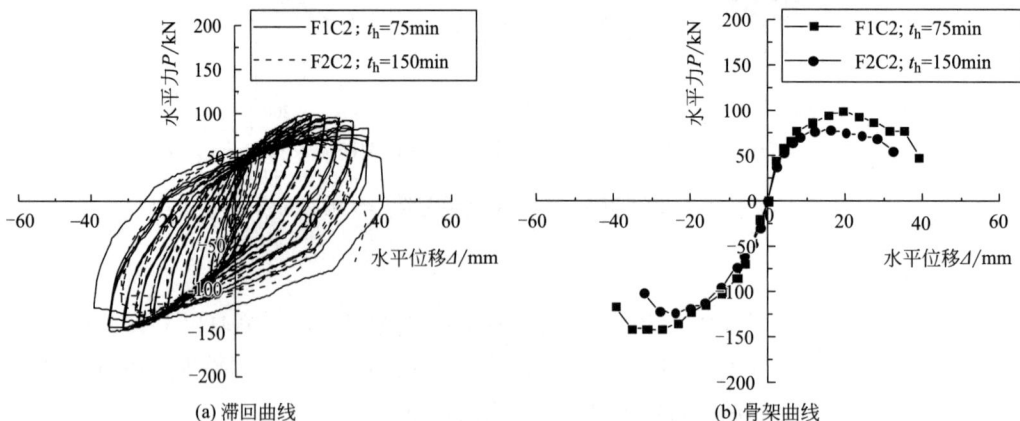

(a) 滞回曲线

(b) 骨架曲线

图 5.12　受火时间对滞回曲线及骨架曲线的影响

5.2.3.3　延性

延性一般采用延性系数表示。延性系数定义为极限位移与屈服位移之比。极限位移取 0.85 倍的峰值荷载所对应的位移，屈服位移采用"通用屈服弯矩法"（G.Y.M.M）[13] 确定。根据骨架曲线，可确定各试件的峰值荷载点、极限位移点以及延性系数，见表5.3。

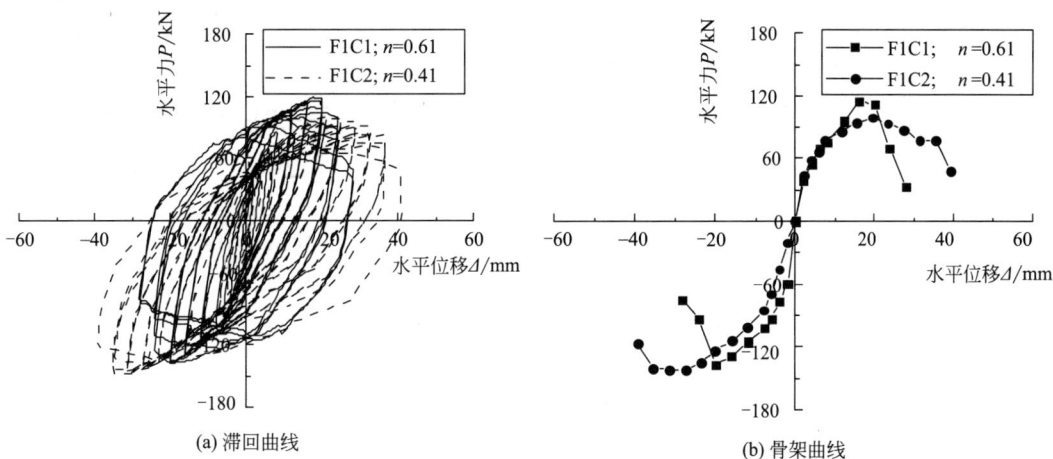

图 5.13　轴压比对滞回曲线及骨架曲线的影响（t_h=75min）

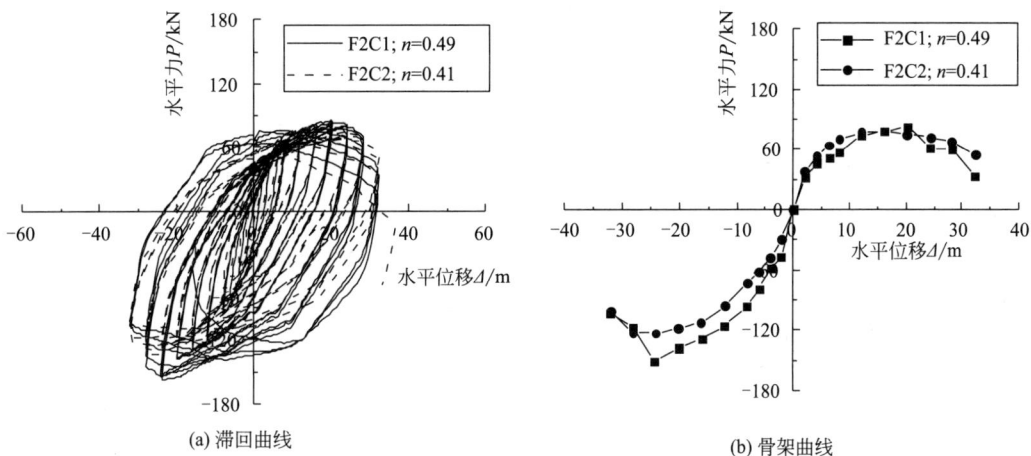

图 5.14　轴压比对滞回曲线及骨架曲线的影响（t_h=150min）

试件的屈服点、极限荷载点、极限位移点及延性系数　　　　表 5.3

试件编号	方向	屈服点		峰值荷载点			极限位移点		延性系数	
		位移/mm	荷载/kN	位移/mm	荷载/kN	均值/kN	位移/mm	荷载/kN	正（负）向	均值
F1C1	正	10.20	86.62	16.06	115.24	126.19	21.34	97.954	2.10	2.47
	负	7.72	101.46	19.91	137.14		21.89	116.57	2.84	
F1C2	正	7.68	77.78	19.5	99.33	120.80	28.68	84.43	3.73	2.92
	负	18.47	120.02	27.43	142.27		38.88	120.93	2.10	
F2C1	正	9.29	62.38	20.16	82.83	116.92	22.55	70.41	2.43	2.34
	负	12	115.11	24.32	151		26.87	128.35	2.24	
F2C2	正	6.11	63.45	16.18	78.15	100.64	28.80	66.43	4.71	3.49
	负	13.91	103.2	24.09	123.13		31.59	104.66	2.27	

（1）受火时间的影响

试件F1C2和F2C2的轴压比均为0.41，受火时间分别为75min和150min，其延性系数 β 分别为2.92和3.49。轴压比相同时，延性系数与受火时间的关系如图5.15所示。从图中可见，随受火时间增加，延性系数增大。

（2）轴压比的影响

试件F1C1和F1C2的受火时间均为75min，轴压比分别为0.61和0.41。试件F2C1和F2C2的受火时间均为150min，轴压比分别为0.49和0.41。受火时间相同时，延性系数与轴压比的关系如图5.16所示。从图中可见，受火时间相同时，轴压比越大，延性系数越小。

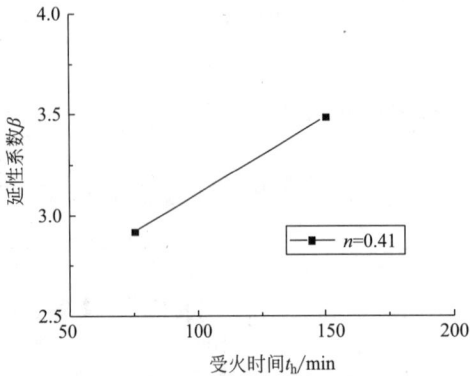

图5.15 延性系数与受火时间的关系

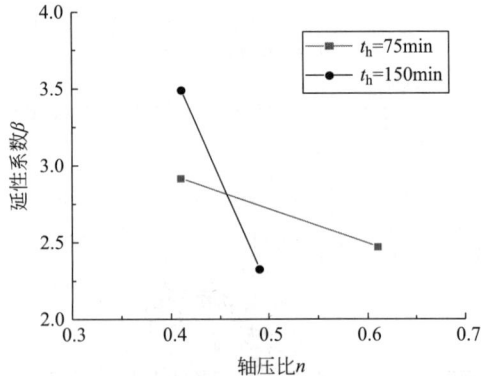

图5.16 延性系数与轴压比的关系

5.2.3.4 等效黏滞阻尼系数

等效黏滞阻尼系数表示试件的耗能能力，等效黏滞阻尼系数按文献［13］提出的方法计算。

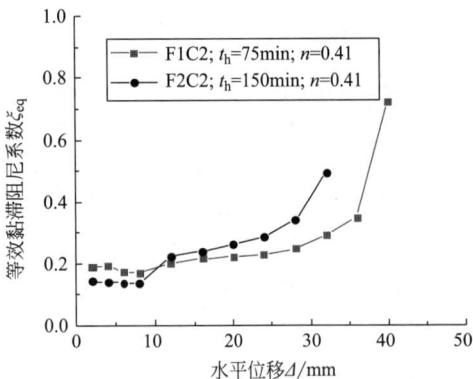

图5.17 受火时间对黏滞阻尼系数的影响

（1）受火时间的影响

试件F1C2和F2C2的受火时间长度分别为75min和150min，轴压比均为0.41。上述两试件等效黏滞阻尼系数（ ξ_{eq} ）与水平位移（ Δ ）关系曲线如图5.17所示。总体来看，受火时间较长的试件等效黏滞阻尼系数较大。

（2）轴压比对阻尼系数的影响

试件F1C1和F1C2的受火时间均为75min，轴压比分别为0.61和0.41，两试件等效黏滞阻尼系数–水平位移关系曲线如图5.18（a）所示。试件F2C1和F2C2的受火时间均为150min，轴压比分别为0.49和0.41，两试件等效黏滞阻尼系数–水平位移关系曲线如图5.18（b）所示。

从图5.18可见，等效黏滞阻尼系数随位移增大而增大，且轴压比越大，相同位移下等效黏滞阻尼系数也越大。

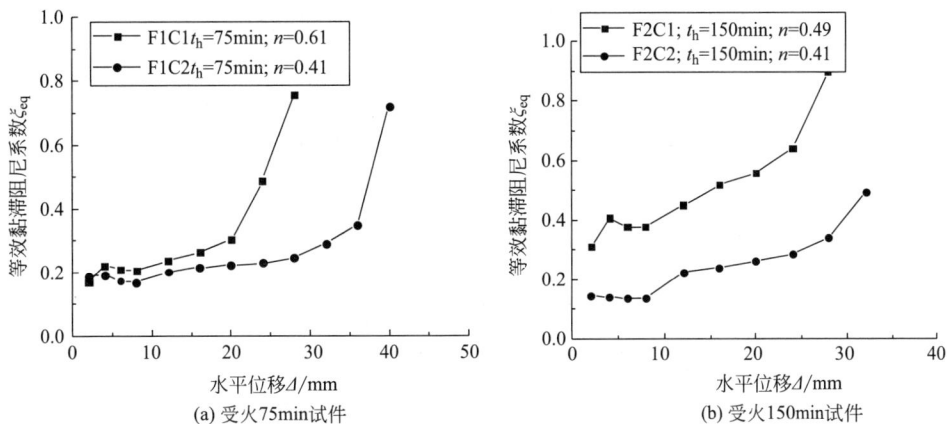

图 5.18　轴压比对阻尼系数的影响

5.2.3.5　刚度退化规律

刚度是评价结构抗震性能的重要指标，构件刚度包括切线刚度和割线刚度，其中割线刚度更具代表性。割线刚度的计算公式采用 $K = (|P^+| + |P^-|) / (|\Delta^+| + |\Delta^-|)$。式中 P^+ 为每级位移的正向水平荷载最大值；P^- 为每级位移的负向水平荷载最大值；Δ^+ 为每级正向水平位移最大值；Δ^- 为每级负向水平位移最大值。

将试件 F1C1 水平位移 Δ =4mm 时的割线刚度作为标准刚度，割线刚度除以标准刚度得到相对刚度，用 K 表示。各试件的等效刚度和相对刚度见表 5.4。

试件等效刚度和相对刚度　　　　　　　　　　　　　　表 5.4

试件编号	参数	位移/mm									
		4	8	12	16	20	24	28	32	36	40
F1C1	等效刚度/（kN/m）	16052.4	11565.7	9114.8	7437.6	6183.6	3963.5	2109.4			
	相对刚度	1.0	0.72	0.57	0.46	0.39	0.25	0.13			
F1C2	等效刚度/（kN/m）	13543.2	10098.3	7831.7	6501.7	5531.7	4806.0	4163.8	3479.7	2956.7	1513.1
	相对刚度	0.84	0.63	0.49	0.41	0.34	0.30	0.26	0.22	0.18	0.09
F2C1	等效刚度/（kN/m）	13011.1	9720.2	7874.4	6521.9	5499.5	4770.4	3511.0	2208.5		
	相对刚度	0.81	0.61	0.49	0.41	0.34	0.30	0.22	0.14		
F2C2	等效刚度/（kN/m）	12538.9	8892.9	7164.4	5836.5	4862.7	4091.7	3376.5	2417.7		
	相对刚度	0.78	0.55	0.45	0.36	0.30	0.25	0.21	0.15		

注：由于试件没有达到某级位移而破坏，导致表中缺乏某级位移下的相关参数。

（1）受火时间的影响

试件 F1C2、F2C2 的受火时间分别为 75min 和 150min，轴压比均为 0.41。两试件相对刚度（K）与水平位移（Δ）关系曲线如图 5.19 所示。从图中可见，随着水平位移增大，两试件相对刚度降低。受火时间越长，相对刚度越小。

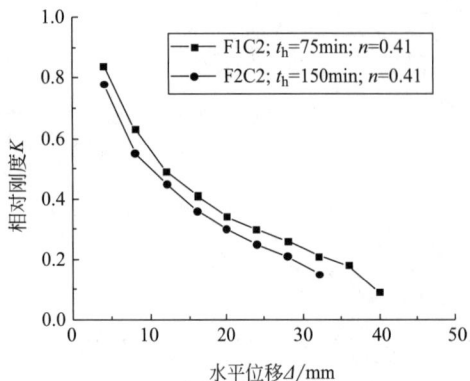

图 5.19 受火时间对相对刚度的影响

（2）轴压比的影响

试件 F1C1、F1C2 的受火时间为 75min，两试件的轴压比分别为 0.61 和 0.41，两试件的相对刚度与水平位移关系曲线如图 5.20（a）所示。试件 F2C1、F2C2 的受火时间为 150min，两试件的轴压比分别为 0.49 和 0.41，两试件的相对刚度与水平位移关系曲线如图 5.20（b）所示。从图中可见，随着水平位移的增大，试件的相对刚度总体下降。当受火时间相同时，轴压比越大，试件的相对刚度越大。

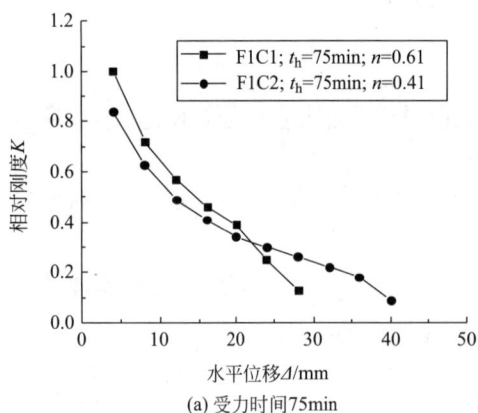

(a) 受力时间75min

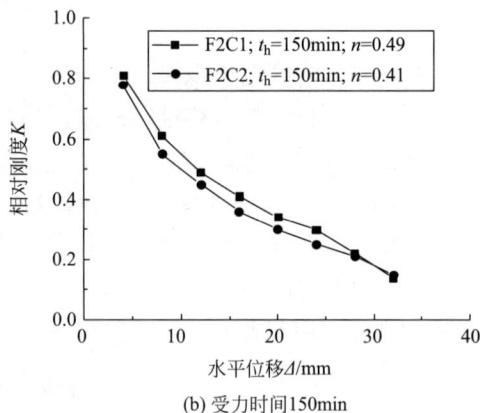

(b) 受力时间150min

图 5.20 轴压比对相对刚度的影响

5.2.4 小结

考虑受火时间、轴压比的影响，进行了大比例型钢混凝土框架柱试件火灾后抗震性能试验，研究了型钢混凝土框架柱升降温过程中的温度变化规律、火灾后裂缝开展及破坏形态、滞回曲线及骨架曲线形状、延性系数、刚度、阻尼系数等特性。在本书参数下可得如下结论：

（1）升降温试验中，柱试件内部升降温滞后于炉温，升降温过程中柱产生的混凝土剥落及残余变形等缺陷会影响其火灾后的滞回性能。

（2）火灾后当柱顶端施加水平力后，在纵筋与混凝土交界面首先出现竖向裂缝，并逐步形成裂缝带。随着水平位移的增大，混凝土剥落愈发严重。最后，柱下端混凝土大面积剥落，柱失去竖向承载力而破坏。

（3）型钢混凝土柱的滞回环形状饱满，耗能能力强。

（4）受火时间越长，试件的承载能力越小，延性系数越大，刚度退化程度越大。轴压比越大，试件的承载能力越大，延性越小，阻尼系数越大，刚度越大。

5.3　型钢混凝土柱火灾后抗震性能试验研究

5.3.1　试验概况

本节考虑火灾与荷载耦合以及在升降温过程中荷载作用对火灾后型钢混凝土柱力学性能的影响，进行了9根火灾后、2根常温下型钢混凝土柱抗震性能试验。试验考虑受火时间、轴压比的影响，对火灾后型钢混凝土柱承载能力、滞回性能、破坏形态以及型钢与混凝土之间的粘结滑移特性进行了试验研究，本节结果可为火灾后型钢混凝土柱的抗震性能评估和修复加固设计提供参考。

按照受火时间进行了6组共11个型钢混凝土柱的抗震性能试验，其中9个为受火后型钢混凝土柱，2个为常温对比试件，11个试件的几何尺寸相同。本节柱试件取自框架试件的框架柱。试验中受火时间为t和轴压比为n。各试件参数见表5.5。按照ISO 834曲线升温，降温采用自然降温。轴压比依据《组合结构设计规范》JGJ 138—2016的规定计算。

柱试件详图如图5.21所示，柱截面尺寸230mm×230mm，焊接型钢截面H130×110×16×6。实测试件为C40，常温下棱柱体抗压强度实测值为45.9MPa。钢材为Q345C，主筋为HRB335级，箍筋为HPB235级。常温下钢材和钢筋的弹性模量、屈服强度、抗拉强度实测平均值见表5.6。

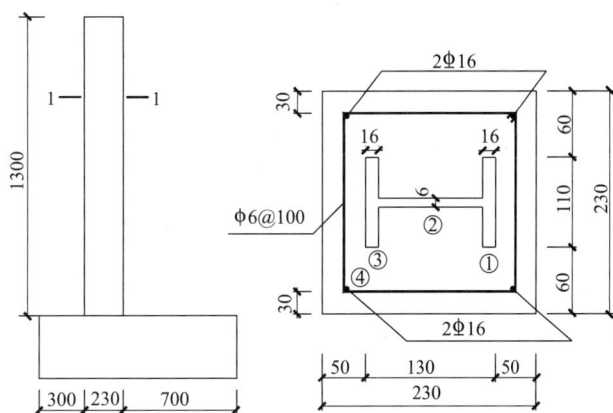

图5.21　型钢混凝土柱（单位：mm）
（图中①②③④为温度测点位置）

型钢混凝土柱试件参数　　　　表5.5

试件编号	轴压力/kN	轴压比n	受火时间t/min
SRC–1	1000	0.43	0
SRC–2	700	0.3	0
SRC–3	1000	0.43	114
SRC–4	700	0.3	114
SRC–5	1000	0.43	220
SRC–6	700	0.3	220
SRC–7	1000	0.43	270
SRC–8	1000	0.43	180
SRC–9	700	0.3	180
SRC–10	1000	0.43	96
SRC–11	700	0.3	96

钢材类别	厚度或直径/mm	屈服强度f_y/MPa	抗拉强度f_u/kMPa	弹性模量E/MPa
型钢腹板	6	343	465	2.02×10^5
型钢翼缘	16	400	545	2.01×10^5
纵筋	16	368	495	2.07×10^5
箍筋	6	332	453	2.02×10^5

钢材材料特性   表5.6

5.3.2 升降温全过程型钢混凝土柱力学性能试验

5.3.2.1 试验过程

升降温全过程火灾试验分如下6个步骤进行：

（1）试件安装、定位。试件安装过程中须防止碰撞损坏，必须保护好试件；定位时保持型钢混凝土柱试件中线与加载装置（千斤顶）对中，定位后在常温下进行预加载，按照设计荷载值进行加载，加载后检查柱上端连接螺栓，降低装置初始缺陷影响。

（2）耐火炉封闭。试件安装检查完毕后，将实验室温度采集箱引线与试件内部的热电偶（预留）连接，并检查各热电偶和温度数据采集情况，确认各部位正常后将炉壁和炉顶封闭，对空隙处采用耐火棉封堵。

（3）调试位移采集装置。将柱顶端电子位移计连接线与位移采集箱和电脑记录程序连接并调试，确认无误后进行下一步。

（4）升温过程。保持柱端荷载值不变，按照ISO 834标准升温曲线进行升温。升温过程中电脑记录软件将按设定要求采集电子位移计的位移数据和热电偶测点的温度读数。按照前面设定的升温时间进行升温，到达后可停止升温过程并进入下一步——降温过程。

（5）降温过程。同样，升温结束后按照自然降温进行炉腔降温。降温过程中，柱端荷载保持不变，同时记录各热电偶温度测点和位移计的读数。

（6）取出试件。待试件降至常温后，将试件取出，准备火灾后型钢混凝土柱抗震性能试验。

5.3.2.2 试验现象

受火后部分型钢混凝土试件如图5.22所示，从图中可以看出以下特点：

（1）试件混凝土柱表面基本完整，布满裂纹。这些裂纹是由高温引起，且裂纹分布无明显规律。

（2）随着受火时间的增加，试件表面混凝土的灰色变浅，逐渐变为灰白色。受火时间为220min的试件，混凝土角部有破损，露出白色的混凝土骨料。

所以，受火冷却后的型钢混凝土试件符合继续进行火灾后滞回性能试验的条件。

5.3.2.3 温度场测试结果

试件内预埋热电偶测试温度，每个试件在柱高中间截面布置温度测点4个，温度测点布置如图5.21。图5.23给出了部分试件升降温全过程炉温以及热电偶实测温度（T）随时间（t）的变化曲线。从图中可以看出，各测点温度相对滞后于炉温，且测点越往里滞后越显著，但升降温全过程大致保持一致。

图5.22　部分试件受火后形态

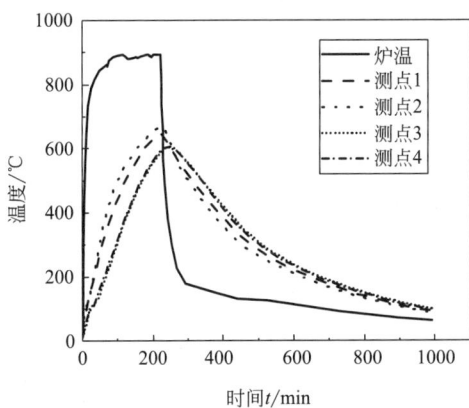

(a) 试件SRC-5，受火时间220min

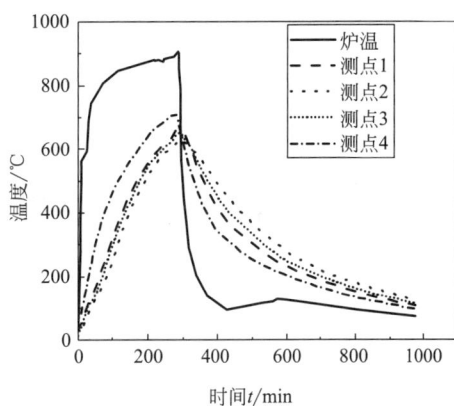

(b) 试件SRC-7，受火时间270min

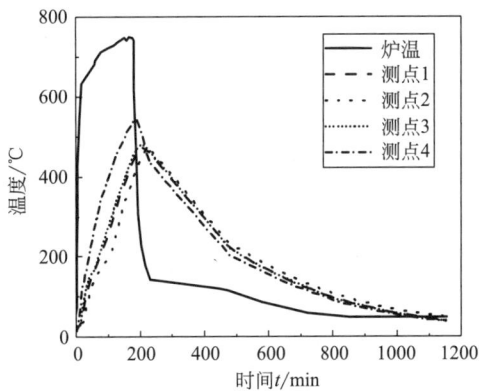

(c) 试件SRC-8，受火时间180min

图5.23　部分试件的升降温曲线

从上图可以看出：

（1）各测点温度相对滞后于炉温，且测点越往里滞后效果越显著，但升、降温全过程中热电偶测点温度与炉膛内温度变化大致保持一致。

（2）测点④位于最外侧，故而温度上升较快，且温度曲线与ISO 834曲线更接近；测点①和测点③位置对称，温度变化程度基本一致；测点②在四个热电偶测点中最靠里，温度上升最慢。

（3）由于火灾下型钢混凝土柱试件内部的传热方式是热传导，所以炉内停止升温开始降温后，混凝土外侧温度仍在向内传递。这导致了炉膛内升温结束后内部热电偶测点温度下降趋势与炉温相差较大。

（4）试件内升温结束后，由于热传导的影响，各测点从外向内依次降温，但相差不大。

5.3.2.4 升降温受火后的试件形态

受火后型钢混凝土试件冷却后试件表面布满裂纹，裂纹分布无明显规律。随着受火时间的增加，试件表面混凝土的灰色变浅，逐渐变为灰白色。受火时间为220min的试件，混凝土角部破损严重，露出烧成白色的混凝土骨料。混凝土柱表面基本完整。根据上述裂缝特征可以看出，裂缝主要由温度引起，无明显的受力裂缝。

5.3.3 火灾后型钢混凝土柱抗震性能试验

5.3.3.1 试验装置

火灾后的滞回性能试验采用如图5.24（a）所示试验加载装置。该装置由MTS伺服作动器、L形大梁、四连杆机构和加载反力架组成。该套装置能较好地模拟水平地震的反复作用：MTS伺服作动器提供水平荷载，四连杆机构和反力架能保证L形大梁在平面内水平方向和垂直方向自由移动，L形大梁上部的油压千斤顶提供竖向荷载，油压千斤顶下部安装滚动支座，保证竖向荷载在柱上部转动时作用方向竖直向下。试验装置示意图如图5.24（b）所示。

试验过程如下：

（1）试件安装、定位。火灾后试件混凝土性能劣化，故而在试件安装过程中必须防止碰撞损坏，保护好试件；定位时保持型钢混凝土柱试件中心轴线与加载装置（液压千斤顶）对中，定位后按照设计荷载值首先进行预加载，加载后检查柱下端连接螺栓是否拧紧，柱是否有偏移情况，同时检查L形大梁是否水平，大梁起吊装置是否完全放开，千斤顶是否添加防坠落钢索。

（2）试验加载。试验过程中，伺服作动器将水平荷载施加到L形大梁上，L形大梁通过夹具带动柱顶端水平移动，试验采用位移控制。位移加载制度为：试验试件初始加载位移为2mm，屈服之前按照每级2mm递增，每级加一圈，屈服之后每级增加4mm，每级3圈，待水平反力降至极限荷载85%时停止试验。

（3）试验数据记录。结构试验大厅中央控制室通过预埋线路多通道同时记录位移和荷载。

柱上端水平移动位移由电子位移计测得，柱端两侧各有一个电子位移计，计算时取其平均值以减小误差，如图5.25所示。水平位移加载制度如图5.26所示。

(a) 试验装置现场图

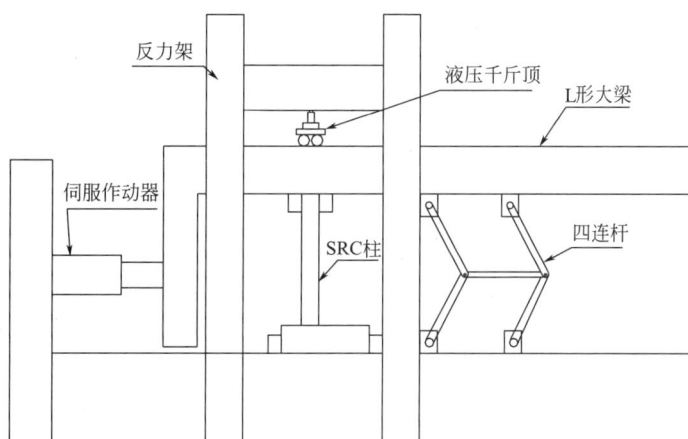

(b) 试验装置示意图

图 5.24　试验装置图

图 5.25　柱顶水平位移测量装置

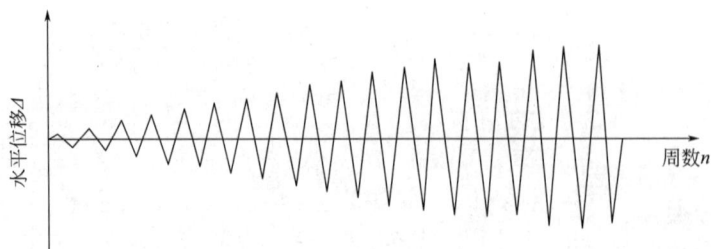

图 5.26 柱顶水平位移加载制度

5.3.3.2 火灾后抗震性能试验过程

受火后型钢混凝土试件表面基本完整，布满裂纹。这些裂纹是由高温引起，且裂纹分布无明显规律。在进行火灾后滞回性能的试验过程中发现，裂缝首先从这些高温引起的裂纹上出现，而与常温试件出现的受力裂缝位置不同。这表明，高温过程对混凝土的性能造成了初始损伤，使得裂缝首先从这些高温引起的裂纹上出现，而后继续扩展。本节以典型试件（SRC-10）来描述火灾后滞回性能试验过程（图5.27）。全过程如下：

（1）试件安装定位，如图5.27（a）所示。

（2）试验初期，SRC柱试件侧面出现水平受拉裂缝（图5.28a）。

试验过程中，柱顶端受水平荷载反复作用，柱顶位移加载到18mm级时，试件（SRC-10）首先在根部侧面出现水平受拉裂缝，随试验水平位移的增大，裂缝向截面高度中部扩展（图5.27（b）所示）。试验中发现，上述水平裂缝在型钢位置以外方向大致水平。

将所有型钢混凝土SRC柱试件进行对比，常温试件裂缝出现得比受火试件要晚，受火时间长的试件较受火时间短的试件裂缝出现略早，说明高温火灾使得混凝土性能劣化，抗拉能力变弱，并且受火时间越长，性能劣化越严重。

（3）试验中期，水平位移加载至28～32mm，SRC柱试件正面出现竖向裂缝（图5.28b）。

加载循环过程中，随试验水平位移的增大，水平荷载逐渐增大。位移28～32mm时，型钢翼缘外侧混凝土开始出现细微的沿柱高方向纵向裂缝（图5.27c），而后发展为明显的裂缝并迅速贯通整个试件，纵向裂缝高度基本等同于柱高，裂缝宽度逐渐扩大，逐渐表现为型钢混凝土的粘结滑移破坏（图5.27d）。裂缝扩大的同时，SRC柱底端角部混凝土被压碎（图5.27d），底部混凝土开始退出工作，核心区型钢和钢筋开始承担更多荷载。型钢混凝土柱试件的型钢翼缘厚16mm，相对较厚，刚度较大，型钢承担的剪力相对较大，导致型钢与混凝土之间界面剪应力较大，型钢与混凝土之间界面出现了明显的粘结破坏。

（4）试验结束，SRC柱底部出现塑性铰破坏，钢筋屈曲，型钢完好。

试件接近破坏时，试件底部混凝土大部分被压碎，受力主筋屈曲，底部出现塑性铰区，型钢表面未见任何屈曲现象（图5.29）。显示出火灾后由于混凝土的保护作用，型钢混凝土柱仍能够发挥型钢的良好的强度和刚度，其受力性能良好。

5.3.3.3 试件破坏形态

柱底端混凝土破坏形态呈X形（图5.29），即型钢外部混凝土全部压碎，底部出现塑性铰，塑性铰区高度见表5.7。

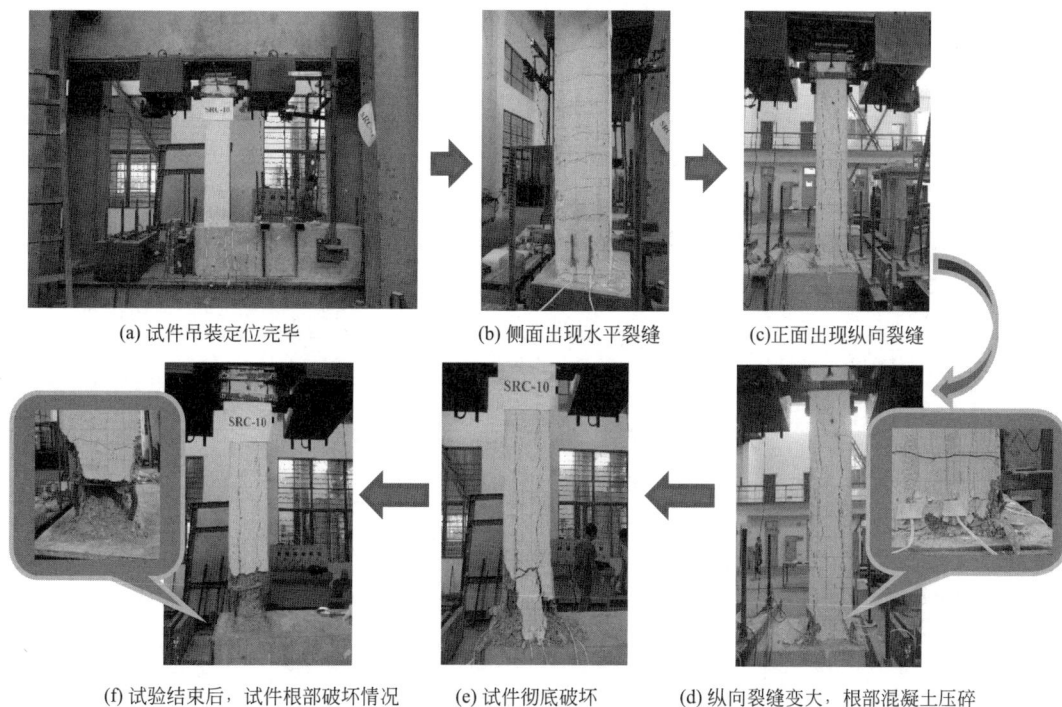

(a) 试件吊装定位完毕　　　　　(b) 侧面出现水平裂缝　　　　(c)正面出现纵向裂缝

(f) 试验结束后，试件根部破坏情况　　(e) 试件彻底破坏　　(d) 纵向裂缝变大，根部混凝土压碎

图 5.27　柱火灾后滞回性能试验全过程

(a) 水平裂缝　　　　　　　　　　　　　　(b)竖向裂缝

图 5.28　柱裂缝分布

塑性铰破坏区域高度测量方式如下：从柱底测量至塑性区中心，即混凝土最窄处，可得塑性区高度一半即 $1/2h$。从表5.7可以看出，相同轴压比情况下，较之常温试件，受火试件塑性区高度增加；受火时间相同的情况下，轴压比越小，塑性区高度越大，表现为小轴压比有助于提高试件的延性，滞回性能更好。

SRC 柱试件塑性区高度　　　　　　　　　　表 5.7

试件编号	受火时间 t/min	轴压比 n	塑性区高度/cm
SRC-1	0	0.43	19
SRC-2	0	0.3	32
SRC-3	114	0.43	0
SRC-4	114	0.3	22
SRC-5	220	0.43	18
SRC-6	220	0.3	32
SRC-7	210	0.43	38
SRC-8	180	0.43	44
SRC-9	180	0.3	28
SRC-10	96	0.43	33
SRC-11	96	0.3	28

全部试件破坏形态如图5.30所示，从图中可以看出：

（1）所有试件最终破坏为根部塑性铰破坏，试件底部型钢外部混凝土全部压碎，受力主筋屈曲，型钢表面未见任何屈曲，基本完好，说明由于混凝土的保护作用，型钢混凝土柱在火灾后仍能够发挥型钢良好的滞回性能。

（2）SRC柱试件正面竖向粘结滑移裂缝明显，裂缝位于型钢翼缘外侧，SRC柱试件的型钢翼缘较厚，刚度远超过混凝土刚度，从而导致型钢与混凝土之间界面剪应力大部分由型钢承担，二者界面出现了明显的粘结破坏。可见，型钢与混凝土之间界面的粘结破坏是火灾后型钢混凝土结构评估时需考虑的关键问题之一。

5.3.3.4　小结

本节进行了型钢混凝土柱的火灾后滞回性能试验，共11个试件，其中9个为受火后型钢混凝土柱，2个为常温对比试件。总结如下：

（1）得到了升降温过程中炉内温度和各热电偶测点温度随时间的变化曲线，及试件截面的温度场分布，这些将成为后期有限元温度场模型分析模拟的参考和验证数据。

图 5.29　柱底 X 形破坏

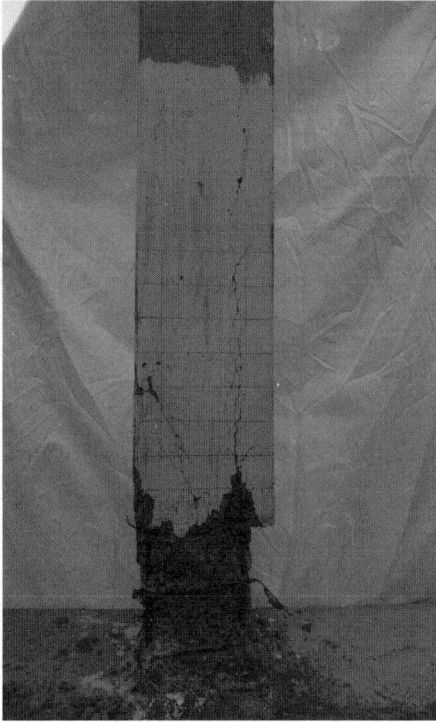

(a) SRC-1

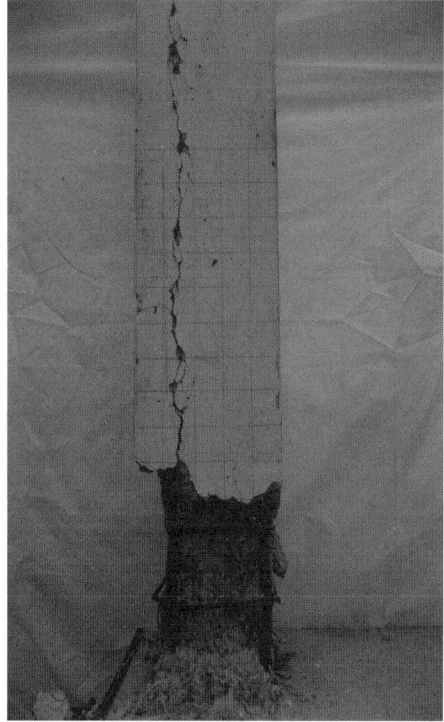

(b) SRC-2

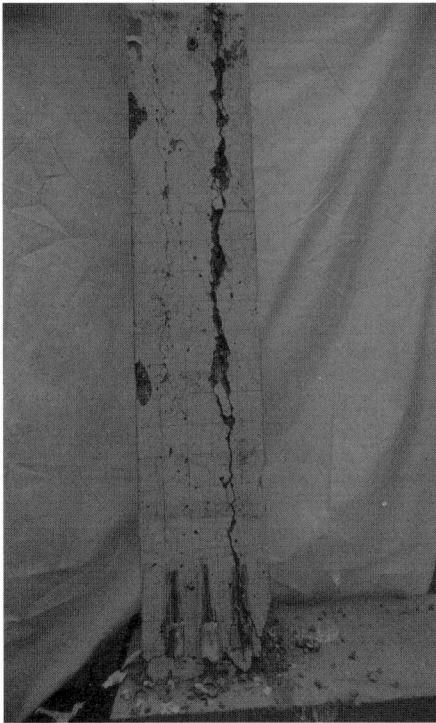

(c) SRC-3

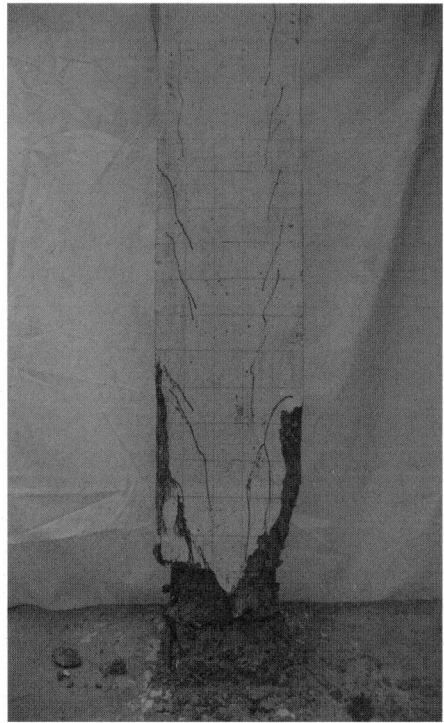

(d) SRC-4

图 5.30　试件破坏形态（一）

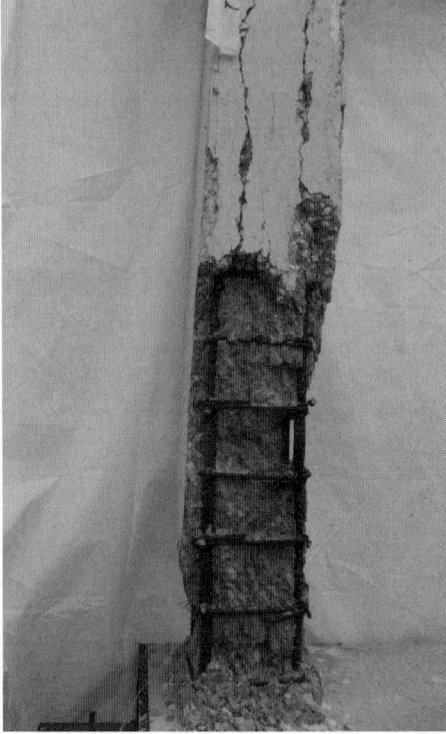

(e) SRC-5

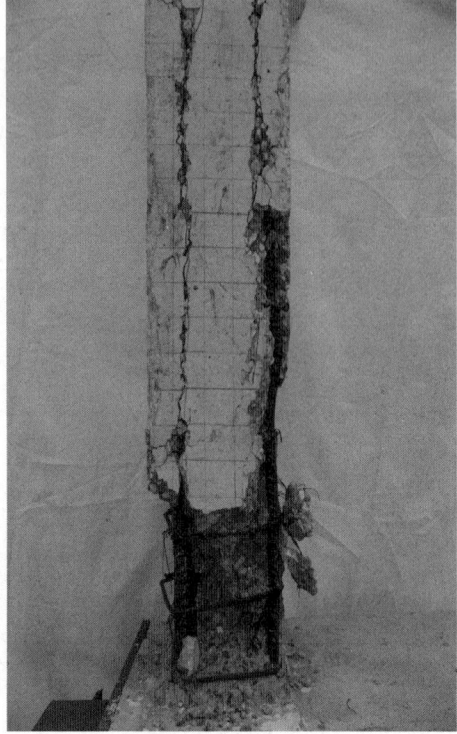

(f) SRC-6

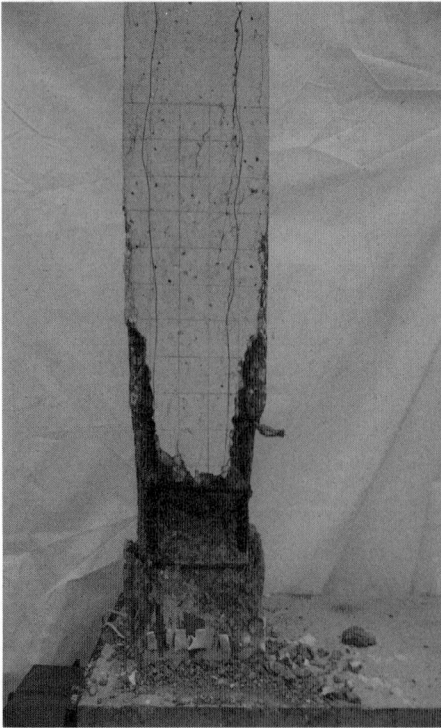

(g) SRC-7

(h)根部破坏

图 5.30　试件破坏形态（二）

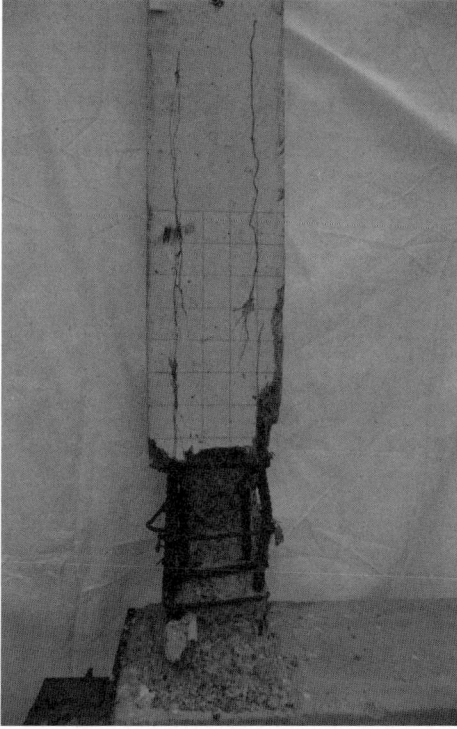

(i) SRC-8

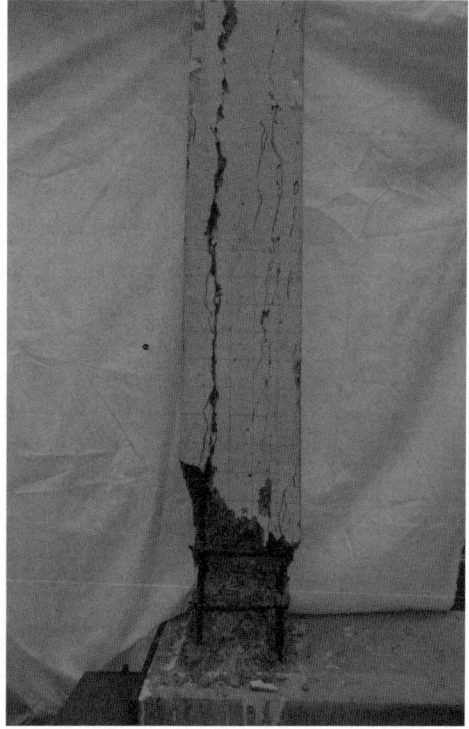

(j) SRC-9

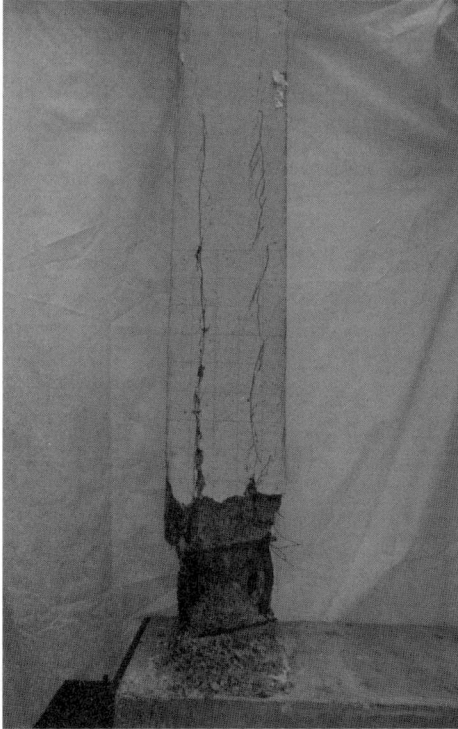

(k) SRC-10

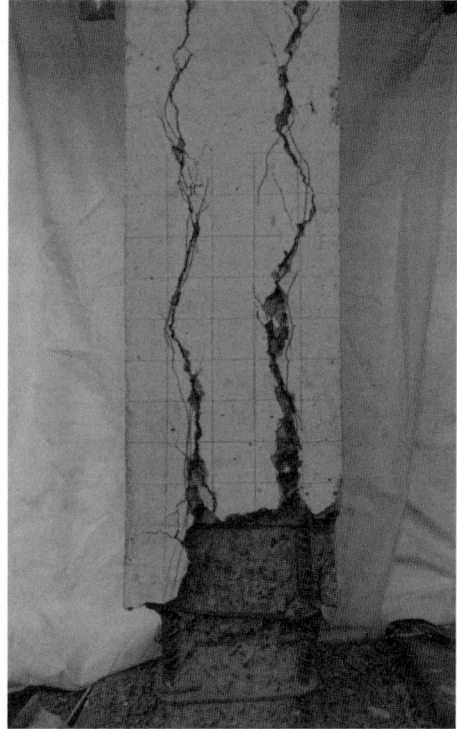

(l) SRC-11

图 5.30　试件破坏形态（三）

（2）通过试验得到了试件的破坏过程、破坏形式，所有试件最终破坏为根部塑性铰破坏，粘结滑移裂缝贯穿全柱。

（3）通过测量得到了塑性铰的高度，对塑性铰区的破坏进行了描述：型钢外部混凝土全部压碎，受力纵筋屈曲，型钢表面未见任何屈曲，基本完好，说明由于混凝土的保护作用，型钢混凝土柱在火灾后仍能够发挥型钢良好的滞回性能。

（4）SRC柱试件正面竖向裂缝明显，裂缝主要位于受力主筋内侧和外侧，这是由于主筋与混凝土之间出现粘结破坏。

5.3.4　火灾后型钢混凝土柱滞回性能分析

5.3.4.1　滞回曲线

由试验得到的型钢混凝土试件在柱顶所加水平荷载P与水平位移Δ的滞回曲线（试件SRC-7因试验设备操作失误导致偏心受压破坏，本节将不再提及）如图5.31所示。从图中可以看出：

（1）滞回曲线总体呈梭形，滞回环中部存在轻微"捏缩效应"，这主要是由于型钢与混凝土之间的粘结破坏以及钢筋与混凝土之间的粘结破坏导致的。

（2）在试验开始阶段，水平荷载较小时，试件基本处于弹性阶段，在滞回曲线上表现为加载时荷载位移曲线基本呈直线，卸载后变形基本恢复，高温受火构件残余变形较常温变形略大。

（3）在试验的中间阶段，随着荷载不断增大，在滞回曲线上表现为加载时荷载位移曲线逐渐向水平轴偏移，荷载卸载为0时，水平位移变大，即残余变形变大。构件开始屈服并进入弹塑性状态，表现为每加一级水平位移，水平荷载增大程度变小。试验的最后阶段，试件达到极限荷载后，荷载位移加载曲线几乎平行于水平轴，由于试件屈服后每级位移加3圈，前一圈加载对后一圈加载造成了损伤，使得后一圈水平荷载较前一圈有所下降。

（4）在试验的最后阶段，水平荷载下降为屈服荷载（最大荷载值）的85%，按照加载机制，认为试件已经破坏，结束试验。在滞回曲线上表现为最后一圈加载结束。

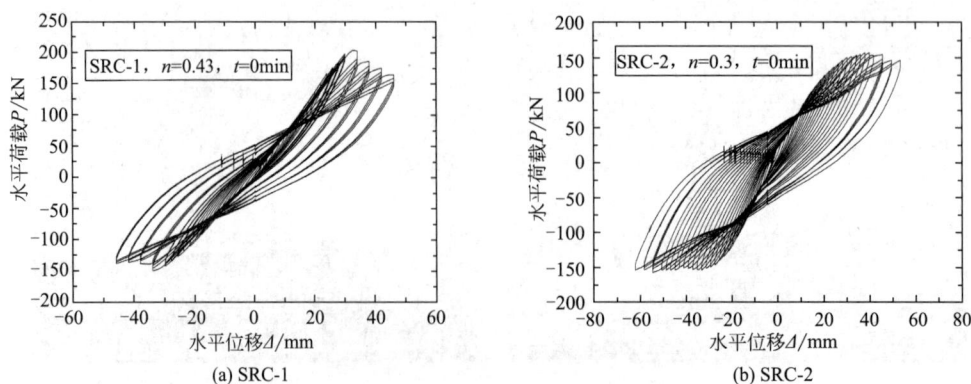

(a) SRC-1 　　　　　　　　　　　　　　　(b) SRC-2

图5.31　型钢混凝土试件滞回曲线（一）

(c) SRC-3

(d) SRC-4

(e) SRC-5

(f) SRC-6

(g) SRC-8

(h) SRC-9

(i) SRC-10

(j) SRC-11

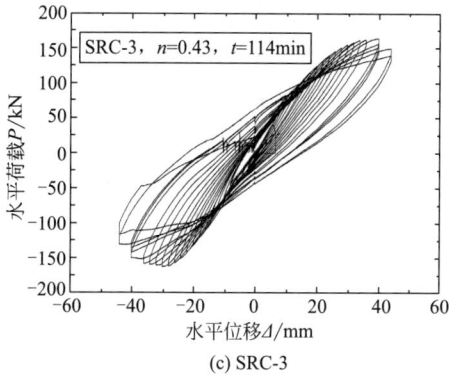

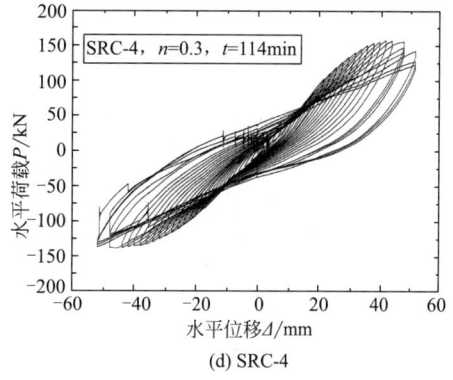

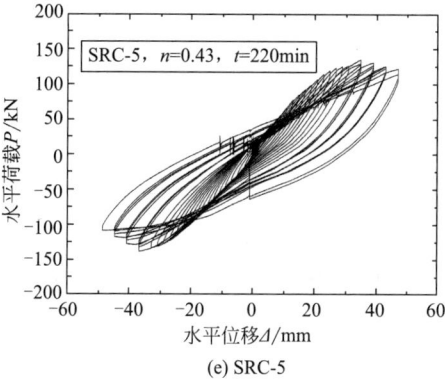

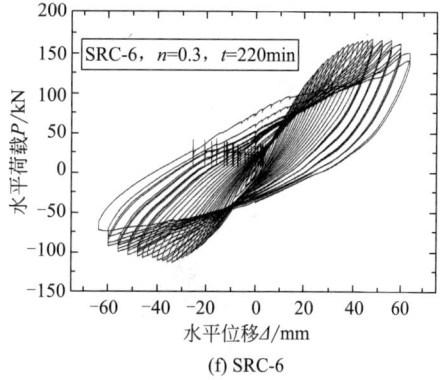

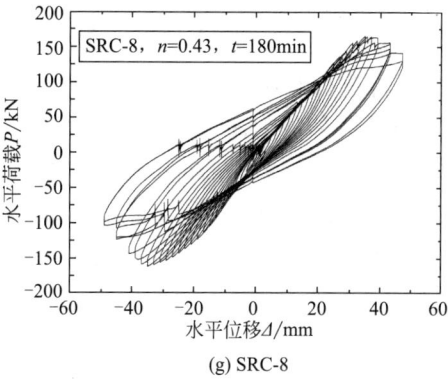

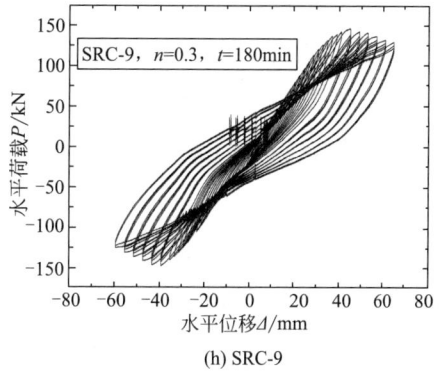

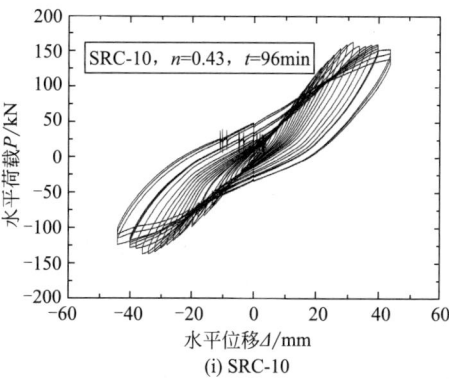

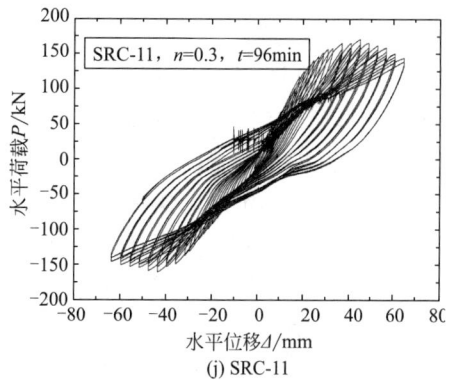

图 5.31 型钢混凝土试件滞回曲线（二）

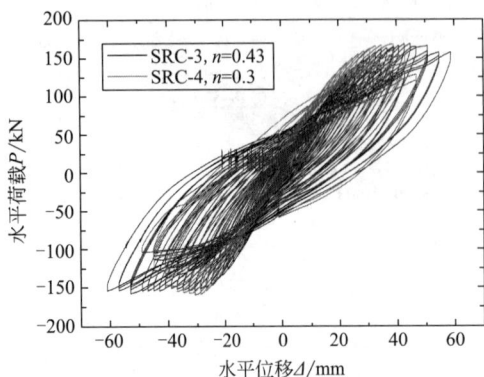

图5.32　轴压比对滞回性能的影响（t=114min）

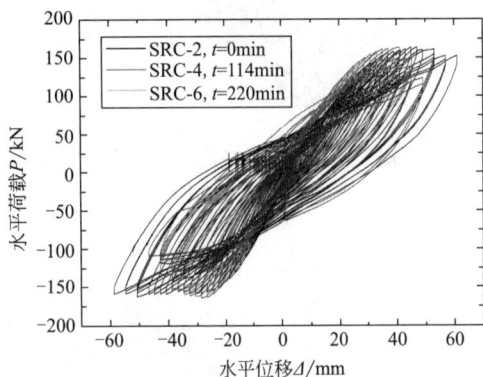

图5.33　受火时间对滞回性能的影响（n=0.3）

（1）轴压比的影响

轴压比对试件滞回性能影响如图5.32所示。从图中可以看出，轴压比不同的型钢混凝土试件滞回曲线形状接近，都比较饱满。轴压比大的试件加载刚度较大，卸载刚度基本一致，轴压比小的试件，所承受的极限荷载小，试件在荷载不显著下降的情况下，所经受的位移加载级数和循环次数更多，极限水平位移更大，显示了良好的抗震性能；而轴压比大试件，滞回环相对窄小，捏缩程度较大，但承受的水平荷载较轴压比小的试件大，极限荷载过后，荷载下降较快，极限水平位移和位移级数都明显小于轴压比小的试件。可见，轴压比越大，试件的抗震能力越差，这与常温下的规律一致。

（2）受火时间的影响

受火时间对试件滞回性能影响显著，见图5.33。可以看出，不同受火时间下型钢混凝土试件的滞回曲线形状近似相同，但常温对比试件的滞回曲线更为饱满，水平承载能力也明显高于受火试件；将受火114min试件与受火220min试件进行对比发现：受火时间越长的试件，滞回环极限位移越大，但极限荷载变小，整体滞回曲线不如受火时间短的试件饱满。这表明，火灾后型钢混凝土柱承载能力降低，延性增强。但由于型钢混凝土柱中混凝土对型钢的保护作用，型钢混凝土试件的滞回曲线均比较饱满，耗能能力良好。

5.3.4.2　骨架曲线

连接滞回性能试验首次加载荷载-位移曲线（正向与负向）与以后每次循环（如每级循环三次，则选取第一次的点）曲线峰值点，得到的轨迹曲线就是型钢混凝土柱试件的骨架曲线，如图5.34、图5.35所示。

本章对极限承载力、峰值位移、极限位移作出定义，如下。

极限承载力：骨架曲线上水平荷载最高点所对应数值。

峰值位移：骨架曲线上最高点（或者为极限承载力点）所对应位移。

极限位移：骨架曲线上水平荷载降低至极限承载力的85%时所对应的位移。

（1）从以上两图可以看出，试件的骨架曲线下降段平缓，极限位移较大，说明火灾后型钢混凝土柱具有较好的延性。

（2）从图5.34中可以看出，受火时间相同（t=114min）的情况下，轴压比较小的试件SRC-4，承载能力比轴压比较大的试件SRC-3下降6.4%，极限位移增大了7.3%，表明火灾后型钢混凝土柱随着轴压比的增大，承载能力增强，而变形性能降低，延性降低。

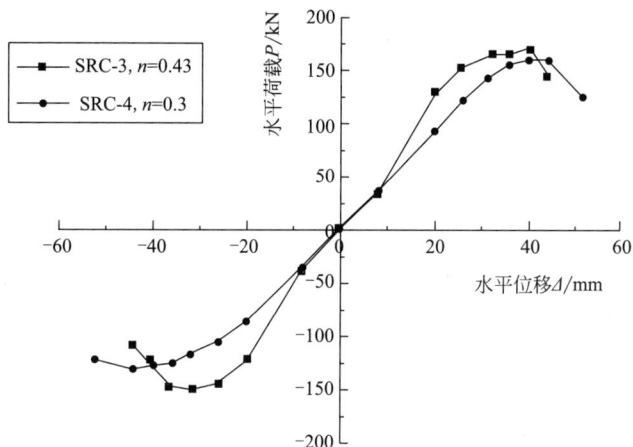

图5.34　轴压比对骨架曲线的影响（t=114min）

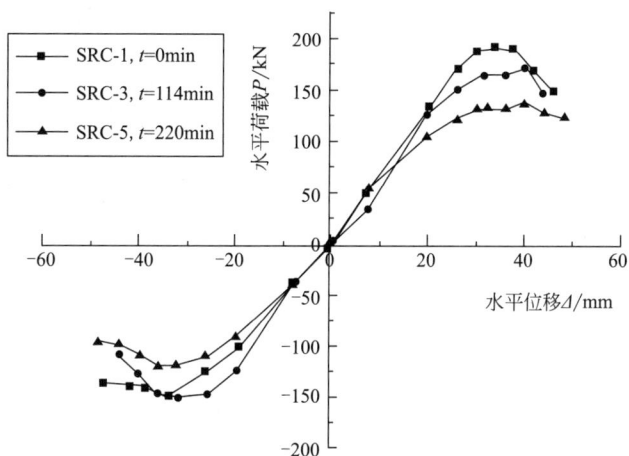

图5.35　受火时间对骨架曲线的影响（n=0.43）

（3）从图5.35中可以看出，轴压比（n=0.43）不变的情况下，与常温试件相比，受火试件的承载力下降，且骨架曲线达到峰值点后下降变缓慢。随着受火时间的增加，试件的水平承载能力下降，温度越高，试件骨架曲线达到峰值点越低，承载力下降越明显，且骨架曲线达到峰值点后下降越缓慢，表现出较好的延性。这是因为火灾高温对型钢混凝土柱的材料（特别是混凝土材料）造成了损伤，火灾后试件根部混凝土压碎、剥落多于常温试件，且出现时间早于常温试件，使得火灾后试件的极限承载力低于常温试件，且承载力下降变缓，如试件SRC–5，受火时间t=220min，达到峰值荷载时，根部混凝土大部分已剥落，受力纵筋屈曲，只有型钢参与工作，承载力下降极慢。

5.3.4.3　延性系数

延性系数的定义为极限位移与峰值位移之比。各试件延性系数见表5.8，从表中可以看出：

（1）相较于常温试件，受火后型钢混凝土试件延性系数较常温试件略有增大，表明高温会增大其受火后的延性。这是因为火灾高温对试件材料造成了损伤，使得根部混凝土过早退出了工作，剩下型钢承担水平荷载，使得承载力下降变缓，下降至峰值荷载的位移变大。

（2）受火时间相同时，轴压比越小的试件延性系数越大，这与常温下轴压比小的试件延性好一致。且同常温试件相比，受火试件中，小轴压比试件延性系数增大幅度更明显。

（3）轴压比相同时，较之常温试件，受火试件延性系数明显更大。如轴压比同为0.43时，受火时间从短到长延性系数分别为：1.35、1.38、1.38、1.50、1.11、1.50，数据整体呈上升趋势，这说明轴压比相同情况下，受火时间越长，延性系数越大。

SRC 柱试件延性系数　　　　　　　　　　　　　　表5.8

试件编号	受火时间 t /min	轴压比 n	延性系数
SRC–1	0	0.43	1.35
SRC–2	0	0.3	1.36
SRC–3	114	0.43	1.38
SRC–4	114	0.3	1.44
SRC–5	220	0.43	1.50
SRC–6	220	0.3	1.78
SRC–7	210	0.43	1.11
SRC–8	180	0.43	1.50
SRC–9	180	0.3	1.88
SRC–10	96	0.43	1.38
SRC–11	96	0.3	1.60

5.3.4.4　刚度退化

在循环荷载作用下，经历了高温作用的型钢混凝土柱的刚度必然出现退化，根据《建筑抗震试验规程》JGJ/T 101—2015，试件的等效刚度用割线刚度来表示，第 i 级位移循环下的割线刚度 K_i（kN/mm）按下式计算：

$$K_i = \frac{\left|+F_i\right| + \left|-F_i\right|}{\left|+X_i\right| + \left|-X_i\right|} \tag{5.1}$$

式中　"+"代表正向，"–"代表负向；F_i 代表第 i 次峰点荷载值；X_i 代表第 i 次峰点位移值。

由试验所得试件等效刚度见表5.9，刚度退化曲线见图5.36。可以得出：

（1）所有试件的刚度退化基本一致，都随着位移的增大而减小。

（2）受火时间相同时，轴压比较大的试件前期刚度退化严重，后期与轴压比较小的试件基本保持一致。

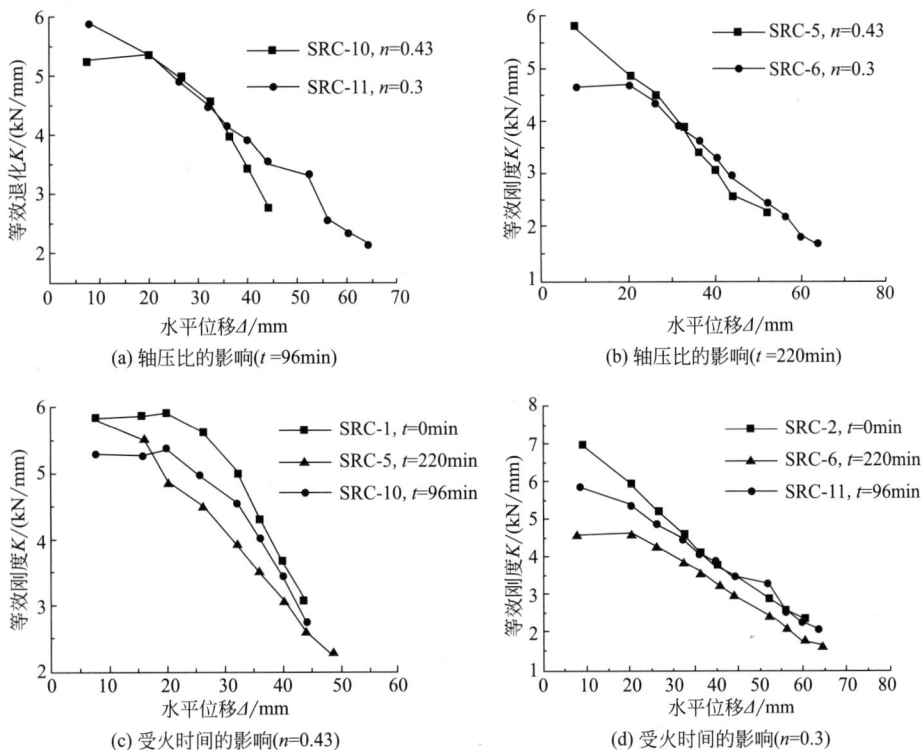

(a) 轴压比的影响(t =96min)

(b) 轴压比的影响(t =220min)

(c) 受火时间的影响(n=0.43)

(d) 受火时间的影响(n=0.3)

图5.36 试件刚度退化曲线

（3）轴压比相同时，较之常温试件，同级位移受火试件的刚度更低；受火时间越长，刚度退化越明显，且轴压比越大，受火时间对刚度退化影响越明显。轴压比$n=0.3$时，受火时间为220min的试件，在峰值位移为8mm，20mm和32mm级时，刚度值较常温试件分别下降34%、22%和16%。

试件等效刚度K（单位：kN/mm）　　　　　　　　　　表5.9

试件编号	位移/mm				
	8	30	40	44	60
SRC–1	5.824	5.437	3.973	3.184	
SRC–2	7.004	4.875	3.765	3.529	2.431
SRC–3	7.12	5.105	3.717	2.91	
SRC–4	4.542	4.158	3.594	3.328	
SRC–5	5.778	4.884	3.484	2.582	
SRC–6	4.603	4.118	3.303	2.979	1.825
SRC–8	6.309	4.561	3.724	2.816	
SRC–9	4.605	4.083	3.494	2.95	1.678
SRC–10	5.281	4.66	3.445	2.732	
SRC–11	5.875	4.659	3.9	3.523	2.325

5.3.4.5 耗能能力

评价型钢混凝土柱试件滞回性能的重要依据之一是其耗能能力的强弱。而火灾后型钢混凝土柱试件仍具有良好耗能能力的表现就是试件在火灾后仍然具有一定的等效阻尼比，这样在地震过程中就仍然耗散吸收掉很大一部分能量，从而保证结构的安全。本节采用等效阻尼比 h_e 作为衡量构件耗能能力的一个指标。表 5.10 给出了全部型钢混凝土柱试件的等效阻尼比 h_e，图 5.37 给出了部分试件的等效阻尼比 h_e 与加载位移的关系。

试件等效阻尼比 h_e

表 5.10

试件编号	位移 /mm				
	8	30	40	44	60
SRC-1	0.061	0.112	0.124	0.161	
SRC-2	0.089	0.104	0.120	0.131	0.188
SRC-3	0.074	0.088	0.131	0.135	
SRC-4	0.067	0.083	0.085	0.092	
SRC-5	0.084	0.082	0.126	0.148	
SRC-6	0.070	0.079	0.085	0.096	0.148
SRC-8	0.075	0.102	0.120	0.136	
SRC-9	0.052	0.069	0.096	0.121	0.175
SRC-10	0.064	0.078	0.121	0.125	
SRC-11	0.061	0.077	0.084	0.087	0.169

分析图表，我们可以得到以下结论。

（1）首先分析表中数据，可以看出：无论常温试件还是火灾后试件，等效阻尼比 h_e 均随着位移的增大而增大。对同一级加载位移，火灾后试件表现为轴压比大的试件的等效阻尼比 h_e 高于轴压比小的试件，与常温试件截然相反。故认为，受火试件的耗能能力与轴压比正相关。

（2）从图 5.37（a）和图 5.37（b）均可以看出，随着水平位移增大，受火试件的等效阻尼比也在同步增大。受火时间相同时，轴压比越大，等效阻尼比 h_e 越大。这表明，受火时间相同的情况下轴压比越大试件的耗能能力越强。

（3）对比图 5.37（c）和图 5.37（d）可以看出，轴压比 $n=0.43$ 时，常温试件的等效阻尼比 h_e 随位移增大而增大，耗能能力随位移增加而增大，而相较于常温试件，受火试件耗能能力损失严重，但受火试件之间对比，温度影响已经不明显，这说明高温对大轴压比结构的耗能能力造成严重的损伤；而当轴压比 $n=0.3$ 时，虽然全部试件的等效阻尼比 h_e 随位移增大而增大，耗能能力随位移增大而增大，但是试件的等效阻尼比 h_e 相差不大，受火时间对阻尼影响总体较弱，这表明受火时间对轴压比较小的试件耗能能力影响并不显著。

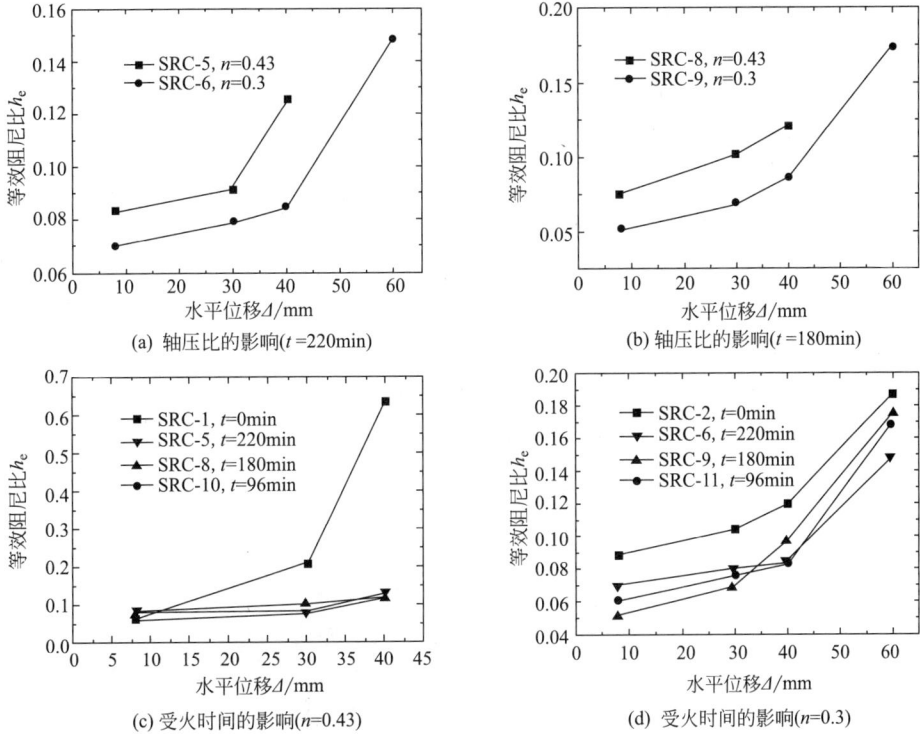

图 5.37 型钢混凝土柱试件等效阻尼比

5.3.4.6 小结

本节对火灾后型钢混凝土柱的滞回曲线、承载能力、刚度、等效阻尼系数、延性等滞回性能进行了详细分析，主要结论如下：

（1）火灾后型钢混凝土柱在滞回性能试验中低周反复荷载作用下，根部出现塑性铰，型钢和混凝土之间出现明显滑移，表现为贯通全柱的粘结破坏裂缝和型钢混凝土柱根部混凝土压碎破坏。

（2）滞回曲线总体呈梭形，滞回环中部存在轻微"捏缩效应"，轴压比不同的型钢混凝土试件滞回曲线形状接近，都比较饱满，轴压比越大，滞回环越窄小，试件的抗震能力越差，这与常温下的规律一致。

（3）比较受火后型钢混凝土柱试件，轴压比大的试件加载刚度较大，但卸载刚度与轴压比较小的试件基本一致，轴压比小的试件在所承受的极限荷载不显著下降的情况下，所经受的位移加载级数和循环次数更多，极限水平位移更大，表现出良好的滞回性能。

（4）较之常温试件，受火后型钢混凝土柱的延性增强，表明高温会增强其延性。受火时间相同时，轴压比越小的试件延性系数越大。且同常温试件相比，受火试件中，小轴压比试件延性系数增大幅度更大；轴压比相同时，相较于常温试件，受火试件延性系数更大，且受火时间越长，延性系数越大。

（5）轴压比和受火时间对型钢混凝土柱耗能能力都影响显著，所有试件的等效阻尼比都随着水平位移的增大而增大。轴压比较大的试件，等效阻尼比较大，耗能能力强；受火时间对等效阻尼比影响较小。

5.3.5　火灾后型钢混凝土柱抗震性能有限元计算模型

5.3.5.1　计算模型

本节采用文献［17］的方法建立了火灾升降温全过程火灾作用下型钢混凝土柱温度场计算模型。考虑升温阶段、降温阶段及火灾后阶段材料性能的不同，以及过火最高温度场对火灾后型钢混凝土柱抗震性能的影响、型钢与混凝土界面、钢筋与混凝土界面的粘结特性的影响建立了火灾后型钢混凝土柱抗震性能的计算模型。

5.3.5.2　温度场

所有构件中均埋有收集温度数据的4个热电偶（图5.38a），在温度场模型中，同时提取相同位置4个点（图5.38b中圆点）的数据与试验数据进行对比。

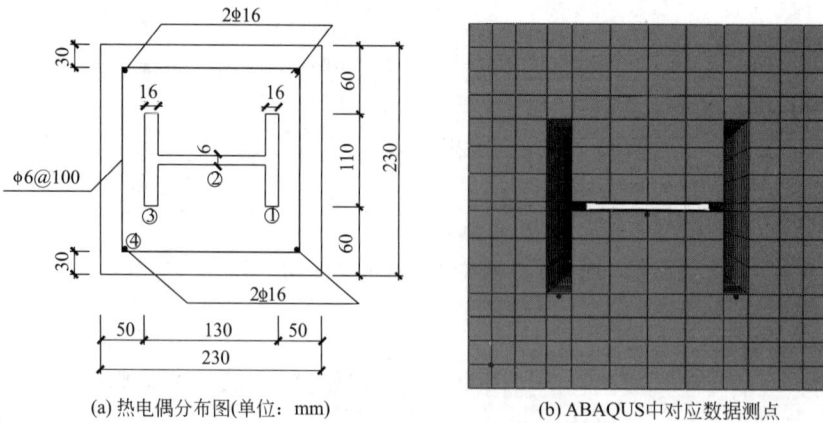

(a) 热电偶分布图(单位：mm)　　　　(b) ABAQUS中对应数据测点

图5.38　ABAQUS温度场模型中温度采集

鉴于试验试件较多，这里取一个试件（SRC-8）的温度数据进行对比，如图5.39所示。从图中可以看出，试验实测温度与有限元模拟所得温度吻合较好，测点①~④模拟数据都非常接近试验数据，升降温趋势整体相近，达到最高温度的时间也完全相同。

测点3模拟曲线与试验曲线基本完全吻合，其他三个测点除最高点温度模拟值略高于试验所测值（但误差小于15%）计算结果与试验结果基本吻合。其余试件的计算结果与试验结果也基本吻合。

火灾后阶段材料的特性主要由最高温度场决定，构件内的应力还受升降温阶段的影响。按照前述方法，通过编制用户自定义场变量子程序USDFLD，获得材料所处的升温阶段、降温阶段及材料经历的最高温度。计算得到的试件SRC-3（受火时间为114min）截面温度场及过火最高温度场如图5.40所示。其中图中NT11表示受火114min试件截面温度场温度，FV1为试件受火过程中所有材料点过火最高温度。

从图5.40可以看出，试件升温114min温度场内各材料点温度要小于过火最高温度场的温度。因为升温114min为升温临界值，这之后炉内温度开始下降，但对于热惰性材料的混凝土，热传递仍然在进行，这说明114min后的一段时间内，试件内部温度并未达到最高温度，还在继续上升。

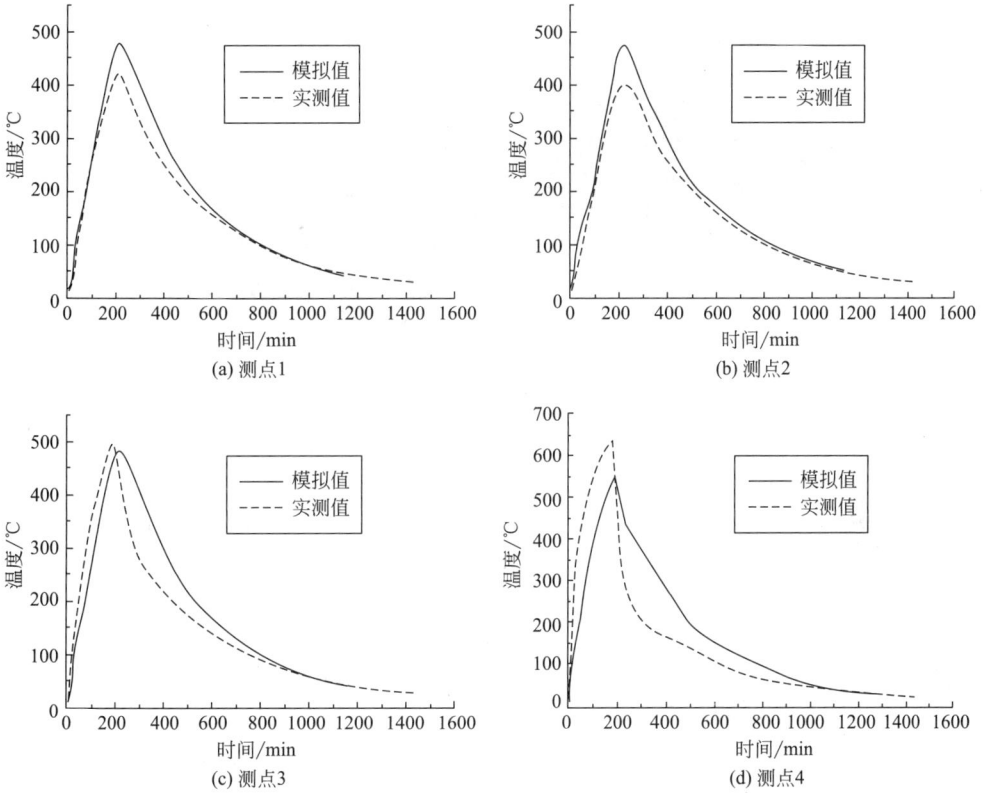

(a) 测点1

(b) 测点2

(c) 测点3

(d) 测点4

图 5.39　试件各测点模拟值与实测值对比

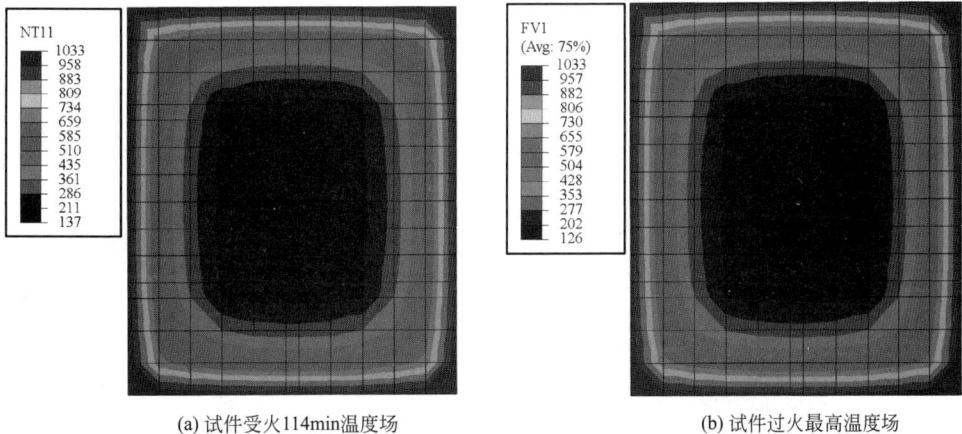

(a) 试件受火114min温度场

(b) 试件过火最高温度场

图 5.40　试件受火 114min 温度场和过火最高温度场（单位：℃）

5.3.5.3　骨架曲线

建立模型时只建立柱的模型，没有建立锚固地梁模型。建立计算模型时，考虑了升温阶段、降温阶段及火灾后三个阶段材料本构关系的不同，钢筋–混凝土界面采用弹簧模型，型钢–混凝土之间采用接触方法模拟，柱弹簧布置情况如图5.41所示。

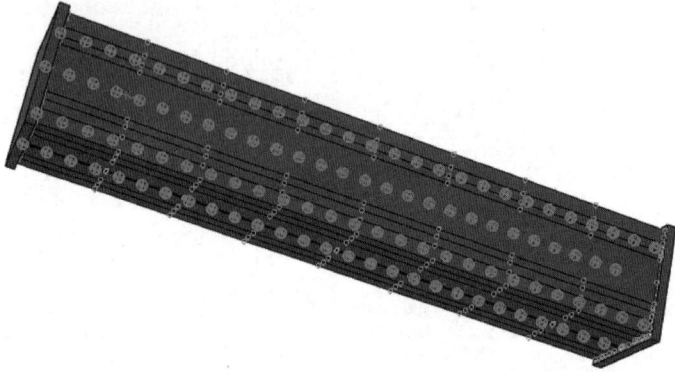

图 5.41　柱试件有限元计算模型及弹簧布置情况

　　计算得到的部分试件骨架曲线计算结果与试验结果的对比如图5.42所示。可见，本章计算模型具有较高的准确性。

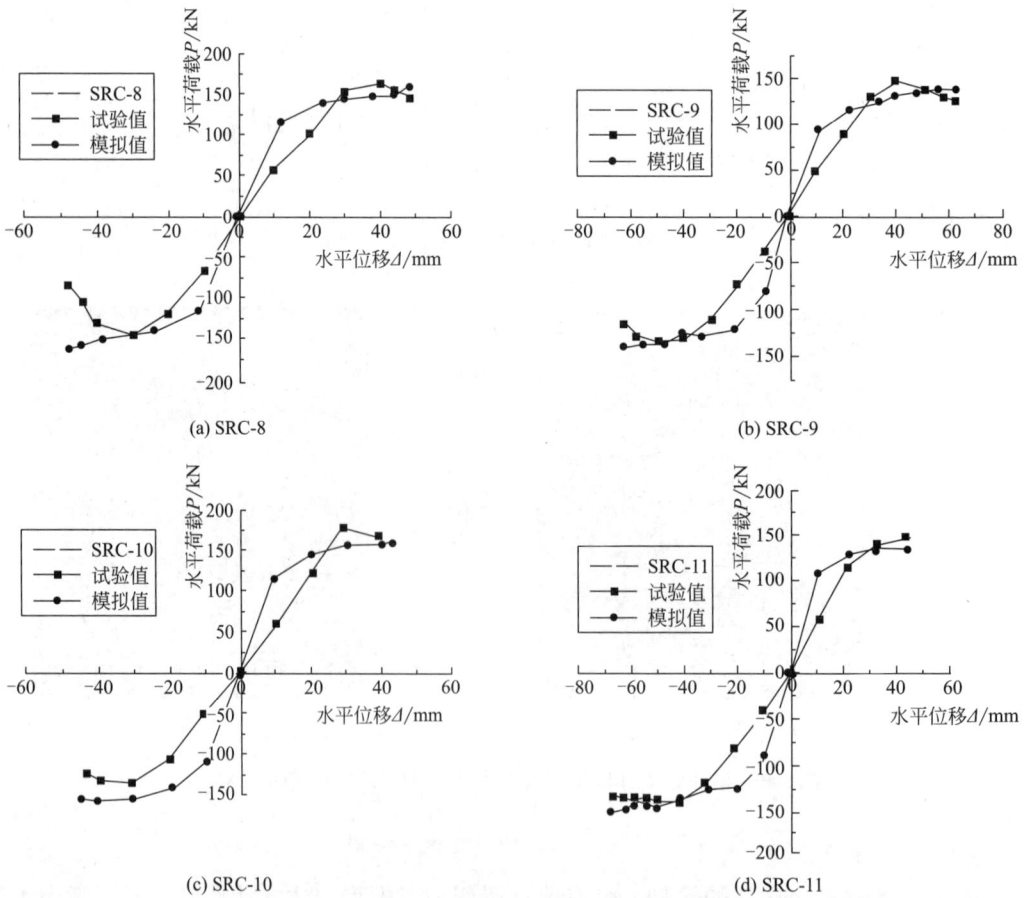

(a) SRC-8

(b) SRC-9

(c) SRC-10

(d) SRC-11

图 5.42　试件骨架曲线计算结果与试验结果的对比

5.3.5.4　小结

本节建立了火灾升降温全过程火灾作用下型钢混凝土柱温度场计算模型，实测结果与计算结果吻合较好。同时，考虑升温阶段、降温阶段及火灾后阶段材料性能的不同，以及过火最高温度场对火灾后型钢混凝土柱抗震性能的影响、型钢与混凝土界面、钢筋与混凝土界面的粘结特性的影响，建立了火灾后型钢混凝土柱抗震性能的计算模型，计算结果与实测结果基本吻合，本节计算模型可用于型钢混凝土柱及框架结构火灾后抗震性能的计算。

参考文献

［1］谭清华. 火灾后型钢混凝土柱、平面框架力学性能研究［D］. 北京：清华大学，2012.

［2］宋天诣. 火灾后钢-混凝土组合框架梁-柱节点的力学性能研究［D］. 北京：清华大学，2010.

［3］李俊华，马超，陈建华，等. 火灾后型钢混凝土柱-钢梁节点抗震性能试验研究［J］. 防灾减灾工程学报，2015，35（1）：51-56.

［4］Yuzhuo Wang, Junlin Gong, Shuang Qu, et al. Mechanical properties of steel reinforced concrete T-shaped column after high temperature［J］. Structures, 2022, 46: 852-867.

［5］Shuai Li, Linhai Han, Facheng Wang, et al. Seismic behavior of fire-exposed concrete-filled steel tubular （CFST）columns［J］. Engineering Structures, 2020, 224: 111085.

［6］Yuzhuo Wang, Tiangui Xu, Ziqing Liu, et al. Seismic behavior of steel reinforced concrete cross-shaped columns after exposure to high temperatures［J］. Engineering Structures, 2021, 230: 111723.

［7］Zhong Tao, Qing Yu. Residual bond strength in steel reinforced concrete columns after fire exposure［J］. Fire Safety Journal, 2012, 53: 19-27.

［8］Raffaele Pucinotti, Oreste S. Bursi, Jean-François Demonceau. Post-earthquake fire and seismic performance of welded steel-concrete composite beam-to-column joints［J］. Journal of Constructional Steel Research, 2011, 67（9）: 1358-1375.

［9］Linhai Han, Kan Zhou, Qinghua Tan, et al. Performance of steel reinforced concrete columns after exposure to fire: Numerical analysis and application［J］. Engineering Structures, 2020, 211: 110421.

［10］Ziqing Liu, Yuzhuo Wang, Guoqiang Li, et al. Mechanical behavior of cross-shaped steel reinforced concrete columns after exposure to high temperatures［J］. Fire Safety Journal, 2019, 108: 102857.

［11］Lingzhi Li, Xin Liu, Jiangtao Yu, et al. Experimental study on seismic performance of post-fire reinforced concrete frames［J］. Engineering Structures, 2019, 179: 161-173.

［12］Linhai Han, Xiaokang Lin, Yongchang Wang. Cyclic performance of repaired concrete-filled steel tubular columns after exposure to fire［J］. Thin-Walled Structures, 2006, 44（10）: 1063-1076.

［13］王广勇，谢福娣，张东明，等. 火灾后型钢混凝土柱抗震性能试验及参数分析［J］. 土木工程学报，2015，48（7）：60-70.

［14］Guangyong Wang, Chao Zhang, Jie Xu, et al. Post-fire seismic performance of SRC beam to SRC column frames［J］. Structures, 2020, 25（6）：323-334.

［15］李俊华，陈建华，孙彬. 高温后型钢混凝土柱抗震性能试验研究［J］. 建筑结构学报，2015，36（5）：124-132.

［16］王广勇，刘人杰，郑蝉蝉. 火灾降温阶段型钢混凝土框架结构受力性能研究［J］. 建筑结构学报，2022，43（8）：124-132.

［17］王广勇. 钢-混凝土组合结构火灾力学性能及工程应用［M］. 北京：化学工业出版社，2024.